W0065229

Gerhard Kunze

Von
lachenden Zebras und
verliebten Löwen

Gerhard Kunze

Von lachenden Zebras und verliebten Löwen

*Die schönsten Tiergeschichten
aus alter und neuer Zeit*

AMALTHEA

Inhalt

Rechte Seite: Ameisenbärendame Ilse im Entspannungsbad (oben)
Ohren unter's Wasser, Rüssel in die Höh': Elefantenbaby in Schönbrunn (unten)
Seite 2: Panda-Bub Fu Long: Klettermaxe im Tiergarten Schönbrunn in Wien

Vorwort

Sehnsucht nach Natur und lebenden beseelten Tieren!

Die sensationelle Geburt des Pandababys in Wien war Höhepunkt einer Entwicklung, die vor über vierhundertfünfzig Jahren begann. Damals wurde mit der Menagerie des Kaisers Maximilian II. der Grundstein für ein »Tierreich Österreich« gelegt. Unter den wachsamen Augen des Doppeladlers entwickelte sich ein Netzwerk zur Erforschung und Pflege der Tiere. Aber auch Pflanzen, Mineralien,

Die sibirischen Tiger sollen überleben: Die Zoos helfen mit

Planeten und Sterne werden seither gezielt beobachtet. Das Interesse an den Ergebnissen dieser Arbeit besteht bis heute und wird in seiner Bedeutung immer wichtiger. Österreichs Nobelpreisträger Konrad Lorenz sagte: »*Die Naturwissenschaft kann nicht nur, sondern muss schlechterdings alles, was es in der Welt gibt, zum Gegenstand ihrer Forschung machen.*«

Mit seiner Forderung erneuerte der 1989 verstorbene Wiener Verhaltensforscher einen Auftrag, der bereits in der Antike erteilt wurde und ab der Mitte des 16. Jahrhunderts die Wissenschaft neu bewegte und zu Höchstleistungen anspornte.

»*Je fremder die Stadtmenschen der Natur werden, um so mehr sehnen sie sich nach ihr*«, schrieb Bernhard Grzimek, der berühmte deutsche Tierschützer bereits im Jahre 1954 in der ZEIT. Er erkannte: »*Diesem Hunger der Städter nach Natur und vor allem nach lebenden, beseelten Tieren ist das Aufblühen der Zoologischen Gärten zum erheblichen Teil zu verdanken. Gleichzeitig bringen Tiergärten den Menschen immer wieder in Erinnerung, dass es außer ihnen noch andere Geschöpfe auf der Erde gibt, die auch ein Recht auf ihr Dasein haben.*«

Österreich hat das Glück, dass es eine lange Tradition und ein funktionierendes Netzwerk in der Präsentation als auch Erforschung der Natur besitzt. Die drei Eckpfeiler sind, in der Reihenfolge ihrer Gründung: die Spanische Hofreitschule 1572, die älteste Reitschule; der Tiergarten Schönbrunn 1752, der älteste Zoo der Welt; und die Veterinärmedizinische Universität 1765, die erste Veterinärschule im deutschen Sprachraum und die dritte weltweit.

Kaiser Franz Joseph I. eröffnete 1889 in Wien den Prachtbau des Naturhistorischen Museums und widmete es »Dem Reich der Natur und seiner Forschung«. Es ist eine Kathedrale der Naturwissenschaft und entwickelte sich aus den Sammlungen des Gründers des Tiergartens Schönbrunn, Kaiser Franz I. Stephan von Lothringen, die nach seinem Tod von seiner Gattin Maria Theresia öffentlich zugänglich gemacht wurden. Es ist das erste Museum im Sinne der Aufklärung – des »Zeitalters der Vernunft«, das der deutsche Philosoph Immanuel Kant so beurteilte: »*Aufklärung ist der Ausgang des Menschen aus seiner selbstverschuldeten Unmündigkeit.*« Er forderte: »*Habe Mut, dich deines eigenen Verstandes zu bedienen!*«

Ein Auftrag an die Menschheit, von dem sich jeder Einzelne betroffen fühlen sollte.

Symbole, Forschung, altes Wissen

Mächtige Doppeladler, prächtige Wappen, schützende Einhörner und hungrige Greife

Durch Jahrhunderte herrschte der Doppeladler über Österreich. Er ist der berühmteste Vogel der Welt, obwohl er als Lebewesen gar nicht existiert. Im allgemeinen Unterbewusstsein ist er »habsburgisch« und symbolisiert Macht. Ganz in Gold hat er seine Flügel über den Heldenplatz ausgebreitet. Darunter grüne Girlanden, die belebte Natur, Wachstum und wiederkehrendes Leben symbolisieren. Darüber glänzt die Kaiserkrone und die rot-weiß-rote Fahne flattert im Wind. Der Doppeladler schwebte scheinbar über die Länder. Er strahlt golden auf den Satteldecken der Lipizzaner in der Winterreitschule und erinnert die Besucher daran, dass hier eine großartige Tradition gepflegt wird, die unter seinem besonderen Schutz steht. Der Doppeladler reiste schon auf Kutschen, als sie noch die einzigen Fahrzeuge waren. Er fand seinen Platz auf Autos, Flugzeugen, Schiffen und sogar Unterseebooten. Er beherrschte die Ämter, wo er in Stempel und Siegeln auf seinen großen Auftritt wartete. Er machte Schriftstücke zu Dokumenten, beeindruckte auf Fahnen, die meist von Soldaten getragen wurden, und machte als Skulptur bedeutende Gebäude noch bedeutender. Wir finden ihn auf Denkmälern, Maschinen und Kanonen. Er glänzte auf Tornistern von Soldaten und sogar auf den Gürtelschnallen der Rauchfangkehrer von Schönbrunn. Hier hat der Doppeladler alle Stürme der Zeit überstanden und wird von den Meistern der schwarzen Zunft auch heute noch voll Stolz getragen. Es ist ein Privileg, das Maria Theresia den hauseigenen Rauchfangkehrern verliehen hat, die es seither von Generation zu Generation weitergeben. Und das kam so: Im 18. Jahundert herrschten oft raue Sitten in Österreich. Im Schloss Schönbrunn regierte Maria Theresia, die als mütterliche Majestät beliebt und angesehen war. Dennoch gab es immer wieder Leute, die ver-

Linke Seite: Grimmig wie ein Doppeladler: zwei Seriemas, Nachfahren der ausgestorbenen Terrorvögel, in Schönbrunn

suchten, durch Intrigen ihre Politik zu stören und eigene Interessen durchzusetzen. Auch ihr Leben kam oft in Gefahr. So war es auch, als einmal zwei Rauchfangkehrer gerade dabei waren, die Kamine des Schlosses Schönbrunn zu reinigen, damit bei der nächsten Heizperiode die Holzscheite gut brennen konnten und der Rauch einen ordentlichen Abzug bekam. Hoch oben am Dach wanderten sie von Rauchfang zu Rauchfang und ließen ihre Kugeln und Bürsten durch die Kamine gleiten. Die Hälfte der Arbeit war schon getan, als sie beschlossen, eine kleine Pause einzulegen. Direkt neben einem Schornstein setzten sie sich aufs Dach und packten ihren Beutel aus, in dem sie Brot und Speck mitgebracht hatten. Haustrunk gab es nicht, denn der war erst nach dem Abschluss der Arbeit vorgesehen, wenn sie wieder auf festem Boden stehen würden. Als sie gerade das Jausenbrot in der Hand hielten und ihre Blicke über den Schlosspark und die weite Landschaft streifen ließen, hörten sie Stimmen aus dem Kamin. Mehrere Männer unterhielten sich da, ein Stockwerk unter ihnen, und sie konnten jedes Wort verstehen. Der Kamin wirkte wie ein Lautsprecher. Was die unbekannten Männer sagten, ließ die beiden Schornsteinfeger erstarren. An eine Jause war nicht mehr zu denken. Lautlos wie Katzen verließen sie ihren Horchposten. Die Männer am anderen Ende des Kamins durften nicht erfahren, dass sie belauscht wurden, denn nichts Geringeres als ein Attentat auf die Kaiserin hatten sie besprochen. Wenn die Verschwörer wüssten, dass sie Zuhörer hatten, wäre das Leben der beiden Rauchfangkehrer in höchster Gefahr. Für die beiden Ohrenzeugen galt es deshalb, so schnell wie möglich und völlig lautlos vom Dach herunterzukommen und dem Wachkommandanten die furchtbare Meldung zu überbringen.

Durch das rasche Handeln der Schornsteinfeger und der genauen Beschreibung des Ortes, die sie liefern konnten, brauchten die Wachen nur wenige Minuten, um in den hunderten Zimmern des riesigen Schlosses auch die Verschwörer zu finden und zu verhaften. Leugnen nützte nichts, denn als die Wachen den Raum stürmten, lagen sogar noch schriftliche Unterlagen für den ungeheuerlichen Plan am Tisch. Als Maria Theresia von der Sache erfuhr, ließ sie die beiden Schornsteinfeger holen, bedankte sich persönlich für die mutige Tat und gestattete ihnen ab sofort und für alle Zeiten das Tragen des kaiserlichen Wappens auf ihrer schwarzen Kleidung. So ist es bis heute geblieben: Die Gürtelschnalle der Schönbrunner Rauchfangkehrer ziert der Doppeladler.

Am Anfang war der Doppeladler

Wie gesagt: ein Vogel, den es in Wirklichkeit gar nicht gibt, der aber als Symbol weltweit präsent ist. Seine Macht bezieht er aus den Gedanken der Menschen oder umgekehrt. Ein Fabelwesen mit faszinierenden Möglichkeiten. *»Der Doppeladler ist ein umsichtiger Wächter, schließlich sehen zwei Augenpaare mehr als eines. Er ist ein Schutzwesen mit gesteigerter Wirkung«,* sagt der Doppeladlerforscher Norbert Weyss aus Mödling. *»Er erhält seine Schutzfunktion nicht nur aus seinen breit ausladenden Schwingen, die er über Staat und Staatsbürger wie die Adlermutter über ihre Jungen hält, sondern auch aus seiner Fähigkeit, Gegensätzlichkeiten auszugleichen.«*

Norbert Weyss konnte auch nachweisen, dass der geheimnisvolle Vogel bei einem halben Dutzend von Völkern, unabhängig voneinander, entstand. Den ersten bekannten Doppeladler gab es im 23. Jahrhundert vor Christus im alten Babylon, also vor 4.300 Jahren. Seit damals hat der Vogel eine ungeheuerliche Karriere und zahlreiche Veränderungen erlebt. Wesentlich ist, dass er zwei getrennte Köpfe hat, zumeist auch zwei getrennte Hälse. Der älteste Doppeladler Wiens ist aus Stein. Er befindet sich in der Hofburg, am Brunnen im Schweizerhof, und trägt die Jahreszahl 1552.

Eine unerwartete Auferstehung erlebte der Vogel mit den zwei Köpfen, nachdem der Kommunismus von der Bildfläche verschwand und Russland wieder einen Doppeladler in Gold auf sein rotes Wappen setzte. In seinen Klauen hält er das russische Reichsszepter und den russischen Reichsapfel. In seiner Tradition geht dieser Doppeladler auf den byzantinischen Kaiser und die späteren Zaren zurück. Das Reich des Doppeladlers ist jedenfalls größer und älter, als wir uns vorstellen können, und stets für Überraschungen gut. Auf jeden Fall war der Doppeladler immer eine Denkfigur, an deren reale Existenz niemand wirklich glaubte. Dafür war er in der Fantasie höchst lebendig. Als Udo Proksch noch Liebling der Wiener Gesellschaft war, erklärte er der erstaunten Öffentlichkeit, er hätte im zweiten Stock seiner Traditionskonditorei Demel eine Doppeladler-Zucht. Später stellte sich heraus: Eine Doppeladler-Zucht gab es natürlich nicht, dafür aber einen geheimnisvollen Klub mächtiger Leute. Besitzer des Demel war Udo auch nicht, dafür aber in zahlreiche Aktionen verwickelt, die ihn schließlich lebenslang hinter Gitter brachten.

Die Existenz anderer Fabeltiere wie Einhorn, Drache, Basilisk und Greif wurde, zumindest im Mittelalter, nicht bezweifelt. Aristoteles hatte schon im dritten Jahrhundert vor Christus ein Tier in der Gestalt eines Pferdes mit einem waagrecht vorstehenden Horn beschrieben, das allgemein als Einhorn bezeichnet wurde. Vermutlich dürfte er aber ein indisches Nashorn gesehen haben, das damals noch völlig unbekannt war. Auch der römische Feldherr Julius Caesar erwähnte das Tier in seinem Bericht »Der gallische Krieg«, ohne es selbst gesehen zu haben. Das Horn des Einhorns war zwanzigmal wertvoller als Gold. Man sagte ihm magische Heilkraft und höchsten Schutz vor Giften nach. Teile davon wurden zerrieben und zu Pulver verarbeitet. Es zählte zu den teuersten Medikamenten. In der Alchemie symbolisiert das Einhorn Quecksilber, das neben Schwefel und Salz dritte grundlegende Element, um das »große Werk« zu bereiten und den Stein der Weisen zu finden. Am Sternenhimmel findet man das edle Tier zwischen Großem und Kleinem Hund. Sein magisches Horn liegt nahe dem Orion. Wie auf der Erde soll auch am Himmel das Einhorn Christus darstellen, sein Horn die göttliche Wahrheit. Auf der Erde ist das Einhorn heutzutage vor allem auf Stadtwappen zu finden. Es zeigt sich in Fantasy-Romanen und deren Verfilmungen. Es lebt auf Bildern großer Künstler wie Albrecht Dürer, Hieronymus Bosch und Lucas Cranach, aber auch Ernst Fuchs. Dieser schuf sogar einen eigenen Zyklus und nannte das Fabeltier »De[n] Engel der Kunst«. Er sagte: *»Das Einhorn hat mir mehr denn sonst ein Wesen, das ich gemalt habe, die Erkenntnis meines Selbst ermöglicht.«*

Fuchs widmete sich auch dem Pegasus, dem geflügelten Pferd, das mit seinen Hufen einen Brunnen aufschlug, aus dem die Dichtkunst ihre geistige Nahrung zieht. Ernst Fuchs schuf eine Plastik, die Pegasus und Einhorn vereint: ein Pferd mit Einhorn und Flügeln. Auf jeden Fall gilt das Einhorn als das edelste aller Fabeltiere und steht als Symbol für das Gute. Auch kann es Albträume in schöne Visionen verwandeln. Das bestätigt auch Österreichs Multitalent André Heller: *»Ich war ein angstbeladener Bub und hatte Angst vor dem Einschlafen. Niemand konnte mir helfen.«* Seine liebevolle Großmutter aber entschied: *»Er braucht einen Trostfreund, der ihm nachts beisteht.«* Sie schenkte ihm den Holzschnitt eines Einhorns aus 1590, den sie »Magnifico« nannte und über sein Bett an die Wand hängte. Großmutters Schutz war wirkungsvoll, denn aus seinen Ängsten wurden Visionen, die sich in spektakuläre Inszenierungen verwandelten und Millionen begeistern. Seine große Zelt-Show mit Pferden, internationalen Artisten, Fabelwesen und dem Einhorn trägt deshalb auch den Namen »Magnifico«.

Schönster Doppeladler Wiens am Heldenplatz von Bildhauer Rudolf Weyr, 1899

Ein zweieinhalb Meter langes Exemplar des »Ainkhürn« befindet sich in der Schatzkammer der Wiener Hofburg, direkt bei den Kronjuwelen der Monarchie. Es ist ein Geschenk des polnischen Königs an Kaiser Ferdinand I. Es galt als so einzigartig, dass man es 1564 *»zu allen und ewigen Zeiten«* zu einem der *»unveräußerlichen Erbstücke des Hauses Österreich«* erklärte. Heute wissen wir, es ist der Stoßzahn eines Narwals.

Auch der Greif begeisterte die Menschen seit der Antike. Das ursprünglich aus dem Orient stammende Fabeltier hat den Körper eines Löwen und die Flügel und den Kopf eines Adlers. Er symbolisiert Wachsamkeit und Kraft. Er war das Reittier Apollons und anderer Götter. Außerdem wurde ihm magisches Wissen nachgesagt. Besaß man eine seiner Federn, so konnte man zaubern. Er war also ein

Vogel Greif am Eingang in die Nationalbibliothek

idealer Partner, an den man gerne glauben wollte. Zwei Greife wurden deshalb auch als Bewacher der Wappen von Sisi und Franz Joseph abgestellt. Mit dem Untergang der Monarchie dürfte auch die Dienstzeit der Greife beendet gewesen sein. Denn Greife bewachen auch heute noch den Zugang zur Hofburg vom Heldenplatz. Es sind allerdings nur die grimmig aussehenden Köpfe, mit geöffneten Schnäbeln und herausgestreckter Zunge – ohne Löwen- und Adler-Körper und ausgebreitete Flügel. Als am 15. März 1938 Adolf Hitler ausgerechnet hier durch die Tür marschierte, um dann vom Balkon den Anschluss Österreichs ans Deutsche Reich zu verkünden, war ihre Kraft wohl zu gering. Hitler konnte unbehindert passieren.

Im Jahre 330 vor Christus war das ganz anders, da hatten Greife ihre besten Jahre. Alexander der Große hatte gerade Persien erobert und wie die Legende berichtet, wollte er nun feststellen, wie es im Himmel aussieht. Er ließ deshalb seine besten Schmiede holen, damit sie ihm einen eisernen Wagen bauen. Die Pläne dazu stammten von ihm persönlich. Das Fahrzeug hatte eine lange Stange, an der man Futter befestigte. Die Tiere, die den Wagen ziehen sollten, wurden kurz angebunden, so konnten sie das Futter zwar sehen und riechen, aber nicht erreichen.

Dann wurden vier große Greife gefangen, die in der Gegend lagerten und seit Tagen Hunger hatten. Sie wurden vor das Gefährt gespannt und ab ging die Fahrt. Die Greife flogen dem Futter an der Stange nach, das sie natürlich nicht erreichen konnten, und zogen so den Wagen. Bis zu den Grenzen des Himmels sollte die Reise gehen und tatsächlich flog das Gefährt immer höher. So hoch, dass Alexander die Erde nur mehr ganz klein wie eine Bohne erschien, um die das Wasser floss. Doch die Reise nahm ein rasches Ende. Hitze und Rauch wurden unerträglich, sodass Alexander mit seinem Gefährt so rasch wie möglich zurück zur Erde flog. Sicher gelandet, bekamen auch die Greife endlich ihr verdientes Futter. Alexander war begeistert, er hatte ungeheuerliche Eindrücke gewonnen. Er wollte weitere Expeditionen unternehmen. Als Nächstes standen die Tiefen des Meeres auf seinem Programm. Sein Interesse für die Natur war voll entflammt.

Aristoteles' Weisheit und die Suche nach dem Wunderbaren in der Natur

Die Geschichte vom Flug der hungrigen Greife gehört natürlich ins Reich der Sagen, doch Alexanders Interesse für die Natur war echt und nicht verwunderlich, hatte er doch einen genialen Lehrmeister: niemand Geringeren als Aristoteles, den, neben Platon, größten unter den griechischen Philosophen. Alexanders Vater, König Philipp II. von Makedonien, hatte den weisen Mann als Erzieher für seinen Sohn engagiert, als Alexander gerade dreizehn Jahre alt und noch weit davon entfernt war, das größte militärische und politische Genie seiner Zeit zu sein. Alexander war von den Berichten seines Erziehers so begeistert, dass er möglichst viel von der Natur der Tiere kennen lernen wollte. Er beauftragte deshalb sogar einige tausend Mann in ganz Griechenland und Kleinasien, Aristoteles zur Verfügung zu stehen. Ausgesucht wurden solche, die von der Jagd, Falknerei oder Fischerei lebten oder Wildgehege, Herden, Bienenhäuser, Fischteiche oder Vogelhäuser beaufsichtigten, sodass kein lebendes Wesen unbeobachtet blieb, berichtete der römische Gelehrte Plinius in seiner Naturgeschichte. Doch Erzieher des

DE MONOCEROTE.

Figura hæc talis est, qualis à pictoribus ferè hodie pingitur, de qua certi nihil habeo.

Einhorn, gezeichnet vom Schweizer Arzt und Naturforscher Conrad Gesner, 1551

Prinzen zu sein, war damals auch ein höchst gefährlicher Posten, denn bei Hofe herrschten Intrigen und Aristoteles' Nachfolger wurde sogar als Verschwörer verhaftet. Ob zu Recht oder zu Unrecht lässt sich nicht mehr feststellen. Erbarmungslos sperrte man den Armen in einen eisernen Käfig und führte ihn, ungepflegt und verlaust, durch die Lande. Schließlich wurde er den Löwen zum Fraß vorgeworfen. Doch da hatte Aristoteles den Makedonischen Königshof längst verlassen und war nach Athen zurückgekehrt, wo er mit seinen Schülern durch die Säulenhallen wanderte und sie dabei unterrichtete. Deshalb wurden er und seine Anhänger auch »Peripatetiker«, d. h. »die Herumwandler«, genannt. Gleichzeitig schrieb er weiter an seinen Werken. Aristoteles' Hauptinteresse war die Wirklichkeit in ihrer gesamten Vielfalt. *»In allem, was die Natur hervorbringt, ist etwas Besonderes«*, sagte er und begann Tatsachen zu sammeln. Er untersuchte Tiere in Gestalt und Verhalten. Über fünfhundert Spezies hat er beschrieben. Aristoteles forderte auch zur Haltung von Tieren auf, um sie zu beobachten und zu beschreiben. Er wurde dadurch zum Urahn der Zoogründer im Abendland.

In China hingegen gab es seit 2000 vor Christus, am Hofe des Kaisers Wu-Wang, den »Garten der Intelligenz«, eine zooähnliche Einrichtung ohne Gitter. Tiere konnten sich hier frei bewegen und wurden zur wissenschaftlichen Erkenntnis gehalten. Der venezianische Weltreisende Marco Polo beschrieb das vierhundert Hektar große Gelände: Hier gab es keine Zäune, Käfige oder Zwinger. Unter den Tieren gab es den Bambusbär Pei-hsiung, den weißrückigen Tapir Me, den großen Sumpfhirsch Sse-pu-hsi-ang und Schabrackentapiere. 1865 entdeckte der französische Missionar Armand David im »Garten der Intelligenz« einen Sumpfhirsch, der noch heute Davids-Hirsch genannt wird.

Während des Boxeraufstandes 1899/1900 drangen europäische Soldaten in den »Garten der Intelligenz« ein und, so der offizielle Bericht, *»töteten sämtliche Tiere und verpflegen sich mit ihrem Fleisch«*. Das war das Ende des ersten Zoos der Welt. Mit seinen Schülern, die er zur Mitarbeit heranzog, bildete Aristoteles eine organisierte Forschergemeinschaft, eine Premiere in der abendländischen Geistesgeschichte. *»Alle Menschen streben von Natur nach Wissen«*, war Aristoteles überzeugt, deshalb forschte und schrieb er unablässig. Über vierhundert Bände sollen es sein. Andere Quellen meinen sogar, tausend. Insgesamt soll er 445.270 Zeilen hinterlassen haben, dabei ist nur etwa ein Viertel erhalten geblieben. *»Die Natur kreiert nichts ohne Bedeutung«*, schärfte er seinen Schülern ein, die von ihm auch erfuhren: *»Lachen ist eine körperliche Übung von großem Wert für die*

Gesundheit.« Er forderte auch dazu auf, immer wieder innezuhalten, denn *»die Muße scheint Lust, wahres Glück und seliges Leben in sich selbst zu tragen«.* Aristoteles untersuchte den Himmel, die Sonne, den Mond, die Sterne, die Staatsverfassungen, die Dichtkunst, die Geometrie und die Menschen in ihrem Verhalten. Sein bis heute aktuelles Hauptanliegen ist die Suche nach dem Wesen der Natur. *»In allen Naturgegenständen steckt etwas Wunderbares. In jedem Tier ist etwas Natürliches und Schönes«,* war sein Leitspruch. Das Wirken des Philosophen bleibt nicht ohne Folgen: Spätestens seit Aristoteles wird die Natur gezielt erforscht. Somit ist er zum Urvater der Naturwissenschaft geworden und gilt durch sein großes Werk als Begründer der abendländischen Wissenschaften überhaupt. Seine Lehrsätze könnten aktueller nicht sein und nehmen vorweg, was Österreichs Nobelpreisträger Konrad Lorenz am Ende des 20. Jahrhunderts forderte: *»Die Naturwissenschaft kann nicht nur, sondern muss schlechterdings alles, was es in der Welt gibt, zum Gegenstand ihrer Forschung machen.«*

Rettung der Reitkunst und die Liebe zum anderen Lebewesen

Noch bevor Alexander der Große in Persien seine sagenhafte Luftreise unternahm und mit vier hungrigen Greifen in den Himmel flog, saß in Athen der Schriftsteller und Politiker Xenophon fest im Sattel. Er stammte aus einer begüterten Ritterfamilie in Athen. In seiner Jugend gehörte er zum Kreis des Philosophen Sokrates. Mit fünfundzwanzig begleitete er aus Abenteuerlust seinen Freund Proxenos zum Bürgerkrieg ins Perserreich. Doch die Sache ging schief. Der Feldherr Kyros fiel in der Schlacht und das gesamte Offizierskorps wurde Opfer eines Meuchelmords der Perser. Das riesige griechische Söldnerheer war nun auftrag- und führerlos. »Schlachtenbummler« Xenophon gelang es, die Truppe zum Abmarsch zu ermutigen, und führte die griechischen Söldner als mittlerweile gewählter *strategos* sicher nach Hause. In seinem Buch »Anabasis« beschreibt er die harten Kämpfe mit den Einheimischen sowie die Entbehrungen dieses »Zuges der Zehntausend« durch Anatolien bis ans Schwarze Meer. Solche Eskapaden zogen sich durch sein ganzes Leben. Dazwischen schrieb er zahlreiche Werke, die bis heute interessant geblieben sind: über die Staatseinkünfte, die griechische Geschichte, die gerechte Herrschaft, die Hausverwaltung, die Jagd, Erinnerungen an Sokrates und vieles mehr. Seine bedeutendsten Werke aber sind die Bücher »Über die Reitkunst« und »Über die Aufgaben des Reiterobersten«. Oberst Alois Podhajsky, der legendäre Leiter der Spanischen Hofreitschule, befasste sich in seinem Standardwerk »Die klassische Reitkunst« ausführlich mit Xenophons Arbeiten. Er schrieb:

> *Damit wurde Wissen in die Zukunft gerettet, das sonst mit dem Untergang des griechischen Weltreichs und später mit der Völkerwanderung unwiederbringlich verloren wäre. Tatsächlich verfiel die Reitkunst immer mehr und hörte schließlich ganz auf, eine »Kunst« zu sein. Wenn also die Begriffe der Reitkunst des klassischen Altertums noch bis heute erhalten geblieben sind, dann ist das ein Verdienst Xenophons, dessen Werk bei der Wiedergeburt dieser edlen Kunst die Grundlage bildete.*

Es dauerte 1800 Jahre, bis die in Vergessenheit geratene Reitkunst in der Zeit der Renaissance ihre eigene Renaissance erlebte. Die Spanische Hofreitschule in Wien ist die einzige Institution der Welt, an der die klassische Reitkunst in der Renaissancetradition der »Hohen Schule« seit dem 16. Jahrhundert unverändert weiter gepflegt wird. Tatsächlich ist das Wissen aus der Antike durchaus wert, bewahrt zu werden. Podhajsky: »*Mehr als jede andere Kunst ist die Reitkunst mit den Weisheiten des Lebens verbunden. Viele ihrer Grundsätze können jederzeit als Richtlinien für das Verhalten im Leben dienen.*« Seinen Reitern schärfte er ein:

> *Das Pferd lehrt den Menschen Selbstbeherrschung, Konsequenz und Einfühlung in Denken und Empfinden eines anderen Lebewesens. Ein wahrer Jünger der Reitkunst wird darüber hinaus durch den Umgang mit seinem Pferd lernen, dass nur die Liebe zum anderen Lebewesen und das gegenseitige Verstehen das Erreichen von Höchstleistungen ermöglicht.*

Caesars Ermordung und die ersten spanischen Pferde in Wien

Am Morgen des 15. März im Jahre 44 vor Christus ging es Gaius Julius Caesar ausgesprochen schlecht. Am liebsten wollte der Diktator an der Senatssitzung in Rom gar nicht teilnehmen. Auch seine Frau Calpurnia bat ihn, lieber zuhause zu bleiben, denn sie hatte einen Albtraum gehabt, der ihr eine Katastrophe voraussagte. Auch gab es mehrere warnende Vorzeichen, wie Feuer am Himmel, besonders lauten Donner sowie eine alte steinerne Tafel mit Warnungen, die in einem Grab gefunden wurde. Der Wahrsager Titus Vestricius Spurnia hatte Caesar sogar ausdrücklich vor den »Iden des März« gewarnt, das ist der Feiertag im römischen Kalender, der auf den 15. März fiel. Caesar hatte auch schlecht geschlafen und geträumt, dass er über den Wolken schwebe und Jupiter, dem höchsten der römischen Götter, die Hand reiche. Doch Caesars Wappentier war der Elefant und so war er auch in seinem Wesen: unerschrocken und gefährlich für seine Gegner. Schließlich ging er zur Sitzung, wo er um elf Uhr eintraf. Tatsächlich hatte sich eine Verschwörung von Senatoren und Rittern gegen Caesar gebildet, weil er sich zum Diktator auf Lebenszeit ernannt hatte. Man war sich darin einig, dass der »Tyrann« Caesar umgebracht werden sollte, und zwar im Senat, an den »Iden des März«. Vor Beginn wurde ihm noch eine Schriftrolle mit Informationen überreicht, die ihn vor der Gefahr warnen sollten. Doch Caesar gab sie einem Mitglied des Stabs und wollte sie später lesen. Kurz darauf wurde er von den Verschwörern umringt und mit dreiundzwanzig Dolchstichen ermordet. In seine Toga gehüllt

Die »Spanische« in Wien: älteste Reitschule der Welt mit Wurzeln bis in die Antike

brach er zusammen. Fünfzig bis sechzig Personen sollen an der Verschwörung beteiligt gewesen sein. *»Das würdige Ende für einen Tyrannen«*, sagte sein Gegner Marcus Tullius Cicero. Der Philosoph und Schriftsteller war Zeuge der Tat, aber kein Verschwörer. Mit seinem Ausspruch prägte er den Begriff »Tyrannenmord«. Und Wien, damals noch Vindobona genannt und Grenzfestung der Römer, verdankt Caesar sein erstes Hausregiment und die ersten spanischen Pferde. Innenpolitisch wirkte Caesar in beeindruckender Weise, reformierte die Gesetze, betätigte sich als Bauherr, legte Bibliotheken an und reformierte den Kalender. Nach seinem Tod erhielt deshalb der Monat Juli seinen Namen. In Gallien führte Caesar Krieg und übte eine grausame Herrschaft aus. Wahrscheinlich verloren Millionen Menschen ihr Leben oder wurden versklavt. Für diesen gallischen Krieg hatte Caesar seine X. Legion mit Pferden ausgestattet und setzte sie als Kavallerie ein. Ihr Symbol war ein Stier. Caesar bezeichnete diese Truppe als seine bevorzugte Legion. Zwei Jahre vor seinem gewaltsamen Tod löste er die Legion auf und gab den Veteranen Ackerland. Um Caesars Mörder zu bekämpfen, wurde die Legion aber wieder neu zusammengestellt und auch Veteranen erneut zu den Waffen geholt. Später fand die X. Legion ihren neuen Standort in Hispania, dem heutigen Spanien, wo sie viele Jahre blieb. Kaiser Trajan versetzte die Soldaten schließlich nach Vindobona. Hier wurden sie zum ersten Hausregiment und blieben über dreihundert Jahre. Ein neues Hausregiment bekam Wien erst nach der zweiten Türkenbelagerung, als im Jahre 1696 das Hoch- und Deutschmeister-Regiment Nr. 4 gegründet wurde. Die Pferde, die von der X. Legion aus Hispania mitgebracht wurden, waren zweifellos spanische Pferde. Womit die Tradition der spanischen Pferde in Wien über 1900 Jahre alt ist, auch wenn der Name Lipizzaner und die Spanische Hofreitschule zur Zeit der Römer noch kein Begriff waren. Wie stark die Beziehung der Bevölkerung schon zur Römerzeit zu den Pferden war, beweisen Funde aus dem Jahre 2004, als das Bundesdenkmalamt die Geschichte des Platzes erforschen ließ, auf dem im 16. Jahrhundert die Stallburg gebaut wurde. Noch nie war hier der Boden aufgegraben und archäologisch untersucht worden. Es war ein guter Zeitpunkt, um in Wiens schönstem Renaissancehof in der Vergangenheit zu wühlen, denn gerade sollten die Stallungen durch raffinierte Umbauten erweitert werden. So entstanden mehr und bequemere Boxen, die Tiere können jetzt direkt ins Freie schauen und bekommen mehr Frischluft durch neue Fenster. Eine zauber-

Rechte Seite: Josef Schöffel, der erste Kämpfer für Natur- und Umweltschutz in Österreich

III. Jahrgang. Nr. 29.   Preis einer Nummer 10 kr. = 2½ Sgr. = 8 kr. südd.   13. Juli 1873.

DIE BOMBE.

Erscheint jeden Sonntag.

Der Wienerwald-Schöffel.

hafte Attraktion für die Pferde und die vielen Touristen, die vorbeispazieren: Die schönsten Pferdeställe der Welt, mitten in Wien, präsentieren sich jetzt glanzvoller denn je und sind ein imperiales Fest für die Augen. Und die Archäologen hatten Glück: Wie die Funde belegen, gehörte das Areal vom 1. bis ins 4. Jahrhundert zur Vorstadt des römischen Legionslagers Vindobona. Gemeinsam mit Funden aus anderen Teilen des 1. Bezirks bewiesen sie nun die Anwesenheit militärischer Einheiten der Römer ab der Mitte des 1. Jahrhunderts: Zuerst kam die Ala Britannica, dann die XIII. und XIV. Legion und schließlich die X. Legion mit ihren spanischen Pferden. Die größte Überraschung bei den Grabungen im Stallburghof war der Fund eines Pferdekopfs aus Ton. Er lag unter einem eingestürzten Töpferofen und ist ein raffinierter Lampengriff, mit dem man heiß gewordene Öllampen leicht transportieren konnte, ohne sich selbst die Hand zu verbrennen. Ein Souvenir aus der Römerzeit, das beweist: Am Platz der Stallburg bestand die Begeisterung für die Pferde bereits seit der Römerzeit. Doch dann war lange Pause. Die Tradition der spanischen Pferde begann wieder im Jahre 1552, als Kaiser Maximilian II. nicht nur den ersten Elefanten, sondern auch die ersten spanischen Pferde nach Wien brachte und die Stallburg baute. Sein Bruder Erzherzog Karl II. gründete 1580 im Karstgebirge bei Triest das Zuchtgestüt Lipica, nach dem die Pferde benannt wurden. Maria Theresias Vater Karl VI. ließ von Fischer von Erlach, dem Starbaumeister der Barockzeit, die Winterreitschule erbauen, die 1735 eröffnet wurde und als schönste Reithalle der Welt gilt. Elisabeth Gürtler, die Generaldirektorin der Spanischen Hofreitschule, sagt: »*Die Perfektion des Miteinanders von Pferd und Bereiter ist einzigartig und begeistert Pferdekenner aus der ganzen Welt. Aber auch Menschen, die selbst nicht reiten und dieses enorme Können und das jahrelange Training von Pferd und Mensch nicht wahrnehmen können, sind immer wieder fasziniert von dem Gesamtkunstwerk, das hier geboten wird.*«

Wein-Kaiser Probus und das meistbesungene Tier von Wien

Zur gleichen Zeit, als die X. Legion mit ihren spanischen Pferden entlang der Donau Patrouille ritt und darauf achtete, dass keine Feinde über den Grenzfluss in das römische Reich eindrangen, kam gute Nachricht aus Rom: »*Das Weinbauverbot ist gefallen.*« Bisher gab es in den römischen Provinzen, also auch im heuti-

gen Österreich, ein gesetzliches Weinbauverbot. Damit sollten die Weinbauge-
biete im Mittelmeerraum geschützt und gleichzeitig der Weinexport in die Pro-
vinzen gefördert werden. Doch jetzt gab es einen neuen Kaiser. Marcus Aurelius
Probus lenkte das römische Reich und ließ verlauten: »*Alle Gallier, Spanier und
Britannier erhalten das Recht, Weinberge zu haben und Wein herzustellen.*« Das
Monopol der Mittelmeerländer war gefallen. In den einst keltisch besiedelten
Gebieten Österreichs hat es allerdings schon vor den Römern Weinbau gegeben.
Wie durch Funde belegt, sogar schon vor dreitausend Jahren. Vermutlich wurde
auch trotz des Verbotes an bestimmten Plätzen Wein angebaut. Doch zu einem
Aufschwung kam es erst durch Kaiser Probus. Nahe seiner Geburtsstadt Sirmium
ließ Probus den Berg Alma von seinen Soldaten umgraben und einen Musterwein-
berg mit ausgewählten Sorten anlegen. Ganze Kompanien wurden auch für
andere Großprojekte eingesetzt, wie die Trockenlegung der Saveniederungen
oder den Bau einer Mauer in Rom. Sein Motto: »*Soldaten darf man niemals
müßiggehen lassen. Sie dürfen ihr Brot niemals ohne Gegenleistung verzehren*«,

Römischer Lampengriff aus Ton. Entdeckt bei Grabungen in der Stallburg

dürfte ihm das Leben gekostet haben. Im Herbst des Jahres 282 entstand ein Aufstand. Die Prätorianergarde rief einen Gegen-Kaiser aus und die unzufriedenen Soldaten, die weder Weinbauer, Teichgräber oder Mauernbauer sein wollten, ermordeten Probus in einem Wachturm nahe seines Geburtsorts Sirmium. Anschließend wurde er, unweit des Tatorts, unter einem mächtigen Grabhügel bestattet. Um sein Andenken zu tilgen wurden sogar seine Inschriften vernichtet. Eine Armeereform, die gründlich daneben ging. Doch mit seinem Engagement für den Wein hat sich Kaiser Probus ein ewiges Denkmal gesetzt und ist bis heute unvergessen. In Wien erinnert die Probusgasse im 19. Bezirk an ihn. Gleich um die Ecke wohnte der legendäre Bundeskanzler Bruno Kreisky, der sich manchmal mit seinem ganzen Kabinett beim Heurigen traf.

Obwohl die Arbeit im Weingarten hart und anstrengend ist, entwickelte sich der Weinbau im Laufe der Jahrhunderte zu einem gewaltigen Berufszweig, von dem viele Menschen leben konnten. Die Anbauflächen wurden immer größer. Zum Schutz vor Wild oder streunenden Haustieren wurden die Weingärten mit Dornengestrüpp und Zäunen umgeben. So wurde die ganze Anbaufläche gesichert bzw. geborgen. Also ein »Gebirg«, das man mit »Stiegln« übersteigen konnte. Daran erinnern heute noch Straßenstücke wie die Goldene Stiege in Mödling oder Ortsbezeichnungen wie Brunn am Gebirge. Der Beginn der Lese wurde mit Böllerschüssen, dem »Gebirg-Aufschießen« angekündigt. Ein Brauch, der sich in Gumpoldskirchen bis heute erhalten hat. Jahrhundertelang sind die Weingärten das Zentrum des wirtschaftlichen Lebens gewesen, weshalb die Trauben auch wie Edelsteine beschützt wurden.

Zur Zeit der Traubenreife stiegen die Weinhüter auf die Hutsäulen, das waren hohe Masten mit Hochsitz. Von dort aus wurden alle Leute beobachtet, die sich den Weingärten näherten. Im Fall des Falles gab der Hüter ein Signal mit dem Ochsenhorn, dem »Hiatapfoazen«.

Geschrieben steht: *»Trauben verkaufen durften die Hüter nicht, Trauben verschenken schon; aber nur an schwangere Frauen und die mussten darum besonders bitten. Auf Diebstahl standen drakonische Strafen. Wer mit einer Hand voll Trauben erwischt wurde, verlor ein Ohr. Bei zwei Trauben waren es beide Ohren, bei drei wurde die Hand abgehackt.«*

Wenn die Lese eingebracht ist, gibt's, auch heute noch, ein festliches Essen der Lesehelfer mit der Hauerfamilie. In Perchtoldsdorf findet seit über fünfhundert Jahren der Hütereinzug statt. Ein fröhliches Fest mit berittenen Weinhütern,

Probe des ersten Weins und G'stanzlsingen. Im Jahre 2010 wurde dieser lebendige Brauch in den Schutz des UNESCO-Weltkulturerbes übernommen. So sehr die Weintrauben auch bewacht wurden – zwei Feinde konnten nicht abgewehrt werden: Der erste hieß Grundstücksbedarf, für Eisenbahn, Straßen, Häuser, Fabriken. Von der Anbaufläche, wie sie noch zur Zeit Ludwig van Beethovens rund um Wien bestand, werden heute nur mehr knapp zwanzig Prozent als Weingärten benutzt. Doch nicht nur der Grundstücksbedarf war schuld am Verschwinden der Weingärten: Der zweite Feind der Trauben war ein kleines unscheinbares Insekt, das aus Amerika nach Frankreich eingeschleppt wurde und sich über ganz Europa ausbreitete. Es war die Reblaus, deren Brut die Weinstöcke von innen her aussaugte. Sie setzte sich an den Wurzeln fest und vernichtete im 19. Jahrhundert fast alle Weingärten in Europa. Ein Schaden, der Millionen Menschen ihre Existenz kostete und die Landschaft veränderte: Nachdem die Reblaus besiegt war, konnte nur mehr ein Teil der alten Weingärten wieder ausgesetzt werden. Bei der Reblaus-Katastrophe zeigte sich auf dramatische Art, wie wichtig es ist, Tiere genau zu erforschen, auch wenn sie nur klein und unscheinbar sind.

Trauben und Wein aus Wien standen im 19. Jahrhundert vor dem Ende

Besonders tragisch entwickelte sich die Reblausplage im Gebiet um Wien. Hier gab es zunächst keine Schäden durch Reblausbefall, doch die Weinbauschule Klosterneuburg wollte helfen und gleichzeitig den von der französischen Regierung ausgesetzten Preis von 300.000 Franken gewinnen. Man ließ sich deshalb den Weinschädling samt befallenen Reben senden. In einem Versuchsweingarten wollte man ein Mittel finden, um die »Philloxera vastatrix«, wie die Reblaus offiziell heißt, endgültig zu vernichten. Man ahnt es schon: Der Versuch misslang und die Rebläuse konnten sich ungehindert ausbreiten. Dabei gab es genügend warnende Stimmen. Die gewichtigste war die von Josef Schöffel, dem »Retter des Wienerwalds«. Er hatte um 1870 als Einzelkämpfer durch eine beispiellose Medienkampagne verhindert, dass der Wienerwald abgeholzt und an Spekulanten verkauft wurde. Ursache war das Fehlen von Geld, um die Staats-Schulden zu bezahlen, die aus dem verlorenen Krieg, mit der Schlacht um Königgrätz entstanden waren. Sorgen um eine gesunde Natur, Artenvielfalt bei Tieren und Pflanzen wurden ignoriert. Aber Klagen und sogar ein Mordanschlag konnten Schöffel nicht aufhalten. Schließlich siegte er in einer dramatischen Gerichtsverhandlung. Die Spekulanten verschwanden, der Wienerwald blieb erhalten. Schöffel war der erste Naturschutz-Kämpfer, wurde zum Vorbild und hoch geehrt. Als das Reblausdesaster begann, forderte Josef Schöffel in einem zündenden Artikel im »Wiener Tagblatt« das Ackerbauministerium auf, die Versuchsweingärten zu vernichten und ein Verbot zur Einfuhr von fremden Reben und der Zucht von Rebläusen zu erlassen. Schöffel: *»Der Preis von 300.000 Franken steht in keinem Verhältnis zu der Gefahr, die der Weinkultur Österreichs erwachse.«* Wie schon beim Kampf um den Wienerwald gab es Klagen, Drohungen und Verleumdungen. Diesmal aber eine überraschende Entschuldigung; Josef Schöffel berichtete: *»Vor der Gerichtsverhandlung wurde die Klage zurück gezogen, die Gerichtskosten bezahlt und in mehreren Wiener Zeitungen eine große Entschuldigung veröffentlicht.«*

Den Weingärten hat es nicht mehr geholfen, die Reblaus war nicht mehr zu stoppen. Die Rebstöcke vernichtet. Zwei Winzergenerationen zwischen 1860 und 1920 in den Untergang getrieben. Wien vom Wein oder der Wein von Wien – beide voneinander nur durch eine Lautverschiebung getrennt, hatten über lange Jahre einen Teil ihrer Identität verloren. Auf dramatische Weise wurde klar: Gründliche Kenntnisse über dieses Tier, rechtzeitige wissenschaftliche Forschung und der Mut zum Einsatz des eigenen Verstandes hätten die Katastrophe verhindern können. Den Schaden, den das Insekt angerichtet hatte, konnten alle sehen, das Tier selbst aber blieb nahezu unsichtbar. Dennoch machte es eine unglaubliche Karriere:

Jahre nach der Reblausplage drehte Ernst Marischka mit den Publikumslieblingen Hans Moser und Theo Lingen die Film-Komödie »Sieben Jahre Pech«. Darin singt Hans Moser von der Reblaus. Das Lied wurde zum Super-Hit und die Reblaus zum meistbesungenen Tier Österreichs. Den Refrain: »*I muss im früh'ren Leben a Reblaus g'wesen sein*« kennen alle Wiener Heurigenbesucher, die sich auch gerne dem Wunsch anschließen: »*und wenn ich stirb, möcht ich a Reblaus wieder werd'n.*«

Unermüdliche Fröhlichkeit: Eisbärenkinder in Schönbrunn

Die Entstehung des Wiener Flair

Der erste Elefant in Wien, ausgestopfte Tierpfleger und der Brand der Hofburg

Vom frühen Morgen an drängte sich eine riesige Menschenmenge in den Gassen von Wien. Jung und Alt, Arm und Reich, Adelig und Bürgerlich, heute blieb niemand zu Hause. Sogar aus weit entfernten Gebieten waren Besucher in die Stadt gekommen. Heute, am Samstag, dem 7. Mai 1552, sollte Erzherzog Maximilian, der älteste Sohn und nunmehrige Nachfolger Kaiser Ferdinands I., mit seiner Gattin Maria aus Spanien zurückkehren und im Festzug in die Stadt einziehen. In Wien hatte man sich schon viel von den kostbaren Schätzen, wundersamen Produkten und seltenen Tieren erzählt, die Maximilian nach Wien bringen würde. Es waren Geschenke des spanischen Königs, die meisten davon aus dem sechzig Jahre zuvor entdeckten Amerika, das man damals noch für Indien hielt. Die Stadt war zum Empfang des hohen Paares auf das Prachtvollste geschmückt. Am Weg, den der Zug nehmen sollte, waren drei herrliche Triumphpforten errichtet worden. An der Burg selber hatte der Kaiser zur Begrüßung seines Sohnes ein neues, prächtiges Portal errichten lassen, das später, als hier die Schweizergarde einquartiert war, den Namen »Schweizertor« erhielt und noch heute ein Juwel der Renaissancearchitektur Österreichs darstellt. Zu beiden Seiten davon war für die Ehrengäste eine große Galerie errichtet worden, von der reich bestickte Teppiche hingen, über die sich malerische Blumengirlanden zogen. Auf der obersten Abteilung hatte die kaiserliche Musikkapelle in ihren goldbestickten Kleidern Platz genommen; sie bot mit ihren großen, glänzenden Instrumenten einen imposanten Anblick. Die Reisegesellschaft, deren Eintreffen in Wien so freudig erwartet wurde, hatte auf ihrem Weg von Spanien nach Wien schon für große Aufregung gesorgt. Denn der junge Kronprinz brachte in seinem riesigen Gefolge auch einen Elefanten mit – ein Tier, das noch

Linke Seite: Wilde Spiele, wachsame Mutter: Elefantenleben in Schönbrunn nie in Wien zu sehen war und auch auf seiner Reise über die Alpen überall für großes Aufsehen sorgte.

Das überrascht nicht, denn seit Hannibal 218 vor Christus mit 50.000 Mann und siebenunddreißig Kriegselefanten über die Alpen gezogen war, waren schon 1770 Jahre vergangen. Auch der weiße Elefant, der im Jahre 802 aus Bagdad kommend über den Brenner nach Aachen wanderte, war schon vergessen. Er war ein Geschenk für Karl den Großen gewesen, anlässlich seiner Krönung zum Kaiser, das der Kalif Harun al-Raschid sandte. Man kennt ihn aus den »Geschichten aus 1001 Nacht«, die von einer Haremsdame so spannend erzählt wurden, dass er darüber die Zeit vergaß. So muss es auch mit dem Elefanten gewesen sein, denn der kam um zwei Jahre zu spät – die Kaiserkrönung war bereits im Jahre 800. Möglich ist aber auch, dass der Termin von den Sterndeutern bestimmt wurde, die der Jahreszahl 802 eine besondere Bedeutung zuordneten oder für das Datum eine besondere Konstellation der Sterne voraussahen.

Maximilians Elefant erregte großes Aufsehen. Er war ein Geschenk des Königs Johann III. von Portugal. Einige Gasthäuser, in deren Ställen der Elefant während der drei Jahre dauernden Reise nächtigte, tragen noch heute Aufschriften, die an ihn erinnern. In Brixen, wo der Elefant vierzehn Tage Unterkunft, Nahrung und Pflege in der Herberge »Am Hohen Felde« erhielt, taufte der damalige Besitzer Andrä Posch sein Haus um. Seither führt es den Namen »Elephant«. An der Außenseite des renommierten Hotels befindet sich noch heute die Freskomalerei, die den Einzug des Wundertieres zeigt. Auch in Linz berichten Darstellungen an Hausmauern von dem großen Ereignis. Der Chronist von Hall in Tirol, wo der Zug Maximilians, von Innsbruck kommend, per Schiff durchreiste, beschrieb das Tier so: *»Zwölf Schuh hoch gewesen, mit zwei Zähnen ellenlang und mausfarben.«* Auch zahlreiche Gedichte wurden über den Elefanten geschrieben.

Zurück zum festlichen Einzug in Wien: Die Geduld der Schaulustigen wurde auf eine harte Probe gestellt. Erst nach stundenlangem, sehnsuchtsvollem Warten tönten gegen vierzehn Uhr die ersten Kanonenschüsse von der Kärntnerbastei, um die Ankunft des hohen Paares anzuzeigen, das in einer achtspännigen, prunkvoll vergoldeten Kutsche saß und freundlich die jubelnde Menge begrüßte. Doch weder die reichen Gaben, die öffentlich zur Schau getragen wurden, noch die schönen, fremdartigen Tiere konnten die Bewohner der Kaiserstadt so beeindrucken wie dieser erste Elefant. In Begleitung von bewaffneten Hütern marschierte er gemächlich durch die Menge und hielt mehrmals an, damit man ihn genau

Affen, Papageien, Kamele und spanische Pferde begleiteten den ersten Elefanten bei seinem triumphalen Einzug in Wien

betrachten konnte. Er stammte aus Goa in Indien und war auf dem Seeweg nach Lissabon gekommen. Zwölf Jahre war der Tierriese alt und auf den Schultern trug er seinen Mahut, den Pfleger, der ihn Tag und Nacht begleitete. Dieser führte ihn zur Arbeit und kannte alle seine Eigenarten bis ins kleinste Detail, war er doch seit frühester Jugend mit ihm zusammen und hatte das Tier auch dressiert. Der Elefant gehorchte seinem Mahut aufs Wort.

Der Name des grauen Riesen war Soliman, nach Sultan Sülemann dem Prächtigen, dem Todfeind des christlichen Abendlandes, gegen den immer wieder gekämpft wurde. Den Namen hatte König Johann III. von Portugal ausgewählt, als er Prinz Maximilian den Elefanten schenkte. Damit sollte gezeigt werden, dass auch ein Soliman zu beherrschen war und dass Wien und die Habsburger ein Bollwerk gegen die heidnischen Osmanen darstellten. Seit dem 6. März war das Tier schon in Wien und in einer großen Scheune auf der »Schebenzerlucken« einquar-

Oben: Weihnachten 1551 wurde in Brixen gefeiert: Ein Fresko am Hotel »Elephant« erinnert daran
Rechte Seite: Zur Erinnerung an den Einzug des ersten Elefanten ließ Kaiser Maximilian II. eine
Medaille prägen: Im Wien Museum wird sie liebevoll bewahrt

tiert gewesen; das war eine kleine Vorstadtsiedlung außerhalb des Kärntnertores
an der rechten Wienfluss-Seite, etwa dort, wo sich heute das Konzerthaus befindet. In der Stadt gab es wohl kaum jemanden, der den Elefanten nicht schon
besichtigt hatte, dennoch fürchteten sich die meisten Wiener vor dem »unheimli-
chen« Tier. Manche glaubten sogar, der Prinz habe ein furchtbares Ungeheuer
mitgebracht, das sie »nach Belieben verschlingen« oder »zu Tode trampeln«
könnte und wichen erschrocken zurück. Am Grünen Markt, wie damals der Graben genannt wurde, kam es deshalb zu einem Gedränge, und ein fünfjähriges
Mädchen stürzte zum Entsetzen der Menge direkt vor die Füße des riesigen Tieres. Der schreckliche Tod der Kleinen schien unausweichlich. Doch es kam
anders: Ohne das Kind zu verletzen beschrieb der Elefant mit seinem Rüssel einen
weiten Kreis, um sich Platz zu verschaffen, hob es zart empor und überreichte es
der weinenden Mutter. Die Zuseher brachen in Jubel aus, der Elefant trompetete
fröhlich und hatte die Herzen der Wiener im Sturm erobert. Rechnungsrat Anton
Gienger, der Vater des Mädchens, ließ zur Erinnerung ein kolossales Bild des Elefanten samt Inschrift an dem Haus anbringen, vor dem sich der Vorfall ereignete.
Das »Elefantenhaus« stand zwischen Stock-im-Eisen-Platz und Graben und
wurde 1866 dem Verkehr geopfert.

Der Elefant hatte sich als vollendeter Kavalier erwiesen und ist seither unvergessen. Gleichzeitig hat er gezeigt, wie gut ihn sein Mahut ausgebildet hat: Das Heben und sorgfältige Ablegen von Lasten gehört nämlich durchaus zu den Pflichten eines indischen Arbeitselefanten, der in seiner Heimat hauptsächlich mit Arbeiten im Wald beschäftigt wird. Nach dem großen Festzug übersiedelte der Elefant als erstes Tier nach Schloss Ebersdorf, wo Maximilian die erste Menagerie Europas eingerichtet hatte. Von nun an war die Unterscheidung zwischen einem Tiergehege als umzäuntes Jagdgebiet, wie etwa der Lainzer Tiergarten, und einer Menagerie zur Schaustellung und Erforschung von Tieren klar erkennbar. Auch der Tiergarten Schönbrunn wurde bis 1926 »Menagerie Schönbrunn« genannt. Die Namensänderung erfolgte während der Jahreskonferenz der Europäischen Zoodirektoren, die damals erstmals in Wien stattfand.

Der kaiserliche Elefant blieb nicht lange allein; bald gab es in der Menagerie auch ein Löwenpaar, einen Bären, einen Luchs, Papageien, Affen und Strauße. Wie archäologische Grabungen im Schloss Ebersdorf bestätigten, wurden hier auch Kamele gehalten. Später sollte Soliman wieder in die Stadt übersiedeln und in die Stallburg einziehen, doch dieses Gebäude, in dem jetzt die Lipizzaner untergebracht sind, war damals erst in Planung. Zur Erinnerung an den Einzug des ersten Elefanten ließ Kaiser Maximilian eine Medaille mit der Darstellung des Tieres prägen, die im Wien-Museum aufbewahrt wird. Leider war dem Soliman kein langes Leben vergönnt: Er starb bereits am 18. Dezember des nächsten Jahres. Was genau passiert ist, werden wir nie erfahren. Übermittelt ist lediglich, dass der Elefant durch das Verschulden des Mahut gestorben sei. Solimans Haut wurde abgezogen und ausgestopft. Schließlich wurde das Tierpräparat im Schloss Ebersdorf aufgestellt. Daneben der Mahut, sein Pfleger, den man ebenfalls ausstopfte. 2.136 Kilogramm wogen die Knochen des Elefanten. Aus dem Rechten Vorderfuß ließ der Wiener Bürgermeister Sebastian Huetstocker einen Stuhl anfertigen und mit seinem Wappen und einer Inschrift versehen. Heute befindet sich dieser Stuhl im Stift Kremsmünster.

Elefantenexperte Harald Schwammer, Vizedirektor des Tiergarten Schönbrunn zum Tod des Elefanten:

> *Denkbar ist ein Unfall durch die Musth. Der Elefant war dazu alt genug. Die Musth ist eine periodische Verhaltensänderung aus hormonellen Gründen. Wird das Tier gestört, gibt es aggressive Ausbrüche. Der Elefant hört dann auf keine Kommandos und attackiert auch andere Elefanten und vor allem Menschen. In dieser Phase ist das Tier extrem gefährlich.*

Das könnte bedeuten, dass der rasende Elefant, nachdem er den Pfleger getötet hatte, von den Wachen erschossen wurde. Menschen auszustopfen und zur Schau zu stellen war bis ins 19. Jahrhundert keine Seltenheit. Berühmtestes Beispiel war der in Wien hochangesehene »Mohr« Angelo Soliman, der es bis zum Hofmeister brachte und sogar Mitglied der Freimaurerloge »Zur wahren Eintracht« war, zu der auch Wolfgang Amadeus Mozart zählte. Nach seinem Tod wurde Angelo Soliman auf besondere Anweisung des Kaisers die Haut abgezogen und ausgestopft. Petitionen seiner Tochter und sogar des fürsterzbischöflichen Konsortiums halfen nichts. Soliman wurde nicht christlich beerdigt, sondern im k.k. Naturalienkabinett, im Dachgeschoß der Hofburg, gemeinsam mit einem ausgestopften Wasserschwein ausgestellt. In derselben Schau befanden sich noch drei farbige Menschen, die man ausgestopft hatte: ein sechsjähriges Mädchen, das dem Kaiser von der Königin von Neapel geschenkt worden war, sowie ein Gärtnergehilfe und ein Tierwärter der Menagerie in Schönbrunn. Erst während der Revolution 1848, als am 31. Oktober die Wiener Innenstadt von den kaisertreuen Truppen zurückerobert werden sollte und Feldmarschall Alfred Fürst Windisch-Graetz die Wiener Innenstadt beschießen ließ und dabei die Augustinerkirche und das Dach der Hofburg traf, fand diese unwürdige Schaustellung ein Ende in den Flammen.

Der ausgestopfte erste Elefant von Wien war zu diesem Zeitpunkt schon weit entfernt und existierte noch bis nach dem Zweiten Weltkrieg. Er war noch im 16. Jahrhundert an den Herzog von Bayern übergeben worden, der das Tier schon zu seinen Lebzeiten gesehen hatte, als es in Innsbruck und Wasserburg am Inn Station machte. Der Elefant kam in die Wunderkammer des Herzogs und landete schließlich im Bayrischen Nationalmuseum. Im Zweiten Weltkrieg wurde er zum Schutz vor Bombenangriffen in den Keller gestellt, wo er wegen der schlechten klimatischen Bedingungen verschimmelte. Um 1950 wurden aus den Resten seiner Haut Schuhsohlen hergestellt. Somit verliert sich die Spur des grauen

Riesen vierhundert Jahre nach seinem Auftauchen in Europa und einer langen Reise von Spanien nach Wien, als Schuhsohlen in den Straßen von München. Nur der Sessel, der aus Teilen seiner Knochen gebaut wurde, und die silberne Münze, die Maximilian II. prägen ließ, erinnern an den ersten Elefanten von Wien.

Nicht nur den ersten Elefanten verdanken wir dem großen Tierfreund Maximilian, sondern auch die Lipizzaner-Pferde. Denn mit der Gründung der beiden Gestüte Lipica im Jahre 1580 und Kladrup im Jahre 1562 legte er den Grundstock für die Spanische Reitschule, deren Betrieb 1572 erstmals erwähnt wird. In Prag, wo Maximilian als König von Böhmen residierte, errichtete er einen Löwenhof.

Da muss erst ein »Tiroler« kommen, damit Wien in Schwung kommt

Maximilian II. wurde in Wien am 31. Juli 1527 als Sohn Kaiser Ferdinands I. von Habsburg und Annas von Böhmen und Ungarn geboren. Seine Jugend verbrachte er in Innsbruck am Hofe seiner Eltern. Hier eignete er sich auch die Tiroler Mundart an, die er sein ganzes Leben lang beibehalten sollte. Auch als er später Kaiser war, blieb er dem Tirolerischen treu. Es soll auch seine Rechtschreibung beeinflusst haben. Im Alter von siebzehn Jahren holte ihn sein Onkel Karl V. nach Spanien. Nachdem er schon in Innsbruck eine hervorragende Bildung genossen hatte, konnte er hier auch Zugang zu geheimen Lehren finden. Darunter Alchemie, Magie und Sternenkunde. 1548 vermählte ihn

Maximilian II. (1527–1576) legte den Grundstein für das Wiener Flair

Elefanten, die Könige der Rekorde

Die Liste der Rekorde, die von Tieren aufgestellt werden, ist beeindruckend. Fast immer sind die Menschen unterlegen. Für jedes Problem ist in der Natur bereits eine Lösung gefunden worden. So manche Erfindung verdankt ihre Entstehung der Beobachtung von Tieren. Der absolute Super-Rekordler ist unbestreitbar der Elefant. Er ist die Nummer 1 in der Welt der Tiere. Nicht nur ist er das größte Landtier, sondern auch das geheimnisvollste.

Längste Nase: Der Rüssel des Afrikanischen Elefanten kann bis zu 2,50 Meter lang werden. Gleichzeitig ist er ein einzigartiges Wunderwerk: Kein einziger Knochen, dafür aber 40.000 Einzelmuskeln zum Atmen, Spritzen, Greifen, Saugen und Töten. Ein Schlag mit dem Rüssel ist wie ein Keulenschlag mit einem Baumstamm.

Größte Ohren: Die beiden Ohren eines Afrikanischen Elefanten sind zusammen bis zu 8 Quadratmeter groß und dienen als Klimaanlage. Ihre riesige Oberfläche ist mit Adern durchzogen. Dadurch wird das Blut abgekühlt.

Die größten Zähne hat der afrikanische Steppenelefant. Sie können über 4 Meter lang werden.

Schwerstes Tier: Höchstgewicht bis zu zehn Tonnen.

Größter Fresser: Pro Tag bis zweihundert Kilo Gras, Wurzeln und Rinde.

Höchstes Alter: In freier Wildbahn werden sie bis zu siebzig Jahre alt, in Tiergärten sogar noch älter. Der älteste bekannte Elefant der Welt wurde im Zoo von Taipeh/Taiwan sechsundachtzig Jahre alt.

Das beste Gedächtnis unter allen Tieren haben die Elefanten. Es gilt das Sprichwort: Elefanten vergessen nie.

Die geheimste Sprache: Elefanten kommunizieren über für Menschen unhörbare Langwellen. Dadurch kann die Herde auch dann Kontakt halten, wenn die einzelnen Tiere in der Steppe weit zerstreut sind. Außerdem können sie »mit den Füßen hören«:

Die sensibelsten Fußsohlen aller Tiere helfen dem Elefant, Schallwellen aus bis zu fünfzig Kilometer Entfernung wahrzunehmen.

Am langsamsten geschlechtsreif wird der Afrikanische Steppenelefant. Von seiner Geburt bis zu seiner Fortpflanzungsfähigkeit vergehen sechzehn Jahre.

Die längste Schwangerschaft haben die Indischen Elefanten. Bis zur Geburt dauert es zwei Jahre. Dafür ist das Baby dann das *schwerste Kind* im Tierreich. Es wiegt in der Regel hundert Kilogramm und legt in der Woche etwa dreißig Kilo zu.

Weltweit leben rund 40.000 Indische und mehr als 500.000 Afrikanische Elefanten. Unterscheiden kann man sie am besten an den Ohren: Die Indischen haben kleine und die Afrikanischen Elefanten große Ohren. Auch die Form der Ohren zeigt die Heimat ihrer Träger: Der Umriss Indiens für die Indischen Elefanten und der Umriss des schwarzen Kontinents für die Afrikanischen Elefanten. Der erste Elefant, der Wien erreichte, war ein Indischer. Die Elefanten, die im Tiergarten Schönbrunn leben, sind Afrikanische Elefanten. Auch das Zuchtbuch für Afrikanische Elefanten, das vorher im Zoo von Tel Aviv auflag, wird jetzt in Wien geführt. Der Tiergarten Schönbrunn ist überdies Sitz des »Vereins der Elefantenpfleger und -manager Europas« mit 130 Mitgliedern aus Europa, Australien und den USA.

sein Onkel mit seiner Tochter Maria, also Maximilians Kusine, mit der er eine lange und glückliche Ehe führen und sechzehn Kinder bekommen sollte. Drei Jahre nach der Hochzeit zog Maximilian mit seinem ganzen Hofstaat, zu dem nun auch der Elefant Soliman, viele spanische Pferde und interessante Menagerie-Tiere gehörten, zurück nach Wien. Natürlich wählte er die Strecke über Innsbruck. Insgesamt war Maximilian sieben Jahre in Spanien gewesen: Vier Jahre als Junggeselle, dann drei Jahre verheiratet. – Hier finden wir die Erdzahl vier und die himmlische Zahl drei, zusammen ergibt es die Zahl sieben, die heilige Zahl der Fülle und Vollendung. – Nun war er reif für neue Taten. Außerdem sprach er sieben Sprachen. Auch die Zahl seiner Kinder sollte sich einmal auf sieben verdichten lassen: 16 = 1+6 = 7. Eine solche Situation ergab sich in der achthundertjährigen Geschichte der Habsburger dreimal: In seiner Ehe, bei Kaiserin Maria Theresia, und Kaiser Leopold II.

In Wien beeindruckte Maximilian durch sein freundliches und gebildetes Wesen und seinen Sinn für Humor. Die Wiener hatten den Spanier, der ein Tiroler ist, aber eigentlich ein Wiener, bisher nicht kennengelernt. Das sollte sich aber bald ändern. Sein Wahlspruch »Gott wird schützen« war sympathisch, während der seines Vaters »Es soll Gerechtigkeit geschehen, und gehe die Welt darüber zugrunde« die Leute eher verschreckte. Maximilian war der Auffassung, der Kaiser müsse über den Konfessionen stehen. Das brachte ihm den Ruf ein, Protestant zu sein. Auch soll einer seiner Erzieher ein Schüler von Martin Luther gewesen sein. »Höchst gefährlich«, urteilten die katholischen Kreise und Maximilian musste seinem Vater versprechen, dass er bis zum Tod katholisch bleibe. Trotzdem versuchte ihn die nachfolgende Geschichtsschreibung totzuschweigen. Auch wenn er nie die Religion wechselte. Die Wirkung dieser klerikalen Zensur spürt man bis heute. Tatsächlich trug die Regierung Maximilians II. in entscheidender Weise zum religiösen Frieden bei. Außerdem erzeugte er eine kreative Aufbruchsstimmung und begründete Einrichtungen, die bis heute das Wiener Flair ausmachen.

Maximilian wollte Wien Glanz geben, Kunst und Wissenschaft sollten das Bild der Stadt prägen. Feste sollten gefeiert werden, von denen man noch nach Jahrhunderten sprach. Erster Berater und Mitarbeiter war Giuseppe Arcimboldo, der »Hof-Conterfetter«, den schon sein Vater aus Mailand nach Prag geholt hatte. Der Hof-Conterfetter, zu Deutsch: Hof-Porträtist, konnte weit mehr als Bilder malen. Er schuf zahlreiche kunstvolle und witzige Erfindungen, Spiele, Hochzeitsgeräte, organisierte Bälle, Turniere und Festzüge. Er prägte das Design des Kaiserhauses dreier Regenten: Ferdinand I., Maximilian II. und dessen Sohn Rudolf II. Am berühmtesten wurden seine Bilder, in denen er aus Blumen, Früchten oder Hölzern Porträts zusammenstellte, die die Jahreszeiten symbolisierten. Im Jahre 1564 folgte Maximilian seinem verstorbenen Vater als Kaiser des Heiligen Römischen Reiches nach. Zuvor wurde er in Prag zum König von Böhmen und in Pressburg zum König von Ungarn und Kroatien gewählt. Es war die erste Krönung in der neuen Krönungsstadt Pressburg. Sie fand im feierlich geschmückten Martinsdom am 8. September 1563, dem Feiertag der Geburt der Jungfrau Maria, Schutzpatronin von Ungarn, statt. Der Kaiser kam zur Krönung mit dem Schiff im Morgengrauen, denn die Messe begann bereits um sechs Uhr früh. Sie wurde mehrfach unterbrochen und sollte bis zehn Uhr dauern. Anschließend ging es zum neu errichteten Krönungshügel an der Donau, auf den der König mit dem Pferd ritt, und mit dem Schwert in alle vier Himmelsrichtungen schlug. In drei Richtungen nur symbolisch, nach Osten aber heftig, weil dort die Türken das Land und damit auch Budapest besetzt hatten. Das gefiel der Bevölkerung sehr, die in Jubel und Beifall ausbrach. Von der Burg erklangen Salven der Artillerie. Am nächsten Tag wurde seine Frau Maria zur ungarischen Königin gekrönt. Insgesamt dauerte das Fest mehrere Tage und wurde zum Vorbild für drei weitere Krönungsfeierlichkeiten: 1740 die von Maria Theresia, die von Leopold II. 1790 und 1867 die von Franz Joseph und Elisabeth.

John Dee 007, der Magier aus England

Einer der ungewöhnlichsten Krönungsgäste kam aus England: John Dee, ein hochangesehener Gelehrter, Alchemist, Astronom, Astrologe, Kabbalist, Magier, Mathematiker, Philosoph, Wunderheiler sowie Vertrauter

Der englische Magier John Dee überbrachte dem Kaiser geheime Informationen

Mit 007 unterschrieb John Dee seine geheimen Briefe an die englische Königin. Mit der Monas Hieroglyphica sollte die Welt erobert werden

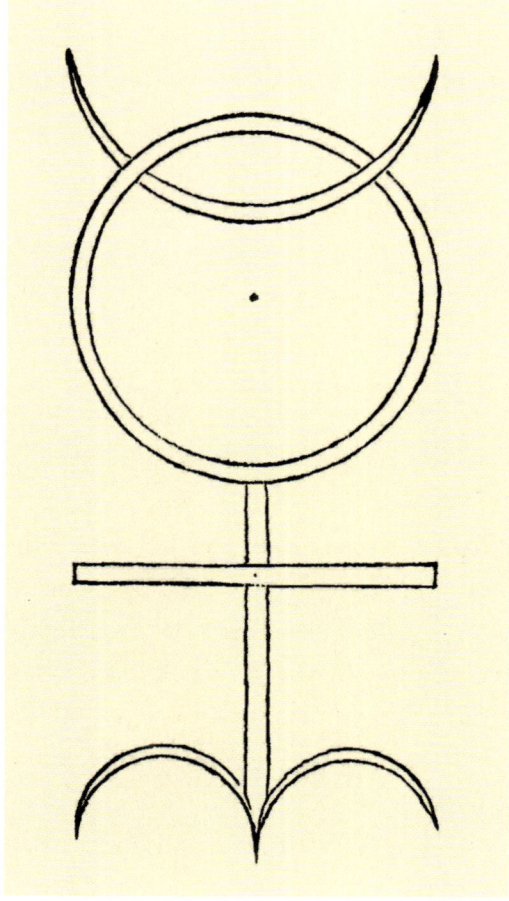

und geheimer Berater der englischen Königin Elisabeth I., der er auch die Horoskope erstellte und den Tag ihrer Krönung bestimmte. Er galt als Visionär des britischen Empire und prägte das Wort Britannia. Er gilt als einer der Gründer des Rosenkreuzertums, der protestantischen Reaktion auf die Jesuiten. William Shakespeare diente er als Vorbild für »König Lear« und den Zauberer Prospero in »Der Sturm«. Und er war Geheimagent der englischen Königin mit dem Auftrag, die Krönung und vor allem die Gäste zu beobachten. Seine geheimen Briefe signierte John Dee mit dem Codenamen 007. Dabei wurde der Querbalken der Sieben über die beiden Nullen gezogen. Das bedeutete: streng geheim und nur für die Augen der Königin bestimmt, die durch die zwei Kreise symbolisiert wurden. Die Zahl Sieben war seine Codenummer und sollte gleichzeitig für Fülle und Vollendung stehen. Ian Fleming, der Autor der James-Bond-Romane, war selbst britischer Geheimagent und kannte natürlich auch die Geschichte seiner Organisation und die von John Dee. Mit der Verwendung dieses Geheimcodes aus dem 16. Jahrhundert machte Fleming Englands berühmtesten Magier und Agenten zum Ur-Ahnen des berühmtesten Geheimagenten der Gegenwart, von James Bond 007.

Bei der Krönung in Pressburg war John Dee von Maximilian sehr beeindruckt und versprach, ihm sein nächstes Werk zu widmen, das in Kürze in Antwerpen gedruckt werden sollte. Das Buch wollte er ihm dann persönlich überreichen.

In der Österreichischen Nationalbibliothek befindet sich unter der Signatur *44.G.78 Alt Prunk* ein Büchlein mit achtundzwanzig Seiten im Format 15 mal 20 Zentimeter aus dem Jahr 1564. Das Buch ist in lateinischer Sprache geschrieben und mit vielen Zeichnungen ausgestattet: Es sind die »Monas Hieroglyphica«, das okkulte Hauptwerk von John Dee, das er dem Kaiser Maximilian II. gewidmet hat und im April 1564 in Wien persönlich überreichte. Auf Seite zwei steht deshalb auch die Einleitung:

INCLYTI REGIS
MAXIMILIANI
EXCELLENTISSIMAE MAIESTATI,
IOANNES DEE, LONDINENSIS,
Imperium optat Foelicissimum.

Seiner Majestät dem erlauchtesten König Maximilian
wünscht John Dee aus London das blühendste Imperium.

Dee hatte das geheimnisvolle Werk in nur dreizehn Tagen geschrieben und damit ein Handbuch für verborgene Wirkungen und geheime Wirklichkeiten verfasst. Der englische Magier reduziert hier das Wesen der Schöpfung auf die Einheit von Kreis, Linie und Punkt. Mit dieser Formel verband er Kabbala, Alchemie und Mathematik *»um im Akt der geistigen Durchdringung des Symbols das Ding selbst in den Griff zu bekommen und Macht über die ganze Welt zu bekommen.«*

Ein Klassiker der okkulten Wissenschaft, wobei »okkult« so viel bedeutet wie verborgen, verdeckt, geheim, also »nicht wahrnehmbare Kräfte«, die es zu beherrschen gilt. Wie etwa Magnetismus, Einfluss der Sterne, Kräfte der Erde oder Heilkräfte verschiedener Substanzen. Große Bedeutung hat auch die Auswahl des richtigen Standorts. Maximilian dürfte die Ratschläge befolgt haben. Jedenfalls überraschte er mit kühnen Plänen, die aus den Schriften von John Dee abgeleitet sein könnten.

Als Erstes erwarb er die Grundstücke, die wir heute als Schönbrunn und Prater kennen, und ließ sie einzäunen, um darin Jagdgebiete einzurichten. Die Katter-

Die ersten Kastanienbäume standen im Prater und in Schönbrunn

mühle wurde zur Katterburg ausgebaut und zum Vorgängerbau des Schlosses Schönbrunn. Am Platz, an dem heute das Riesenrad steht, baute man ein kaiserliches Jagdhaus. Die Wiese vor dem Riesenrad heißt auch heute noch Kaiserwiese. Es entstand eine unsichtbare Kraftlinie, quer durch die Stadt, von Schönbrunn zum Riesenrad, durch die Hofburg und den Stephansdom. Alles Plätze, die man heute mit der Wiener Identität gleichsetzt und die es damals, mit Ausnahme des Stephansdomes, noch gar nicht gegeben hat. Faszinierend, welche Wiener Symbole sich links und rechts von dieser Linie entwickeln konnten: aufgefädelt wie auf einer Perlenkette. Schönbrunner Tiergarten, Lipizzaner, Sachertorte, Sängerknaben und vor allem der Wiener Walzer, der seine Karriere beim Dommayer in Hietzing und im Prater begann, um dann beim Kaiserball in der Hofburg so

Blühende Bäume auf der geheimen Kraftlinie quer durch die Stadt

richtig groß durchzustarten. Sind dies die magischen Effekte der Monas Hieroglyphica, mit der die Weltherrschaft erreicht werden kann? Mit Walzerklang die
Welt erobern! Schön wärs!

Bei der Frage um den richtigen Standort entwickelte Maximilian auch neue
Ansichten: In unmittelbarer Nähe des Schlosses Ebersdorf entstand das Neugebäude – ein Prachtbau mit riesiger Gartenanlage, der als schönstes Renaissance-
schloss nördlich der Alpen galt. Die Menagerie aus Ebersdorf wurde hierher
übersiedelt. Als Nächstes holte der Kaiser internationale Wissenschafter nach
Wien: Charles de l'Écluse, besser bekannt als Carolus Clusius aus den Niederlan-
den, wurde Hofbotaniker in Wien, wo er als Erstes einen Heilkräutergarten und
einen Alpengarten anlegen ließ. Er schrieb das erste Pilzbuch, in dem

hundertfünfzig in Ungarn wachsende Pilze beschrieben sind. Dann unternahm er botanische Exkursionen auf den Ötscher und den Schneeberg, um die Alpenflora zu beschreiben. In Wien führte er die Rosskastanie ein. Die ersten Bäume pflanzte er 1576 im Schlosspark von Schönbrunn und im Prater. Die herabfallenden Früchte ernährten hier gleichzeitig das Wild. Die Kastanienbäume eroberten sich von Wien aus die Prachtstraßen, Schlossparks und Städte von Europa.

1588 pflanzte er erstmals Tulpen und Kartoffel in Wien, ebenso die eindrucksvolle Zierpflanze »Kaiserkrone«. Auch Hyazinthen und Flieder führte er ein. Clusius' Freund Ogier Ghislain de Busbecq, der diplomatische Gesandte des Kaisers in Konstantinopel, bekam die Zwiebel und Pflänzlinge vom Sultan und brachte sie mit der Diplomatenpost nach Wien: erfreulicher Nebeneffekt der Friedensverhandlungen im 16. Jahrhundert, um die Türken fern von Österreich zu halten. Gleichzeitig wurde Wien zum Zentrum der Blumenzucht.

Maximilians Bewunderer John Dee hatte die größte private Bibliothek Englands. Die Kaiserstadt Wien hatte gar keine Bibliothek. Die wertvollen Bücher des Kaiserhauses waren in Kästen und Truhen in einem Raum im Minoritenkloster, in der Nähe der Burg, untergebracht. Immerhin 9.000 Bücher und Handschriften. Zuvor wurden sie neben Juwelen, Kronen, Zeptern, diversen Kleinodien und Kuriositäten in der Sakristei in der Wiener Burg aufgehoben. Maximilian bestellte den holländischen Gelehrten Hugo Blotius zum ersten kaiserlichen Hofbibliothekar, und legte damit den Grundstein zur Nationalbibliothek. Als Nächstes widmete er sich den spanischen Pferden und kaufte für seinen Hof in Prag ein Gestüt in Kladrup. Für den Umgang mit den Pferden und als Pferdeeinkäufer akzeptierte er nur Spanier. Maximilian hatte seine Residenz in der Stallburg aufgeschlagen, mit den Pferden im Erdgeschoss. Ursprünglich sollte auch der Elefant hier einziehen, aber leider war der ja verstorben.

Tägliche Reitübungen gab es am »Roßtumblatz« unter freiem Himmel, wo heute die Winterreitschule steht. 1572 wurde ein hölzernes Dach darüber gebaut. Die Holzrechnung ist erhalten geblieben und gilt seither als Gründungsdatum der Spanischen Hofreitschule. – 1576 starb Maximilian in Regensburg. Sein Bruder Erzherzog Karl begründete ein Hofgestüt zu Lipica, bei Triest. Die Karstlandschaft erwies sich als besonders günstig für die Entwicklung der Pferde, die erst ab dem 18. Jahrhundert gezielt weiß gezüchtet wurden und ihren Namen Lipizzaner durch einen Schreibfehler erhielten. Im 16. Jahrhundert nannte man sie einfach »Spanische«.

Die Löwenbraut

Unter Maria Theresia gab es in Schönbrunn keine Löwen, Tiger oder andere Raubtiere. Die mütterliche Herrscherin, die sechzehn Kinder zur Welt brachte, erlaubte nicht, dass »Bestien« in der Menagerie gehalten wurden. Der Geruch der Tiere wurde »als stinkend« empfunden, sagte man. Außerdem wurde die Kaiserin in ihrem Entschluss durch Unfälle bestärkt, die sich in der Menagerie von Schloss Neugebäude ereignet hatten. Einer dieser Unfälle ist als Geschichte von der »Löwenbraut« bis heute fester Bestandteil aller Wiener Sagen- und Geschichts- bücher und als Ballade von Adalbert von Chamisso auch eines der Lieblingsge- dichte der Schulbücher geworden:

Es war an einem herrlichen Frühlingsabend und die raffinierten Gärten von Schloss Neugebäude standen in vollem Blumenschmuck. Kaiser Rudolf II. hatte wieder zu einem seiner glänzenden Feste geladen, bei denen die Gäste auch seine Menagerie mit Löwen, Tigern, Leoparden, Wölfen, Bären, Adlern und Falken besichtigen konnten. Der große Saal im Schloss war prächtig ge- schmückt, Edelleute mit ihren Damen sowie der ganze Hofstaat waren in fest- licher Stimmung versammelt. Der Chor hatte gerade sein Eröffnungslied beendet, als Berta, die erst vierjährige Tochter des Schlossverwalters Georg Glüheisen, bekleidet als Schutzgeist von Österreich, mit einem Füllhorn voll Blumen auf dem Arm in den Raum trat und im Namen aller Anwesenden ein herzliches Glückwunschgedicht aufsagte. Dann donnerten die Salut- schüsse, schmetterten die Trompeten

Mit sicherer Hand führte die kleine Berta den majestätischen Löwen aus dem Festsaal, in den er eingedrungen war

und die Gäste jubelten. Es war ein fröhliches Fest und alle waren gut gelaunt, als die Stimmung jäh unterbrochen wurde und jedes Wort verstummte: Zum Entsetzen aller Anwesenden stand plötzlich ein majestätischer gelb-weißer Löwe im Saal. Durch das Getöse der Trompeten und Kanonen wild geworden, hatte er den Käfig aufgebrochen und war mit schrecklichem Gebrüll in den Garten gestürzt und schließlich im Festsaal gelandet. Schon eilten die Wachen herbei, um den Eindringling zu töten, da warf sich die kleine Berta an den Hals des Löwen und rief flehentlich: »*Nichts zuleide tun meinem guten Löwen.*«

Beim Anblick des Kindes, das ihm für gewöhnlich das Futter brachte, wurde der Löwe sanft wie ein Lamm und ließ sich zum allgemeinen Erstaunen in seinen Käfig zurückführen. Kaiser Rudolf, der alles beobachtet hatte, schenkte dem kleinen Mädchen den Löwen und sagte: »*Führe von nun an den Namen Löwenbraut.*«

Zwölf Jahre waren seit diesem Ereignis vergangen und aus der kleinen Berta war eine schöne junge Dame geworden, die alle Blicke auf sich zog. Immer noch

Das tragische Ende der »Löwenbraut«: Der Bräutigam kommt zu spät – seine tödlich getroffene Berta kann er nicht mehr retten

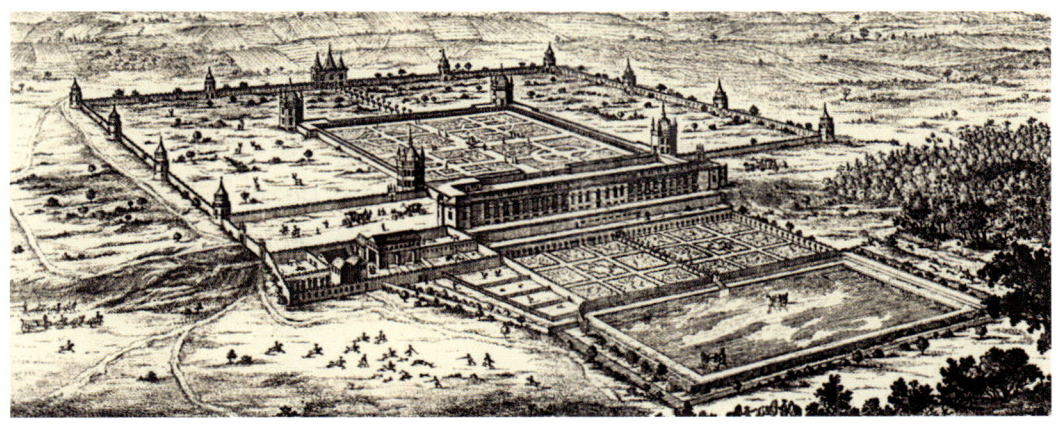

Schloss Neugebäude, der Prachtbau Kaiser Maximilians im heutigen Simmering, galt als schönstes Schloss nördlich der Alpen

besuchte sie ihren Löwen, der voll Freude war, wenn sie kam, und traurig, wenn sie einmal ausblieb. Wenn sie bei ihm im Käfig saß, legte er sein Haupt auf ihren Schoß, und sie kraulte seine mächtige Mähne. Dann schnurrte er zufrieden wie eine Stubenkatze – nur viel lauter. Es kam die Zeit, da verliebte sich ein junger Soldat in die schöne »Löwenbraut« und hielt um ihre Hand an. Auch Berta gefiel der Brautwerber Johann Rechberger, ein Jüngling von »kriegerisch-schöner« Gestalt. Die Eltern segneten den Bund der Liebenden und das Vermählungsfest sollte binnen weniger Wochen gefeiert werden, da der Bräutigam die Weisung erhielt, sich bei seiner Reiterabteilung in Prag einzufinden. An den Tagen vor der Hochzeit hatte Berta viel zu tun, sodass ihre Besuche bei dem Löwen immer seltener wurden, was diesen unendlich traurig machte. Endlich kam der Hochzeitstag. Die schöne junge Braut wollte noch einmal ihren Löwen sehen, den sie nun nicht mehr pflegen sollte. Im weißen Brautkleid, das Haupt mit dem Myrtenkranz geschmückt, betrat sie den Käfig. Mit sichtbarer Freude begrüßte der Löwe seine Herrin und schmiegte sich huldigend zu ihren Füßen. Die »Löwenbraut« beugte sich weinend über ihn herab, schloss beide Arme um seinen mächtigen Kopf, legte die Wange auf seine Stirn und nahm mit rührenden Worten Abschied von ihrem Liebling. Da funkelte plötzlich ein unheimliches Feuer aus den Augen des Tieres und ein drohendes Knurren kündigte den Ausbruch gewaltigen Zornes an. Berta suchte das Tier durch sanfte Worte und Liebkosungen zu beruhigen und wollte sich von ihrem »Löwenbräutigam« losreißen, doch dieser erhob sich mit grässlichem Gebrüll und verwehrte ihr den Ausgang. Mittlerweile war Bertas Bräutigam Johann erschienen, um in den Käfig einzudringen. Da steigerte sich der Zorn des

Der Bartgeier wurde zum Wappentier des Alpenzoos in Innsbruck, dem höchst gelegenen Zoo Europas

Löwen zu höchster Verzweiflung. Er drückte Berta zu Boden und verletzte sie tödlich. Nun stach Johann zu. Vom Dolch des Bräutigams durchbohrt, sank der sterbende Löwe blutend an der Seite seiner toten »Löwenbraut« zu Boden. Schmerzzerrissen kniete Johann neben seiner Berta nieder und gelobte, das Andenken an sie ewig treu im Herzen zu tragen. Tatsächlich hielt er diesen Schwur sein Leben lang.

Das Haus im ersten Wiener Gemeindebezirk, im Salzgries 13 aber, wo Berta als glückliche Ehefrau hätte einziehen sollen, nannte der untröstliche Besitzer »Zur Löwenbraut«. Später wurde das Haus »Zum weißen Löwen« umbenannt. – Einen glücklichen Ausgang hingegen nahm ein Vorfall, der sich im Jahre 1665 abspielte. Damals wurden in der Menagerie von Schloss Neugebäude der Tierwärter Hans Georg Salomon und seine Frau von einem Tiger angegriffen und schwer verletzt, jedoch wie durch ein Wunder gerettet. Im Mirakelbuch des Wallfahrtsortes Maria Taferl wird darüber berichtet, da die beiden nach der Rettung eine Votivtafel spendeten.

Das Beispiel aus Wien – Tiergarten in Innsbruck und die Menagerie des Fürsterzbischofs in Salzburg

Kaiser Maximilians Menagerien in Ebersdorf und Neugebäude hatten eine große Vorbildwirkung: An vielen Herrscherhöfen Europas entstanden ähnliche Einrichtungen. Maximilians Bruder Erzherzog Ferdinand I., der Landesfürst in Tirol, baute die erste. Er errichtete um 1591 auf der Sonnenseite von Innsbruck einen kaiserlichen Tiergarten bei der Weiherburg, direkt bei den Fischweihern, die der Burg den Namen gaben. Erzherzog Ferdinand wurde auch berühmt für seine »Kunstkammer« in Schloss Ambras, wo Kunstwerke gleichrangig mit Naturalien zu sehen waren. Ebenso ungewöhnliche Menschen wie Zwerge, Narren und »Mohren«. Solche »Kunstkammern« steigerten damals den Ruf des Fürstenhofs und lockten berühmte und gebildete Reisende wie Wolfgang von Goethe oder Michel de Montaigne nach Tirol. 350 Jahre nach der Errichtung des kaiserlichen Tiergartens entstand 1962 an der gleichen Stelle der mit 750 Metern höchstgelegene Zoo Europas, der Alpenzoo Innsbruck. Nirgendwo sonst sieht man eine derart vollständige Sammlung von Wildtieren aus dem Alpenraum. Sicher auch ein Grund, weshalb gerade hier so viele Welterstzuchten und Nach-

Fürsterzbischof Markus Sittikus, der Erbauer des Doms zu Salzburg und des Schlosses Hellbrunn samt Menagerie und Tiergarten. 1618/19 gemalt von Arsenio Mascagni. Zu sehen in Hellbrunn

zuchterfolge gelungen sind. Die erfolgreiche Nachzucht und Wiederansiedlung des Bartgeiers machten den Vogel zum Wappentier des Alpenzoos. Hans Psenner, der jahrelang und unermüdlich um seine Realisierung kämpfte, wurde zum »Vater des Alpenzoos«. 1962, an seinem fünfzigsten Geburtstag, konnte der Zoo eröffnet werden. Nach siebzehn Jahren übergab er an Helmut Pechlaner, der zwölf Jahre später nach Wien übersiedelte, um den Tiergarten Schönbrunn zu sanieren. Seit 1992 führt Michael Martys den Alpenzoo Innsbruck.

»Was den weltlichen Herrschern ein Anliegen ist, kann die Kirche schon lange«, dürfte sich Fürsterzbischof Markus Sittikus, Graf von Hohenems, gesagt haben, als er 1612 nicht nur den Dom zu Salzburg errichten ließ, sondern im Jahr darauf auch den Bau seines Schlosses Hellbrunn in Angriff nahm. Natürlich mit Menagerie und weitläufigem Tiergarten für freilaufendes Wild. Im Schlosspark entstan-

Der »Blöd-Schau-Vogel«, wie Spötter das Perlhuhn gern nennen, stammt aus Afrika und wird seit Aristoteles' Zeiten gezüchtet. Es ist das Hausgeflügel mit dem geringsten Fettgehalt

den die weltberühmten Salzburger Wasserspiele und im Jahre 1616 fand hier die erste Opernaufführung nördlich der Alpen statt: »L'Orfeo« von Monteverdi. Ein sehr passendes Stück – wird doch schon im Prolog von Orpheus berichtet, der die wilden Tiere bezwang. Um 1619 war die Anlage fertig. Die Chronik berichtet von hundert Stück Rotwild, einer Steingeiß, einem Vogelhaus, einem Fasangarten, zwei Kranichen, drei Steinhühnern, tausend Schildkröten und von Käfigen mit Bären, Wölfen, Luchsen, verschiedenen Adlerarten, sowie Kranichen und Störchen. 1800 eroberten die französischen Soldaten den Tiergarten und veranstalteten eine brutale Treibjagd: Am Schluss blieben von der einst stattlichen Anzahl an verschiedensten Tierarten nur dreißig Steinböcke übrig. Die Menagerie des Fürsterzbischofs gab es nicht mehr. Es sollte 160 Jahre dauern, bis wieder an die Errichtung eines Tiergartens gedacht werden konnte.

Das Rentier stammt aus dem hohen Norden und ist ein beliebtes Nutztier. Zur Brunftzeit kämpfen die Männchen hartnäckig um die Gunst der Weibchen

Sieben Geier über Salzburg

Karajans Sturzflug und Gänsegeier auf Besuch

An einem Sommertag leuchtete der Himmel über Salzburg in strahlendem Blau. Kein Wölkchen war zu sehen, nur eine Gruppe Gänsegeier flog in Richtung Untersberg, dem geheimnisvollen, magischen Berg, den manche sogar als heilig bezeichnen. Der Untersberg gilt als der sagenreichste Berg der Alpen und als mystischer Kraftplatz der Kelten. In seinem Inneren gibt es rund vierhundert Höhlen, und in einer soll Kaiser Karl der Große schlafen und von Raben umschwärmt auf seine Wiedererweckung warten.

In großer Höhe näherte sich ein metallisch glänzendes Düsenflugzeug der Festspielstadt. Es war eine Dassault Falcon 10, das modernste und schnellste Business-Flugzeug, das es damals gab. Die Technik wurde aus französischen Kampfflugzeugen entwickelt. Einer der ersten Besitzer war der berühmte Dirigent Herbert von Karajan. Der Maestro, der schon seit Jahrzehnten den Pilotenschein besaß, lenkte das Wunderflugzeug auch selbst. Um es steuern zu dürfen, hatte er erst kürzlich die Musterberechtigung erworben. Die übrigen Passagiere waren der Co-Pilot, Karajans Ehefrau Eliette, die Geigerin Anne-Sophie Mutter und »Lord Dunn-Raven«, eine exklusive Dame, die den Flug allerdings in einem mit Samt ausgeschlagenen Kasten verbringen musste. Sie stammte aus dem Jahr 1710 und war eine der beiden kostbaren Stradivari-Geigen, auf denen die junge Geigerin spielte. Ein »millionenschwerer« Fluggast. Die Reisegesellschaft kam aus Berlin, von Aufnahmen für die »Deutsche Grammophon«, denn die Tonträger-Industrie benötigte Klassik-Nachschub.

Der in Salzburg geborene Herbert von Karajan war nicht nur Leiter der Berliner Philharmoniker und ein großer und treuer Sohn seiner Geburtsstadt, sondern auch ein virtuoser Vermarkter seiner Kunst. »*Er verstand es, Leute für sich und die klassische Musik zu begeistern,*

Linke Seite: Gänsegeier vor dem Untersberg: zum Überwintern in den Zoo

die sonst kein Interesse daran hätten«, sagt Anne-Sophie Mutter. Ganz hoch am blauen Himmel über Salzburg tauchte nun ein winziger, silbern glänzender Punkt auf, der rasch größer wurde: Das Karajan-Flugzeug war im Anflug und zwar ordentlich. Der Maestro flog, wie er seine Rennwagen fuhr. Präzise, bis an den Rand des Möglichen. Ein Sturzflug zum Heimatflughafen war da gerade richtig. Anne-Sophie Mutter erinnerte sich: *»Eliette und ich saßen hinten und duckten uns wie Mäuschen.«* Wenn das nur gut geht. Und es ging gut. Karajan beherrschte sein Flugzeug wie sein Orchester. Hilfe bezog er aus Yoga und Zen-Buddhismus. Dazu hatte er sich nach dem Zweiten Weltkrieg zwei Jahre lang auf spirituelle Suche begeben und Buddhas Lehre studiert: *»Achtsamkeit, Konzentration und ein gemeinsames Ziel, dann erwacht etwas anderes zum Leben«* heißt es da und *»Man gibt nur erste Steuerelemente, dann muss man loslassen«*. Karajan lebte es vor: *»Wenn ich Musik mache, kann ich alles vergessen, ich weiß, dass es richtig ist.«* Genauso muss es gewesen sein, als er die gerade dreizehn Jahre alte Anne-Sophie Mutter entdeckte, die dann unter seiner Leitung bei den Salzburger Pfingstkonzerten 1977 debütierte. Sie spielte das Violinkonzert Nr. 3 G-Dur, das Amadeus Mozart zweihundertzwei Jahre zuvor, im Alter von neunzehn Jahren in Salzburg komponiert hatte. Es gehört zu den wunderbarsten Werken der Musikgeschichte und Anne-Sophie Mutter wurde eine der wunderbarsten Geigerinnen. Karajan hat es gewusst, als er sie entdeckte und gab das erste Steuerelement. Wie hat er doch gesagt: *»Wenn ich Musik mache, kann ich alles vergessen, ich weiß, dass es richtig ist.«*

Eigentlich hätte sich der Maestro eine private Landepiste auf den Äckern direkt neben seinem Bauernhaus in Anif bauen wollen. Doch dafür gab es keine Genehmigung. Nicht einmal für ihn. Die einzigen, die dort landen dürfen, sind die Gänsegeier. Denn sein Haus liegt in der Nähe des Salzburger Tiergartens Hellbrunn, der seit 1961 wieder eröffnet ist. Die Gänsegeier fliegen dort völlig frei und brüten am Untersberg. Zur Fütterung aber schweben sie in den Tiergarten. Von Zeit zu Zeit riskieren sie einen »Besuch beim Nachbarn«, fliegen zu den Karajans und landen vor dem Haus. – Manchmal erschien Herbert von Karajan auch zum Gegenbesuch und besuchte die Tiere, die sich im Zoo Salzburg, auf historischem Grund, zu Fuße des Untersberges besonders wohl fühlen.

Das Urgestein vom Untersberg:
»Immer einen Hut auf den Kopf!«

»Und nun begrüßen wir den Hüttenwirt vom Zeppezauerhaus am Untersberg.« Tosender Applaus, Rosemarie Isopp, Österreichs beliebteste Rundfunksprecherin, musste eine Pause einlegen. Der ganze Saal schien den Gast zu kennen, den sie da zu ihrer Sendung »Autofahrer unterwegs« ins Kongresshaus in Salzburg eingeladen hatte und war begeistert. *»Er wird uns die Sage vom Kaiser Karl erzählen. Herzlich willkommen, Sepp Forcher!«* Noch einmal tosender Applaus. *»Waren alle schon bei mir auf der Hütte?«*, fragte der hünenhafte Gastwirt und winkte ab. Sofort war es still, *»Eigentlich bin ich nur da, weil gerade schlechtes Wetter ist. Bei gutem Wetter hätte das Hüttengeschäft Vorrang gehabt.«* Der ganze Saal lachte

und Rosemarie Isopp konterte schlagfertig: *»Da haben wir ja noch einmal Glück mit Regen gehabt.«*

Und Sepp Forcher erzählte vom Kaiser, der im Berg schläft und dessen Bart immer länger wird; von den Untersberger Zwergen, die ein hilfreiches und wohltätiges Völklein sind; von den Riesen, die darauf achten, dass die Leute ein christliches Leben führen; den drei Wildfrauen, der wilden Jagd und dass der Kaiser immer wieder einen Boten aussendet, der schaut, ob die Raben noch um den Berg fliegen, weil, wenn nicht, dann kommt er mit seinem Gefolge und schaut nach dem Rechten. Doch inzwischen fliegen nicht nur die Raben, sondern auch die Gänsegeier um den Berg. Der Bote hätte nun Zeit, den Leuten auch die Schönheit ihrer

Sepp Forcher und Helmut Pechlaner: zwei »Augen-Öffner« für die Schönheit der Natur

Heimat zu erklären, damit sie darauf aufpassen. Der Kaiser Karl könnte weiter im Berg sein Schläfchen machen, das schon ein paar hundert Jahre dauert. – Der Radioauftritt des Hüttenwirts war ein Sensationserfolg. Zahllose Hörer riefen an und wollten noch mehr Geschichten vom Untersberg, dem Kaiser und den Raben hören. Aber da war der Sepp schon wieder am Weg zu seiner Hütte am Berg, zu der seit zwei Jahren sogar eine Seilbahn, die Untersbergbahn, führte.

Der erfolgreiche Radioauftritt bei Rosemarie Isopp war im Jahre 1963 und für Sepp Forcher führte jetzt kein Weg mehr am ORF vorbei. Das Landesstudio Salzburg holte ihn vom Untersberg. Forchers erster Auftritt in einer Radio-Live-Sendung war als Heiliger Nikolaus. Der Text sollte vorbereitet sein, war aber nicht aufzufinden. Also musste er improvisieren und das ist eine seiner Stärken. Es folgten Sendungen wie »Mit'n Sepp ins Wochenend«, »Mit'n Sepp ins Museum«, »Wunschkonzert« und viele andere.

Er gestaltete weit mehr als tausend Sendestunden. Daneben schrieb er für Salzburger Tageszeitungen und bekam mehrere angesehene Journalisten-Preise. Als 1986 die Sendung »Klingendes Österreich« entstand, holte man ihn vom Radio ins Fernsehen. Aus der zunächst sechsmal geplanten Sendung wurde ein Dauerbrenner und die längste Sendereihe im ORF-Fernsehen. Für den Ex-ORF-Generalintendanten Gerd Bacher stand fest: »Das ist er! Dass die Entscheidung richtig war, das war vom ersten Augenblick an klar.« Forchers große Kunst ist es, mit dem richtigen Blick, auch kleinen Dingen Bedeutung zu geben und aufzuzeigen, dass sie eigentlich groß und wichtig sind.

Die einzelnen Stationen der Sendereihe sind sorgfältig ausgesucht und führen durchs ganze Land und grenznahe Gebiete der Nachbarländer. Die Aufnahmen zeigen die schönsten Plätze der Heimat in wunderbaren Bildern. Dazwischen unverfälschte Volksmusik und Forchers unverwechselbare Erzählungen. Auch Zoos und Naturparks werden von ihm regelmäßig besucht. Bei den Fernsehaufnahmen ist immer seine Gattin Helli mit dabei. Sie passt auf, dass er seinen Charakterkopf nicht ungeschützt der Sonne ausliefert und immer seinen Hut aufsetzt, denn: »Das ist das Wichtigste und darf nie vergessen werden.«

Die Kenner der Sagen vom Untersberg sind sicher: Sepp Forcher selbst ist es, der vom Kaiser Karl ausgeschickt wurde, um zu schauen, ob die Raben noch um den Berg fliegen und den Leuten die Schönheit ihrer Heimat erklären. Und

Rechte Seite: Völlig frei im Zoo Salzburg: Der Gänsegeier wurde vor 45 Jahren Salzburgs lebendes Wahrzeichen

er macht seine Sache großartig, hoffentlich noch recht lange, damit der Kaiser Karl weiter friedlich im Berg schlafen kann.

Neustart im Zoo Salzburg: sieben Gänsegeier, lachende Zebras, verliebte Löwen und Nashörner auf Liebesurlaub

Genau 160 Jahre nachdem Napoleons Soldaten den Tiergarten Hellbrunn vernichtet hatten, saßen Anfang 1960 fünf Herren im Stiftskeller St. Peter in Salzburg, der ältesten Gaststätte Mitteleuropas.

Zahllose Stunden verbrachten sie hier in den urigen Gewölben, deren erste urkundliche Erwähnung aus dem Jahre 803 stammte. Damals war Karl der Große, der jetzt im Untersberg sitzen soll, gerade drei Jahre Kaiser gewesen, gekrönt von Papst Leo III. Er hatte bereits das Langobardenreich erobert, die Sachsen unter-

worfen und das Christentum verbreitet. Drei mal die Drei – wenn das kein Glück bringt!

Die fünf Salzburger waren aber nicht gekommen, um das historische Ambiente der alten Klostermauern zu bewundern, sondern um in gründlichen Diskussionen den richtigen Weg zu finden, wie man, ganz ohne Fürsterzbischof, den Tiergarten Hellbrunn wieder auferstehen lassen könnte. Auslöser war ein kleiner Bär, den ein deutscher General 1945 aus Finnland mitgebracht hatte und für den in Salzburg ein Käfig gebaut wurde, um ihn später in einen richtigen Zoo zu bringen. Der Bär war inzwischen gestorben, ein Bärengehege wurde aber dennoch in den neuen Tier-

Zebras gehören zu den Ureinwohnern im Zoo Salzburg

garten eingeplant. Schließlich gründe-
ten sie den Verein der »Freunde des
Salzburger Tiergarten Hellbrunn«, der
schon im darauf folgenden Jahr an historischer Stelle seine Tore für die Besucher öffnete. Im selben Jahr begann
auch die neue Seilbahn auf dem nahen
Untersberg mit ihrem Betrieb. Die fünf
Gründerväter waren der Erbauer der
Großglockner Hochalpenstraße sowie
der Gerlos Alpenstraße, Franz Wallack,
der Stellvertreter des Salzburger Bür-
germeisters Hans Donnenberg, der
Zoologe Eduard Paul Tratz, der in Salzburg das Museum »Haus der Natur« ins
Leben gerufen hatte, der Chefredakteur
des Salzburger Volksblatts Hans Men-
zel, der Schriftsteller Karl Heinrich
Waggerl, mit fünf Millionen verkauften
Büchern einer der meistgelesenen österreichischen Autoren, und der Unternehmer Heinrich Windischbauer, der
schließlich der Direktor des neuen Tiergartens wurde.

Da staunt nicht nur der Wolf: riesige Eiszapfen
im Zoo

Zunächst bestand der neue Zoo aus drei Kapitalhirschen, einem Junghirsch, sieb-
zehn Alt- und Schmaltieren, sechs Hirschkälbern, zwölf Stück Damwild, einem
Steinbock, zwei Mufflons, vier Wildschweinen und einem Angoraziegenbock.
Heute gibt es im Tiergarten Hellbrunn rund achthundert Tiere in hundertvierzig
Arten. Der kleinste Bewohner ist die Zwergmaus, der größte das Breitmaulnas-
horn.

Im Jahre 1966 bekam Windischbauer aus dem Gasteinertal junge Gänsegeier, die
für flugunfähig gehalten wurden. In einer Voliere wollte er ihnen ein ruhiges
Leben sichern. Nach einiger Zeit beobachtete er, dass sich die angeblich flugunfä-
higen Hellbrunner Geier nicht wohl fühlten und öffnete die Volierentüren, damit
sie sich frei bewegen konnten. Zunächst hopsten die Vögel, die inzwischen

Zoo-Direktorin Sabine Grebner und Nashorn-Pate Hermann Maier

ordentlich gewachsen waren, um die Voliere. Dann versuchten sie ihre Flügel zu gebrauchen und flatterten ein paar Meter. Doch kehrten sie freiwillig zu ihrer Voliere zurück, wo bereits das Futter auf sie wartete. Am nächsten Tag dasselbe Spiel, diesmal besuchten sie die Esel im Zoo und flatterten anschließend hinaus auf den Parkplatz vor dem Tiergarten. So ging es dahin, bis sie sich eines Tages entlang der Felsenwand in die Luft erhoben und damit begannen, über dem Tiergarten Kreise zu ziehen. Nun gingen die Ausflüge schon weiter. Eine der ersten Stationen war das Haus von Maestro Herbert von Karajan. Bald eroberten sie den fünf Kilometer weit entfernten Untersberg, auf dem sie auch geeignete Brutplätze fanden. Zur Fütterung aber kommen sie immer zurück in den Zoo. Inzwischen ist die Familie gewachsen: Sieben Gänsegeier fliegen 2011 über Hellbrunn. Auch die Jungen, die am Untersberg geboren wurden, kommen jetzt mit ihren Eltern zur

Breitmaulnashörner in Salzburg

Fütterung in den Tiergarten. Die vom damaligen Direktor Windischbauer gegründete Gänsegeierkolonie wurde zum Markenzeichen des Tiergartens Hellbrunn und ist ein einzigartiges Experiment, das in kaum einem anderen Zoo gewagt wurde. »*Mit den riesigen Gehegen, die den Vierbeinern hier, unterhalb der gewaltigen Felsen zur Verfügung stehen, ist Hellbrunn weltweit einer der schönsten Zoos und zu Recht eine der ganz besonderen Sehenswürdigkeiten Salzburgs*«, schrieb Hans Psenner, der in Innsbruck 1962 den Alpenzoo gegründet hatte. Er meinte auch: »*Hellbrunn war mit seinen großzügigen Anlagen Trendsetter: Hier gab es bereits artgerechte Tierhaltung, als sich manch anderer Zoo noch den Vorwurf der Tierquälerei gefallen lassen musste.*«
Hellbrunn war auch Trendsetter in Sachen Sponsoring: In den 80er Jahren übernahm die Handelskette SPAR die Kosten für ein Gehege im Tiergarten, was durch

eine Tafel an der Außenseite angezeigt wurde. Es war die erste Aktion dieser Art in Österreich. Inzwischen ist diese Vorgehensweise allgemein üblich und unterstützt die Anlagen, die sonst nur sehr schwer finanzierbar wären.

Fast jedes Tier dient nun einem Forschungszweck, der den Artenschutz unterstützt und die Wiederansiedlung von Tieren ermöglichen soll. Beispielsweise fliegen jetzt die Gänsegeier mit Peilsendern, damit man ihre Lebensumstände besser erforschen kann.

Der Liebesgesang der Gibbons ist Ziel eines eigenen Analyseprojekts. Und im Kampf gegen eine geheimnisvolle, weltweit verbreitete Gepardenkrankheit konnten erste Erfolge erzielt werden. Der 2010 auf die Welt gekommene Nachwuchs bei den Luchsen und Schneeleoparden gilt als Sensation. Um auch bei den schwer gefährdeten Breitmaulnashörnern Nachwuchs zu erhalten, wurden drei »willige« Nashorndamen aus Südafrika eingeflogen. Sollte es Nachwuchs geben, geht die Reise wieder zurück auf den schwarzen Kontinent.

Stinki und Caesar – die Löwen von Salzburg

»Bevor sie den Salzburger Dom vom Domplatz her betreten, sollten sie einen Blick auf den Schlussstein über den Bögen links und rechts der Madonnenstatue werfen«, empfahl der Fremdenführer beim Stadtrundgang. Auf der einen Seite ist ein vornehmer Löwe abgebildet, das Wappentier der Erzdiözese und des Fürsterzbischofs, ihm gegenüber ein Löwenkopf, der eine Grimasse schneidet. *»Was soll das bedeuten?«*, fragt man verwundert. Tatsächlich stellen die beiden Darstellungen das »innige« Verhältnis dar, das zwischen dem Erzbischof und dem Abt des Stiftes St. Peter herrschte, die in gegenüberliegenden Gebäuden vor dem Dom residierten, wobei sich der eine wenig um sein Gegenüber scheren wollte und bereit war seine Autorität herauszufordern.

Einige Kilometer vom Domplatz entfernt lebten um 1980 im Tiergarten Hellbrunn zwei wunderbare Löwen. Der eine hieß Caesar und war würdevoll wie das Wappentier des Landes Salzburg und wie das Symbol des Fürsterzbischofs, der das schöne Schloss Hellbrunn und 1612 die erste Menagerie in Salzburg erbauen ließ. Hoheitsvoll saß Caesar zu jeder Jahreszeit auf seinem Podest und ließ sich von den Besuchern bewundern. Seine Frau verstand es, ihm zu schmeicheln und auch sein Sohn blickte voll Bewunderung zu ihm auf.

Dann gab es noch einen zweiten Löwen, der war ebenso prächtig, aber er hatte jahrelange Not leiden müssen. In einem Wanderzirkus war er in einem fahrbaren Käfig eingesperrt gewesen. Zweimal am Tag musste er in die Manege und alberne Kunststücke vorführen. Dann ging dem Zirkus das Geld aus. Die Arbeiter und Tierpfleger blieben weg, die Käfige wurden nicht mehr gesäubert und der prächtige Löwe, der König der Manege, lag tagelang in Unrat und Kot. Schließlich wurden der Löwe und einige andere Zirkustiere vom Gericht beschlagnahmt und nach Hellbrunn gebracht. Christine Beck-Graninger vom Zoo Salzburg erinnert sich: *»Als man ihn aus dem verwahrlosten Zirkuswagen auslud, kamen uns die Tränen, dass man ein so schönes Tier so verwahrlosen lässt; der arme Kerl hat so gestunken, dass er von den Tierpflegern liebevoll, aber treffend, ›Stinki‹ genannt wurde.«*

Nach einer gründlichen Reinigung wurde »Stinki« nicht nur ein eleganter Löwe, sondern auch der Liebling der Besucher. Wenn der Zoo geöffnet wurde, stand er

»Stinki« der Millionenerbe: entspanntes Schläfchen im Sand

schon am Gitter und blickte in Richtung Eingang. *»Ich hab das Gefühl, er erzählt mir eine ganze Geschichte«*, sagte eine alte Dame, die immer wieder kam, um wortlose Zwiesprache mit ihm zu halten. Oft standen sie stundenlang einander gegenüber und blickten sich in die Augen, was Katzen ja normalerweise gar nicht wollen. Doch bei dem Löwen aus der Zirkus-Manege und der unbekannten Dame war alles ganz anders.

Auch Kinder liebte »Stinki« sehr und die Kinder ihn. Sie zeichneten ihn in der Schule und brachten die Bilder in den Zoo. Mit der Zeit bekam der Löwe eine richtige Fan-Gemeinde. Stets war sein Gehege von »Stinki«-Freunden umlagert. Nur manche Reporter konnte er nicht leiden. Vor allem Fernsehteams mussten sich in Acht nehmen, denn »Stinki« war sehr wählerisch. Wenn er jemanden nicht leiden konnte oder vielleicht durch Kameras verärgert wurde, drehte er sich

Lachende Zebras begeistern seit den 80er Jahren

um und verpasste dem Überraschten eine gezielte Ladung. Der Getroffene konnte sich dann selbst »Stinki« nennen.

Stinki konnte jedem genau zeigen, ob er ihn mag oder nicht. Aber eigentlich mochte er alle Menschen«, sagt Sabine Grebner, die Geschäftsführerin des Salzburger Zoos. Es ist ihr gelungen, den Zoo auf »Vordermann« zu bringen und Stadt und Land Salzburg zum gemeinsamen finanziellen Engagement zu überreden. Von Jahr zu Jahr steigen die Besucherzahlen des sympathischen und modernen Zoos Salzburg.

Als dann »Stinki« im Jahre 2008 friedlich einschlief, war die Trauer in Salzburg sehr groß. Wie alt er wurde, weiß man gar nicht genau, weil über seine Zeit im Zirkus keine Unterlagen vorliegen. Umso größer war die Überraschung, als ein Brief vom Notar kam: »Stinki« hatte dem Zoo Salzburg mehr als eine Million Euro vererbt. Wie das? Eine treue Besucherin hatte den freundlichen Löwen in ihr Herz geschlossen und zum Erben bestimmt. Vielleicht die nette alte Dame, die immer kam und dann nicht mehr gesehen wurde?

Nashörner auf der Wiese mit Ausblick auf den Watzmann

Sabine Grebner handelte rasch; nun konnte der Bau einer neuen Löwenanlage realisiert werden und »Stinki« selbst hatte die Mittel dafür dem Zoo vermacht. Es sollte die schönste Löwenanlage Österreichs werden. Schon 2010 wurde sie eröffnet. Mit Blick zum Watzmann und mit 3.700 Quadratmetern Fläche. Hier sollen vor allem vom Aussterben bedrohte Löwenarten gehalten werden. Das war man dem »Stinki« schuldig.

Dreieck der Naturgeheimnisse:
Zoo Salzburg – Untersberg – Haus der Natur

Im April 1961, zur gleichen Zeit als der Tiergarten Hellbrunn an historischer Stelle wieder neu eröffnet wurde, nahm wenige Kilometer entfernt die Untersbergbahn ihren Betrieb auf. In achteinhalb Minuten war man jetzt in 1.776 Meter Höhe. *»Die Fernsicht ist einmalig«*, schrieben die Zeitungen und: *»weit fliegt der Blick in alle Himmelsrichtungen.«* Besonders nah war plötzlich die gletscherüberzogene Pracht der Hohen Tauern. Besonders für die vielen Städter, die Berge sonst nur von unten sehen. Der direkt aus dem Salzburger Becken bis fast 2.000 Meter aufsteigende Bergriese ist die sagenreichste Erhebung im deutschen Sprachgebiet. Kaiser, Zwerge, Riesen, Wildfrauen, Gams und Adler, Falken, Raben und Gänsegeier haben hier ihr Zuhause und man versteht, warum der Dalai Lama sagte, der Untersberg sei das Herzchakra Europas.

Der Bau der Seilbahn, schon um 1900 geplant, aber erst nach 1958 möglich, hat hier viel verändert. Direkt am Stadtrand von Salzburg gelegen entstand so eine zweite Saison. Wer hier die Natur beobachtete will mehr darüber wissen. Direkt im Zentrum von Salzburg befindet sich dafür die wohl spannendste Auskunftsstelle: Das »Haus der Natur« – ein Universalmuseum der Naturwissenschaften. Es gibt wohl keinen Bereich, der nicht behandelt und verständlich erklärt wird. Von der Weltraumhalle mit der lebensgroßen Nachbildung der Mondlandung bis zur Welt der Kristalle in den Tiefen der Hohen Tauern. Auch ins Innere des Menschen wird man verständlich geführt. Sogar den Fabeln und Mythen wird hier ein Raum gewidmet. Völlig gerechtfertigt, denn kein Berg im Alpenraum hat in den letzten Jahren so viel Beachtung gefunden wie der Untersberg, der viele Namen erhielt: »Wunderberg«, »Magischer Berg«, »Heiliger Berg« und »Berg des Lichts«, wegen seiner zahlreichen Licht- und Sonnenphänomene. Sogar die Höhe der Bergstation der Untersbergbahn birgt eine magische Symbolik: 1776 Meter = 1+7+7+6 = 21 = 2+1 = 3. Und die Zahl drei gilt als göttliche Zahl.

Gemeinsam mit dem Zoo Salzburg wird hier ein Dreieck der Natur gebildet, das unvergesslich und einmalig ist: Untersberg – Zoo Salzburg – Haus der Natur; eine natürliche Dreiheit und Symbol der Lebenskraft. Der Untersberg als geheimnisvoller Kraftort der Natur, der Zoo Salzburg, wo die Sehnsucht nach lebenden, beseelten Tieren erfüllt wird, und das Haus der Natur, wo die natürlichen Geheimnisse erklärt werden.

Prinz Eugens schöne Aussicht –
Geheimnis im Schloss Belvedere und der Tod des Löwen

Die österreichische Monarchie, wie sie bis 1918 bestand, ist ohne den Prinzen Eugen nicht denkbar. Darüber hinaus hat sein Wirken die europäische Geschichte entscheidend mitgeprägt. Ohne ihn, den edlen Ritter, Feldherrn und Berater dreier Kaiser, Sieger über die Türken, Schöngeist, Freund der Wissenschaft, Bauherr und Mäzen, wäre auch die Menagerie von Schönbrunn, wie sie Franz I. Stephan von Lothringen 1752 gründete, nicht vorstellbar. Denn die Menagerie, die der Prinz 1716 im Park des Schlosses Belvedere errichtet hatte, war eines der Vorbilder für Schönbrunn.

Es waren kriegerische Zeiten: Das Osmanische Reich beantwortete die Aufforderung Karls VI. zur Einhaltung des Friedensvertrages mit einer Kriegserklärung an Österreich, im Gegenzug ritt Prinz Eugen, inzwischen dreiundfünfzig Jahre alt, mit seiner Armee wieder einmal gegen die Türken, die schließlich in Belgrad endgültig besiegt wurden. Zuvor aber und zwischendurch fand er Zeit zur Errichtung seiner Menagerie am Hochplateau des Parks, noch vor dem Bau des oberen Schlosses, das seinen Namen Belvedere erst zur Zeit Maria Theresias bekam. Der Name ist französisch und bedeutet »Aussicht«. Am höchsten Punkt des Grundstückes errichtete Eugen sieben durch Mauern getrennte Gehege, die sich gegen Osten, also Richtung Sonnenaufgang, strahlenförmig erweiterten und zusammen einen Winkel von hundertdreißig Grad bildeten. Aus einem zentralen Mittelraum, den ein kleeblattförmiges Bassin schmückte, konnte man die Tiere durch kostbare Gitter beobachten. Am hinteren Ende der Gehege standen kleine Häuschen, in denen die Tiere übernachteten. An der Längsseite wurden Baumreihen gepflanzt, die noch heute erkennbar sind. Am Ende der Trennmauern, zwischen den kostbaren Gittern, wurden sechzehn Pilaster errichtet: Das sind Steinpfeiler mit herausgearbeiteten Köpfen griechischer Götter. Die Trennmauern und kostbaren Gitter sind heute nicht mehr vorhanden. Einige Pilaster sind an anderen Stellen des Belvederegartens erhalten geblieben. Für die kalte Jahreszeit gab es gleich daneben eine eigene Wintermenagerie. Wie später Kaiser Franz I. Stephan in Schönbrunn, betrieb auch Prinz Eugen ausgiebige Naturstudien. Mit seinem Park und der Menagerie als Medium wollte er geheimes Wissen erlangen, die kosmische Ordnung studieren und durch die Betrachtung der Tiere sich selbst erkennen. Die Geometrie des Gartens mit Wasserwänden, Treppen und Götterstatuen

Prinz Eugens Löwe starb im Morgengrauen

bildete dabei die Darstellung des Kosmos, in dem die Elemente walteten und Götter regierten. Die Dekoration der »Zeittreppe« stellt den Jahreslauf dar: Der Schmuck der Vasen bezieht sich auf die Jahreszeiten, die Putten der Balustrade auf die Monate. Auf der Rampe im Belvederegarten befindet sich ein geheimnisvolles Zeichen, das die Verbindung von Himmel und Erde symbolisiert: die Erde als Quadrat, der Himmel als Kreis. Ein Symbol, das ähnlich am Platz des himmlischen Friedens in der Verbotenen Stadt in Peking zu finden ist. Dort erinnert es daran, dass der Kaiser die Aufgabe hat, für Ausgeglichenheit zwischen den irdischen und himmlischen Mächten zu sorgen. Man kann also davon ausgehen, dass Prinz Eugen über geheimes alchemistisches Wissen auch aus China verfügte. Die Menagerie des Prinzen galt als ebenso schön wie die im Garten des Schlosses Versailles in Paris. Durch die wunderbaren Kupferstiche Salomon Kleiners und die Berichte verschiedener Reiseschriftsteller konnten Zoologen achtunddreißig Arten Säugetiere und neunundfünfzig Arten Vögel identifizieren. Es gab Affen, Stachelschweine, Pfauen, Papageien, Strauße, Pelikane, Hyänen, einen Wolf, Steinböcke, Dam- und Rotwild, fremdländische Schafe, ein Rentier, Raubvögel, darunter ein Steinadler, den Prinz Eugen selbst fütterte, und einen zahmen Löwen, der einmal sogar bei einer Tafel erschien, ein paar Auerochsen, ein Geschenk von Friedrich Wilhelm I., und viele andere Tiere mehr. Für die Unterbringung seiner gefiederten Lieblinge errichtete er im Garten des Unteren Belvedere eine große Voliere, die an ein Türkenzelt erinnerte und in der sich das Wasser für die Vögel in geometrisch angeordneten Tränkrinnen befand.

Am Abend vor dem 21. April 1736 traf sich der Prinz mit seinem Freund, dem Grafen Windisch-Graetz, sowie dem schwedischen und portugiesischen Gesandten in seinem Winterpalais in der Himmelpfortgasse in Wien, in dem heute der österreichische Finanzminister residiert. Gegen 21 Uhr überkam ihn der Schlaf, seine Gäste verabschiedeten sich und der Diener brachte seinen Herrn zu Bett.

Mit der Gesundheit des Prinzen stand es sehr schlecht; aus einem »Katarrh« war ein schweres Lungenleiden geworden. Sogar seine Teilnahme an der Hochzeit Maria Theresias mit Franz Stephan hatte er absagen müssen. Um Mitternacht schaute der Lakai deshalb noch einmal nach seinem Herrn und fand ihn ruhig schlafend. Gegen drei Uhr früh gab es plötzlich Aufregung im Schloss, über die der Aufseher der Menagerie berichtet: »*Wider alle Gewohnheiten begann der Löwe des Prinzen um drei Uhr früh entsetzlich zu brüllen, und von selbiger Stunde bezeigte er sich ungemein traurig, hat wenig mehr gefressen und gesoffen und ist bald darauf gestorben.*« Am Morgen, als das Klingelzeichen des Prinzen ausblieb und auch sein Husten nicht zu hören war, betrat der Diener das Schlafgemach. Er fand seinen Herrn im Bett liegend, wie er ihn verlassen hatte. Prinz Eugen von Savoyen war tot. Seine Züge strahlten Ruhe aus; der Feldherr vieler Schlachten war friedlich eingeschlafen, ohne letzte Worte und ohne Testament. Im Befund der Ärzte steht: »*Tot durch Lungenstau, gegen drei Uhr früh.*« Genau zu dieser Zeit hatte auch sein Löwe mit dem Leben abgeschlossen.

Denkmal von Prinz Eugen am Heldenplatz in Wien

Das erste Nashorn in Wien und Maria Theresias Komet

Das Ungeheuer aus der Kiste – Von der biblischen Bestie zum Publikumsliebling

Wir schreiben Oktober 1746 und in Wien beginnt die neunundzwanzigjährige Kaiserin Maria Theresia gerade mit ihrem siebten Regierungsjahr. Ebenso vielen Kindern hat sie bereits das Leben geschenkt, sechzehn sollen es im Laufe der Jahre noch werden. Ihr Gatte und Mitregent Franz I. Stephan von Lothringen war ein Jahr zuvor in Frankfurt zum Kaiser gekrönt worden, weshalb auch ihr dieser Titel zuerkannt wurde, obwohl sie eigentlich »nur« Erzherzogin von Österreich und regierende Königin von Ungarn und Böhmen war. Seit dem Tod ihres Vaters, Karl VI., musste sie ihr Land gegen andere Herrscher verteidigen. Der schlimmste war Friedrich II. von Preußen, der mit seinen Truppen kurz nach ihrer Thronbesteigung einmarschierte. In vier Kriegen, die zusammen fast achtzehn Jahre dauerten, musste sie ihr Erbe verteidigen. Trotz aller Probleme begannen in dieser Zeit ihre großen Reformen Gestalt anzunehmen, deretwegen die Kaiserin berühmt werden sollte und Österreich anderen Staaten weit voraus war. Die Reform der Verwaltung und die Aufhebung der Steuerfreiheit für Adel und Geistlichkeit wurden vorbereitet, die Umsetzung sollte allerdings noch dauern. Für die Einführung der Hausnummern benötigte man noch vierundzwanzig Jahre, ehe sie 1770 gelang. Die Behörden versprachen sich dadurch allerdings in erster Linie einen besseren Zugriff auf künftige Soldaten und eine Erleichterung der Steuereintreibung. Bis zur Einführung der Schulpflicht 1774 vergingen noch einmal achtundzwanzig Jahre und auf die Abschaffung der Folter 1776 musste man noch dreißig Jahre warten. Fünf Jahre später war dann auch die Leibeigenschaft verschwunden. Gleichzeitig gelang es dem Herr-

Linke Seite: Die Ohren bleiben gespitzt: Schönbrunner Panzernashorn beim Baden

scherpaar, das spanische Hofzeremoniell bis auf die allergrößten und bedeutendsten Feierlichkeiten abzuschaffen. Täglich wohnten die Majestäten einem Gottesdienst bei, manchmal sogar zweien. Auch Maria Theresias Mutter, die Kaiserinwitwe Elisabeth Christine, wurde regelmäßig besucht. Die Bevölkerung las darüber in dem seit 1703 erscheinenden »Wiennerischen Diarium«, dem Vorgänger der Wiener Zeitung. Sie ist die älteste bestehende Zeitung der Welt. Über die Vorliebe der jungen Kaiserin, zu jeder Tages- und Nachtstunde zu tanzen und Karten zu spielen, stand zwar nichts in der Zeitung – sie brachte ihr aber Kritik bei hochgestellten Personen. Ihre Leidenschaft für schnelles Reiten, selbst in schwangerem Zustand, erregte Sorge und Kopfschütteln. Dem Kartenspiel verdankte sie immerhin strategische Erkenntnisse, die durchaus moderner Kriegsführung entsprachen. Das kam ihr bei der Reform des Heerwesens und bei Besprechungen mit ihren Generälen zugute, die noch gerne theatralische Belagerungen und pompöse Aufmärsche durchführten, statt, wie es die Kaiserin empfahl, »den Feind zu überraschen und mit List und Brutalität zu besiegen«.

In Wien und seinen Vororten wohnten damals 175.000 Personen. Größte Arbeitgeber waren das Schloss und die zentralen Regierungsstellen, die einen gewaltigen Apparat beschäftigten. Die Hofhaltung von Maria Theresia war zwar sparsamer als die ihres Vaters, der dafür noch 40.000 Leute benötigte, dennoch beschäftigte die Kaiserin allein 1.500 Kammerherren, die für die Haushaltsgeschäfte verantwortlich waren. Die ganze Stadt war von der Bastei, einem gewaltigen militärischen Befestigungswerk, umschlossen, das schon der Türkenbelagerung standgehalten hatte. Unter Maria Theresia durfte es nur von Bürgern betreten werden, die einen eigenen Erlaubnisschein besaßen. Ihr Sohn Josef II. hat diese Beschränkung dann aufgehoben und die Bastei wurde zur beliebten Promenade der Wiener, bis man sie unter Kaiser Franz Joseph demolierte und an ihrer Stelle die Ringstraße baute. – Über die Donau, die damals mehrere Arme hatte und im Gebiet des heutigen 20. Bezirks in zahlreiche Inseln aufgespalten war, gab es nur einen Übergang: die Taborbrücke. Sie hatte auf der nördlichen Uferseite einen Kontrollpunkt, der mit einer Bastei geschützt war. Diesem Kontrollpunkt näherte sich im Oktober 1746 in gemächlichem Tempo ein Konvoi, in dessen Zentrum ein großer geschlossener Kastenwagen fuhr, der von acht Pferden gezogen wurde. Er war aus schweren Brettern gezimmert, die zusätzlich mit eisernen Bändern gesichert waren. Die Räder waren klein und sehr tief montiert, wodurch der Wagen eine besondere Standfestigkeit erhielt. Das war auch nötig, denn der unsichtbare Fahrgast, der darin auf weichem Stroh lag, war über zwei Tonnen schwer und konnte große Kräfte entwickeln. Die anderen Wagen des Konvois transportierten diverse Geräte und Verpflegung oder dienten als Wohnwagen für die Begleitpersonen. Am Kontrollpunkt Taborbrücke wurden die Reisenden freudig begrüßt, denn ganz Wien erwartete bereits den geheimnisvollen Passagier: »*Ein lebendiger Rhinozeros*«, das erste Nashorn, das Mitteleuropa erreicht hat. Seit fünf Jahren reiste das Tier schon mit diesem eigens konstruierten »Tieflader der Barockzeit« durch Europa und wurde in allen bedeutenden Städten gezeigt. Nach kurzer Kontrolle durfte die Reisegesellschaft passieren. Langsam rollten die Wagen über die hölzerne Brücke und weiter über die Donauinsel, in Richtung Stadt, vorbei am prächtigen Augarten, mit seiner Porzellanmanufaktur, die zwei Jahre zuvor Kaiserin Maria Theresia übernommen hatte. Sie ist nach Meißen die zweitälteste Europas.

Durch das Rotenturm-Tor kam der Konvoi in die Stadt und fuhr weiter bis zur Freyung. Hier wurde eine »Hütten« aufgebaut, in der man einen mit Stroh ausgelegten Pferch errichtete, in dem man das Wundertier gegen Bezahlung einer Eintrittsgebühr besichtigen konnte. Kapitän Douwe Mout van der Meer, der Besitzer des Nashorns, machte inzwischen kräftig Reklame in der Stadt: »*Es wird allen respektive Liebhabern kund getan, dass allhier auf der Freyung in der Hütten zu*

In einem schweren Kastenwagen (links im Bild) fuhr das Panzernashorn 17 Jahre lang durch Europa

sehen ist ein lebendiger Rhinozeros, der nach vielen Gedanken der Behemoth seyn solle, nach der Beschreibung Hiobs Cap.40, Vers 10.«

Behemoth, die Bestie aus der Bibel: ein Untier, das so kraftvoll sein soll, dass es in der Lage war, den Jordan auszutrinken. Es kann die Gestalt aller großen Tiere annehmen und soll als Verkörperung Satans kurz vor dem Ende der Welt eine Schreckensherrschaft errichten. – Von solchen Horrormeldungen ahnte das Nashorn nichts. Es lag friedlich im Stroh und mümmelte Heu. Es stammte aus Asien und war ein Panzernashorn. Heute gehören diese eindrucksvollen Tiere, gemeinsam mit den vier anderen Arten, dem Breitmaul-, Spitzmaul-, Java- und Sumatranashorn, zu den am meisten vom Aussterben bedrohten Großwildtieren. Die gnadenlose Jagd auf diese Tiere, die Wilderer auch heute noch betreiben, erfolgt nicht wegen ihres Fleisches, sondern wegen der angeblich magischen Wirkung, die man ihrem pulverisierten Horn nachsagt. Damit soll man nicht nur die guten Eigenschaften des Tieres wie Mut und Kraft in sich aufnehmen, sondern auch die männliche Potenz erwecken

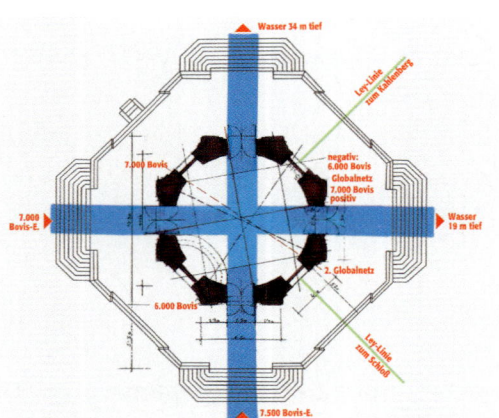

Der historische Teil des Tiergartens Schönbrunn zur Zeit Maria Theresias: Im Zentrum zwei sich kreuzende Wasseradern
Rechte Seite: Der Kaiserpavillon aus 1759 ist heute ein beliebtes Restaurant

und stärken können. Kein Wunder, dass man in bestimmten Ländern noch heute das Horn eines Nashorns buchstäblich mit Gold aufwiegt und die Tiere deshalb nahezu ausgerottet sind. Neuartige Untersuchungen konnten allerdings die Wunderkräfte des Nashorns nicht bestätigen. Die zahllosen erlegten Tiere sind einen traurigen und völlig sinnlosen Tod gestorben.

Damals, zur Zeit Maria Theresias, bevölkerten die Nashörner noch in großer Zahl die unendlichen Weiten Afrikas und Asiens. Als unser Nashorn in Nordindien gefangen und an den holländischen Kapitän Douwe Mout van der Meer verkauft wurde, war ihre Art noch nicht gefährdet. 1741 war unser Nashorn nach einer langen Seereise in Rotterdam angekommen und wurde anschließend in allen bedeutenden Städten Europas gezeigt. Und alle kamen: Bauern, Bürger, Edelleute, Könige und Kaiser zahlten, um das Tier mit dem Horn zu sehen. Die Menschen schlossen es ins Herz und gaben ihm den Namen »Jungfer Clara«. In Berlin war Friedrich der Große so entzückt, dass er dem Kapitän für die Vorführung achtzehn Dukaten über den vereinbarten Preis bezahlte. In Paris wollte König

Ludwig XV. das Tier für seine Menagerie kaufen, schreckte aber vor dem Preis zurück, den Kapitän van der Meer verlangte. Bei der Leipziger Ostermesse 1746 wurde dem Kapitän wegen des wissenschaftlichen Nutzens sogar das Standgeld erlassen, wodurch der Auftritt des Wundertiers zu einem besonders blendenden Geschäft wurde. In jeder Stadt, in der das Tier gezeigt wurde, gab der Kapitän Drucke in Auftrag, die von den Schaulustigen mit großer Begeisterung gekauft wurden. Es waren die ersten anatomisch richtigen Darstellungen eines Panzernashorns. Gleichzeitig wurde auch teuer verkauft, was das fabelhafte Tier »von sich gab« – als Heilmittel gegen die *Hinfallende Krankheit*. So wurde aus der biblischen Bestie ein Goldesel.

Als »Jungfer Clara« am 14. April 1758 in London starb, war das Tier siebzehn Jahre lang mit seinem Kapitän unterwegs gewesen. Es dürfte knapp zwanzig Jahre alt geworden sein. Ein hohes Alter für ein gefangenes Nashorn zur damaligen Zeit. Zahlreiche andere Nashörner, die in diesen Jahren nach Europa gebracht wurden, starben kurz nach ihrer Ankunft. – Das Nashorn des holländischen Kapitäns war aber nicht das erste Nashorn, das in Europa ankam. Albrecht Dürer hat seinen berühmten Holzschnitt »Rhinocerus« schon 1515 gemacht. Allerdings hat er das erste Nashorn, das Europa erreichte, damals nicht gesehen, sondern nach Bildern oder Beschreibungen gearbeitet, die man ihm zur Verfügung stellte. Dadurch wurde Dürers Holzschnitt zwar ein großes Kunstwerk, allerdings ist es anatomisch nicht ganz richtig, weil er ihm, neben anderen Fehlern, ein gedrehtes Nackenhörnchen aufsetzte, das die Tiere in Wirklichkeit zwar nicht haben, das aber jahrhundertelang das Nashornbild prägte. Dürers Nashorn war 1515 über den Seeweg nach Lissabon gekommen. Es war ein Geschenk des portugiesischen Königs Dom Manuel an Papst Leo X. Doch das Schiff, mit dem das Rhinozeros weiter nach Rom reisen sollte, kam nie an: In einem gewaltigen Sturm sank es mit Mann und Maus und Nashorn vor der italienischen Küste bei Porto Venere. Das gewaltige Tier, dessen Füße in schwere Eisenketten gelegt waren, konnte sich nicht befreien und ertrank.

Zurück ins Jahr 1746: In der »Hütten« auf der Freyung lag das Nashorn wie gewöhnlich friedlich in seinem Pferch und mümmelte Heu. Kapitän van der Meer stand dahinter. Er trug einen roten Gehrock, mit goldener Stickerei an den Taschen und kunstvoll eingesäumten Knopflöchern. Seine eindrucksvolle weiße Fellmütze mit Feder hatte er abgelegt. Gerade erklärte er den zahlreich erschienen Besuchern die charakteristische Faltung der Haut, die beim indischen Panzernashorn direkt über dem Schulterblatt vom Bogen aus läuft, als in der andächtig lauschenden Menge ehrfurchtsvolles Raunen entstand: »*Die Kaiserin kommt.*« Als Erste traten Wachsoldaten ein und forderten die Besucher höflich aber bestimmt auf, den Durchgang frei zu machen. Sofort wich die Menge zurück und alle blickten gespannt zum Eingang. Als der Zugang zum Pferch frei war, kam Kaiserin Maria Theresia mit fünf ihrer Kinder. Mit dabei: der spätere Kaiser Joseph II. Als die Monarchin und ihre Begleitung das Zelt betraten, jubelten die Anwesenden und riefen: »*Lang lebe unsere Kaiserin!*« Freundlich dankte Maria Theresia und wandte sich an den Kapitän, dem sie dafür dankte, dass er das seltsame Tier nach Wien gebracht hatte, und bat ihn, das Nashorn zu erklären. Und van der Meer berichtete:

> *Der Rhinozeros ist etwa 8 Jahre alt und gleichsam noch ein Kalb. Es kann bis zum 25. Jahr wachsen und kann hundert Jahr werden. Es ist etwa 5000 Pfund schwer. Es ist in Asien im Gebiet des Groß-Moguls gefangen worden, welches 4000 Meilen von hier entfernt ist. Dieses Tier ist ein großer Feind des Elefanten. Es braucht täglich 60 Pfund Heu, 20 Pfund Brot und 14 Amper Wasser. Außerdem ist es zahm wie ein Lamm.*

Dagmar Schratter, die Direktorin des Schönbrunner Tiergartens, sagt dazu:

> *Beim Lebensalter hat der Kapitän zu hoch gegriffen. Der Altersrekord liegt bei siebenundvierzig Jahren. Die übliche Lebenserwartung in einem Zoo ist vierzig Jahre, im Freiland circa dreißig Jahre. [...] Panzernashörner werden mit acht Jahren geschlechtsreif, es muss nicht sein, dass sie dann schon ausgewachsen sind; wie lange sie tatsächlich wachsen können, ist nicht bekannt. Das mit dem Gewicht kann so auch nicht stimmen, denn laut wissenschaftlicher Literatur kann ein Nashornbulle in Menschenobhut bis zu 2.100 Kilogramm erreichen; 2.500 kg mit acht Jahren sind daher wohl zu hoch gegriffen.*

Auch die Feindschaft zum Elefanten ist so nicht gegeben, obwohl sich ein Nashorn vor einem Elefanten sicher nicht fürchtet. Als 1856 das erste Panzernashorn in den Tiergarten Schönbrunn kam, wurde es bei den Elefanten einquartiert, mit denen es ohne Probleme fast vierzig Jahre lang zusammenlebte.

Damals im Jahre 1746, in der »Hütten auf der Freyung«, wusste man nichts von den heutigen Erkenntnissen. Kaiserin Maria Theresia und ihre Kinder waren vom

Rhinozeros und den Erzählungen des Kapitäns begeistert. Besonders der kleine Karl Joseph, Maria Theresias zweiter Sohn, der noch keine zwei Jahre alt war, wollte sich von der »Jungfer Clara« gar nicht trennen, die man damals allerdings noch für einen Bullen hielt. Am Kohlmarkt in Wien war deshalb auch eine *»wahre Abbildung des Rhinozeros Mandel wie solches völlig ausgewachsen aussiehet in Kupfer gestochen, auf Median-Papier, das Stuck per 7.kr. In Commission zu haben«.*

Da der Kupferstecher damals noch nie ein ausgewachsenes Nashorn-»Mandel« gesehen hatte, nahm er den Dürer-Stich als Vorbild, und zeichnete es mit dem falschen Horn am Rücken. Der kleine Erzherzog Karl Joseph, der von der »Jungfer Clara« so begeistert war, erhielt zu Weihnachten ein Buch, in dem sein Nashorn abgebildet war und in dem er andächtig blätterte. Maria Theresia ließ ihn damit auch auf einer Miniatur abbilden. Als einfühlsame Landesmutter war die Kaiserin auch beeindruckt davon, wie das exotische Tier auf die Bevölkerung und vor allem auf Kinder wirkte. Irgendwann, vermutlich zu später Stunde, hat sie dann ihrem Gatten vom Besuch beim Nashorn erzählt und dabei gesagt: *»Ist doch eigentlich schade, dass wir keine Menagerie haben, wo wir unseren Kindern und Mitbürgern so interessante Lebewesen zeigen können.«* Wie es genau war, weiß man nicht. Auf jeden Fall beschloss ihr Gatte und Mitregent Kaiser Franz I. Stephan von Lothringen in Schönbrunn eine Menagerie zu bauen, die er aus seiner privaten Kasse finanzierte. Damit war der erste Schritt zur Errichtung des noch heute bestehenden Schönbrunner Tiergartens getan. Das erste Panzernashorn kam allerdings erst 1856 in den Tiergarten Schönbrunn.

Seit dem Jahre 2006 gibt es hier wieder ein Nashornpärchen. Sie stammen aus dem Chitwan-Nationalpark in Nepal, wo verwaiste Nashornbabys aufgepäppelt werden, die ihre Eltern, zumeist durch Wilderer, verloren haben. »Beauty« und »Jange« kamen im März nach Wien, kurz bevor in Nepal die Regenzeit beginnt, als die russische Transportmaschine noch auf der Graspiste des Nationalparks landen konnte. Genau hundertfünfzig Jahre nach der Ankunft des ersten Artgenossen in Schönbrunn und zweihundertsechzig Jahre nach dem Eintreffen der »Jungfer Clara«. Eigentlich wollten die Soldaten des Österreichischen Bundesheers, die auf ihren Panzerfahrzeugen sogar Nashörner aufgemalt haben, die beiden Tiere abholen. Doch leider hatte die österreichische Armee kein geeignetes Flugzeug, um die Panzernashörner in ihren riesigen Transportkisten abzuholen. Dafür übernahm das Bundesheer die Ehrenpatenschaft für die Tiere, die mit einer außerordentlichen Panzerjause in der Kaserne Zwölfaxing gefeiert wurde. Bäckermeisterin Doris Felber, die in ihren Filialen einen Zeichenwettbewerb für Kinder veranstaltet hat und über 250.000 köstliche Nas-Hörnchen – ein Schoko-spitz mit Marmeladefüllung – zur Unterstützung der Nashörner verkaufte, lieferte eine Sonderration, die sie gemeinsam mit dem damaligen Verteidigungs-minister Günther Platter an das Panzerbataillon 33 verteilte.

Wo dem Kaiser ein Licht aufging – Ein Komet für die Kaiserin und die »Newtonianischen Sehe-rohre«

Am Sonntag, den 13. Mai 1759, dem »*glorreichen Geburtstag Ihrer Majestät der Kaiserin, unserer Allergnädigsten Frauen, und Landesfürstin, seynd Vormittags nach 9 Uhr die anwesende Herrn Bottschafter, und Gesandte, wie auch einige hierher gekommene Hungarische Herrn Magnaten, und der gesamte hohe Adel in Gala zu Schönbrunn erschienen …*«.
Der Kaiserin Maria Theresia wurden zum Geburtstag »*Glück-wünschungs-com-plimente abgeleget*« und anschließend gingen alle zum öffentlichen Gottesdienst in die Schlosskapelle. Danach wurde »bey einer vortrefflichen Tafelmusike öffentlich gespeiset«.

Bereits am 28. April haben »*beyde Kai-serl. Majestäten die Burg verlassen, und das Lustschloss Schönbrunn bezogen, um allda den Sommer hindurch zu ver-bleiben*«.

So stand es in der Wiener Zeitung, damals »Wiennerisches Diarium«, der ältesten Zeitung der Welt, die seit 1703 »*Mit Ihrer Römisch-Kaiserlichen Majestät allergnädigsten Freyheit*« erschien.

Die Wiener konnten von solchen Hof-

Der Kaiser mit den Leitern seiner Sammlungen

Josef Ignaz Mildorfer malte das Deckengemälde im Pavillon der Menagerie nach Anweisungen des Kaisers

berichten gar nicht genug bekommen, doch diesmal interessierte sie ein anderes Thema: Ein Komet sollte kommen und diese Himmelserscheinung galt als Ankündigung für große Ereignisse, zumeist negativ für Krieg, Seuchen, Hunger oder Weltuntergang. Der Physiker Edmond Halley hatte im Jahre 1705 herausgefunden, wie man die Bahn eines Kometen und sein Erscheinen vorausberechnen kann. Jetzt konnten seine Angaben erstmals überprüft werden. Auch die beiden Jesuitenpater und *»Kaiserl. Königl. Astronomo Universitatis«*, die Hofastronomen Maximilian Hell und Joseph Liesganig hatten die Berechnungen bestätigt und dem Kaiser den Kometen bereits aus ihrem Observatorium in der Innenstadt vorgeführt. Nun sollte er in Schönbrunn der Höhepunkt der Geburtstagsfeier für Maria Theresia werden. Doch wegen *»beständigen Gewölkes«* konnte man ihn

Was haben die Symbolik und die geheimen Hinweise zu bedeuten? Wer war Modell für die Darstellungen der Figuren?

nicht sehen. Erst gegen zehn Uhr abends klärte sich der Himmel auf und der Komet wurde genau an der Gegend des Himmels entdeckt, wo er angekündigt war. Ein triumphaler Erfolg für die Wissenschaft. Die Größe des Kometen hatte aber bereits so stark abgenommen, dass er mit freiem Auge kaum zu erkennen war. Erst mit einem »vierschuhigen Newtonischen Seherohr« konnte er beobachtet werden. »Das ist ein von Isaac Newton erfundenes vier Schuh (127 cm) langes Spiegelteleskop«, sagt Professor Hermann Mucke, Leiter des Österreichischen Astronomischen Vereins, der am Georgenberg im 23. Bezirk Wiens ein Freiluftplanetarium betreibt, direkt neben der Wotrubakirche. Professor Mucke: »Zum letzten Mal war der Komet 1986 zu beobachten. Er kommt alle fünfundsiebzig bis siebenundsiebzig Jahre und die nächste Ankunft ist 2061 zu erwarten.«

Für Maria Theresia und ihre Geburtstagsgäste war die Sternguckerei in Schön-
brunn vorbei und am nächsten Tag fuhr die ganze kaiserliche Gesellschaft nach
Schloss Laxenburg. Edmond Halley konnte die Ankunft des nach ihm benannten
Kometen nicht mehr erleben. Er starb bereits 1742. Für die Familie Habsburg war
es die achte Ankunft des Kometen, seit sie Österreich regierte. Die Zahl Acht gilt
als Glückszahl und versinnbildlicht den Neuanfang und die Verbindung von
Himmel und Erde. Noch zweimal sollte der Halleysche Komet im Habsburger-
Reich erscheinen, 1835 und 1910 – dann war die Zeit des Kaiserreichs vorbei:
Zehn gilt als Zahl der Vollendung.

Die Ankunft des Kometen, zum achten Mal in den fast sieben Jahrhunderten der
Habsburger-Regentschaft, bildete den Abschluss für den Bau des achteckigen
Pavillons im Tiergarten Schönbrunn. Den Plan zeichnete acht Jahre zuvor Hofarchitekt Jean Nicolas Jadot de Ville-Issey. Er stammte wie Franz Stephan aus
Lothringen. Sieben Jahre lang wurde gebaut. Die Menagerie sollte ein Ort der
Wissenschaft werden, bezahlt aus der Privatschatulle des Kaisers. Gleichzeitig
sollte alles geheim bleiben. Die Tiere waren deshalb Objekte der Entspannung
und gleichzeitig Tarnung für geheime Forschungen. Vom Dach und der Terrasse
aus wurden der Makrokosmos erforscht und die Bewegungen der Planeten beobachtet. Das Innere des Pavillons diente der geistigen Erkenntnis und war grün
ausgemalt. Vermutlich gab es auch keine Fenster und Türen und alles war offen.
Die Holzvertäfelungen, Bilder und Spiegel kamen erst unter Joseph II. Nur das
geheimnisvolle Deckengemälde von Josef Ignaz Mildorfer bestand schon. Es war
ein Raum, um die Gedanken in sieben Richtungen zu lenken: in die vier Himmelsrichtungen: Süden, Osten, Norden, Westen, nach oben zum Himmel, nach
unten auf die Erde und nach Innen, in die eigene Seele. Die Kellerräume dienten
als Labor, für das »Feuchte«, das Herzstück der Alchemie. Auf allen Ebenen ging
es um die Suche nach dem Stein der Weisen und dem Weg zu sich selbst. Der ganze
Bau ist ein ideales Bauwerk für einen Alchemisten.

Kaiser Franz Stephan hat den Ort exakt berechnen lassen. Sonnenaufgänge und
Kraftlinien wurden genau beachtet. Unter dem Pavillon befinden sich zwei kreuzende Wasseradern. Ein exzellenter Kraftort, der viel Energie vermittelt. Lotte
Ingrisch war die Erste, die dies erkannte. Inzwischen wurden mehrfach geomanti-
sche Untersuchungen durchgeführt, die alle zum gleichen Ergebnis kamen und
die Besonderheit des Raumes bestätigten. Hofarchitekt Jean Nicolas Jadot de
Ville-Issey verpackte geheimes Wissen in die Symbolik der Anlage: Es wurde eine

kreisförmige Anordnung von Logen; zwölf davon für Tiere, eine dreizehnte für den Menschen. Drei Wege führen ins Zentrum, direkt in den Pavillon. Die Logen stehen für die Sternbilder im Tierkreis. In den Unterteilungen durch die Tierhäuschen können die einzelnen Dekaden eines Sternzeichens erkannt werden.

Vor allem aber markieren die dreizehn Abteilungen ein Mondjahr. Die Blumenrabatten in den Logen entsprechen den zweiundfünfzig Wochen eines Jahres. Die Logen waren ein unauffälliger Kalender für die Markierungen der Himmelsbeobachtungen. Die einzelnen Logen mit ihren Wasserbecken konnten wunderbar als Messpunkte verwendet werden, wenn bestimmte Sterne gesucht wurden, wie am 13. Mai 1759 der Halleysche Komet.

Maria Theresias Geheimnis – der magische Sonnenstrahl

Der Pavillon im Schlosspark ist so ausgerichtet, dass die großen Türen genau die vier Himmelsrichtungen anzeigen. Durch die nach Osten gerichtete Tür kommt das Licht der aufgehenden Sonne genau am 21. Juni, dem Sommerbeginn, wenn Tag und Nacht gleich lang sind. Es dürfte sich um einen Platz handeln, der in frühen Zeiten für kultische Aktivitäten benutzt wurde. Kommt man am 13. Mai, dem Geburtstag von Maria Theresia, vor Sonnenaufgang und der Himmel ist wolkenfrei, dann kann man beobachten, wie die Sonne hinter dem Schloss aufgeht und genau vierzig Minuten nach Sonnenaufgang über der Kaiserkrone am Dach

Kaiserin Maria Theresia regierte 40 Jahre, führte dabei eine glückliche Ehe und brachte 16 Kinder zur Welt

Am Geburtstag von Maria Theresia strahlt die Morgensonne durch die Allee in die Menagerie …

des Schlosses Schönbrunn erscheint und direkt durch die offene Allee, mitten durch die Fenster des Pavillons strahlt. Ein Effekt wie bei den berühmten Sonnen-augen in den Alpen, von denen es gerade im Bereich des Untersbergs besonders viele gibt. Der Lichtstrahl wird als magisch und bedeutungsvoll empfunden. Vier-zig Minuten nach Sonnenaufgang, am 13. Mai ist auf die Minute genau der Zeit-punkt, an dem Maria Theresia im Jahre 1717 geboren wurde. Auch sollte sie genau vierzig Jahre lang regieren.

»Nachmittags führte der Kaiser einige Zuseher nebst denen älteren jungen Herr-schaften in die auf seine eigenen Spesen in dem Schönbrunner Park erbaute Mena-gerie«, notierte darüber Fürst Khevenhüller-Metsch in seinem Tagebuch. Wer die »Zuseher« waren, ist nicht überliefert, aber die »jungen Herrschaften« kennt man: Es waren die Kinder des österreichischen Herrscherpaares. Mit der Bezeich-nung »ältere junge Herrschaften« meinte der Obersthofmeister die bereits größe-ren Kinder des Herrscherpaares: die vierzehnjährige Maria Anna, den elfjährigen

… und exakt in der Geburtsminute der Kaiserin durch cas Mittelfenster des achteckigen Pavillons

Joseph, die zehnjährige Marie Christine und die neunjährige Elisabeth. Den siebenjährigen Karl Joseph, die sechsjährige Maria Amalia, den fünfjährigen Leopold hätte Fürst Khevenhüller wohl nicht als »ältere junge Herrschaften« bezeichnet; sie waren bei dieser ersten Menageriebesichtigung wohl bei der einjährigen Maria Josepha im Schloss geblieben. Die anderen Kinder des Kaiserpaares waren zu dieser Zeit noch nicht geboren. Mit dieser ersten kaiserlichen Führung durch die bereits mit Tieren besetzte Menagerie wurde die Gründung des Tiergartens Schönbrunn offiziell besiegelt. In der nächsten Zeit kamen immer mehr Tiere, und der Kaiser verbrachte jede freie Minute damit, sie zu beobachten. Auch als dann Maria Karoline – Maria Theresias dreizehntes Kind – am 13. August 1752 geboren wurde, musste der Kaiser von einem eilig nachgerittenen Sattelknecht aus der Menagerie geholt werden.

Voll Stolz führte der Kaiser immer wieder Gäste zu seinen Tieren oder gestattete die Besichtigung, wie etwa am 3. Oktober 1752 den Knaben der von Maria Theresia

Frau Direktor und die frommen Mönche: Konvent-Ausflug brachte Glück für Zoo und Kloster

Zum ersten Mal führt eine Frau den ältesten Zoo der Welt, der inzwischen einer der modernsten geworden ist: Im Jahr 2007 wurde Dagmar Schratter Direktorin in der einstigen Menagerie der Kaiserin Maria Theresias.

Drei Monate bevor sie ihr Amt antrat, bekam sie Besuch aus dem Stift Heiligenkreuz im Wienerwald: Für ihren jährlichen Konvent-Ausflug hatten sich die Zisterzienser den ältesten Zoo der Welt ausgesucht. Dreißig Mönche kamen mit ihrem Abt Gregor Henckel-Donnersmark in den Tiergarten Schönbrunn und waren begeistert. Nach der dreistündigen Führung sagte der Abt: »*Ab jetzt sind wir Stammgäste im Tiergarten Schönbrunn!*«

Wenn das kein Glück bringt! Tatsächlich überschlugen sich in den darauffolgenden Jahren die positiven Ereignisse. Für den Tiergarten im Schlosspark genauso wie für das Kloster im Wienerwald.

Der Heilige Vater besuchte Stift Heiligenkreuz zur 875-Jahr-Feier des alten Zisterzienserklosters.

Der Neffe des Abts, Florian Henckel von Donnersmark, wurde Oscar-Gewinner. Er schrieb das Drehbuch für seinen Film »Das Leben der Anderen« in Heiligenkreuz.

Einen echten Mega-Hit mit 140 000 verkauften CDs und Siebenfach-Platin landeten die Mönche mit »Chant-Music for Paradise«. Angebote für Tourneen und Konzerte trafen ein und – wurden abgelehnt. Die Mönche singen nur in Heiligenkreuz: »*Wir wollen lustig sein, aber Zisterzienser bleiben*« ist ihr Motto.

1746 gegründeten Adelsakademie Theresianum: Die jungen Herren wurden nach zufriedenstellender Audienz bei Franz Stephan auf dessen kaiserlichen Befehl in die Menagerie geführt, was als »*ganz besondere Gnade*« angesehen wurde.

Sechsundzwanzig Jahre später, Franz Stephan war schon lange gestorben und Maria Theresia regierte gemeinsam mit ihrem Sohn Joseph II., wurde die Menagerie für die Bevölkerung bei freiem Eintritt geöffnet: Am Sonntag, den 10. Mai 1778 wurde im »Wiennerischen Diarium« veröffentlicht, dass man erstmals »*von 9 Uhr früh bis 6 Uhr Abends Jedermann, der anständig gekleidet ist, den Eintritt in den großen Schönbrunner Hofgarten gestatte*«. Gleichzeitig wurde von den

Auch der Tiergarten Schönbrunn hat Grund zum Jubeln: Fu Long, das erste, auf natürliche Weise gezeugte Panda-Baby in Europa, wurde geboren. Inzwischen ist ein zweites gefolgt. Das Elefantenbaby Tuluba kam zur Welt. Sensationelle Zuchterfolge gab es bei den Pinguinen und Flamingos und vielen anderen Tieren. Sogar vom Aussterben bedrohte Schildkröten wurden gerettet. Dazu gab es interessante Forschungsergebnisse und Erfolge bei zahlreichen Artenschutzprojekten. Und der Tiergarten Schönbrunn bekam die Auszeichnung »Europas bester Zoo 2010«. Der Besuch der Mönche aus Heiligenkreuz hat tatsächlich Glück gebracht!

Gruppenfoto im Zoo: Dagmar Schratter und die Mönche aus Heiligenkreuz

Besuchern erwartet, sich »*geziemend zu betragen*« und im »*Thiergarten, die allda zu sehenden Tiere mit Bescheidenheit betrachten und nicht nach denselben stossen oder werfen werden*«. Auch wurde bei Regenwetter, oder gleich nach einem Regen niemand in den Garten gelassen. Dazu galt die Regel: »*Wer sich ungebührend aufführte, oder der Gartenwache widersetzte, wird von derselben hinausgeführt, und nach Befund bestraft werden.*«

Der Tiergarten Schönbrunn ist somit nicht nur der älteste bestehende Zoo der Welt, sondern auch der erste Zoo der Neuzeit, der für Bürger gratis zu besichtigen war und der erste der eine Besucherordnung veröffentlichte.

Zarte Liebe und brutale Schlachten

Die »Hetz« der Wiener – Im Amphitheater des Grauens

Während in der Menagerie des Kaisers in Schönbrunn den Tieren großzügige Freianlagen geboten wurden, die auch heutigen Erkenntnissen entsprachen und die richtige Behandlung der Tiere auf dem höchsten Stand des Wissens erfolgte, gab es in einem anderen Teil von Wien Anlagen, die uns heute unbegreiflich erscheinen und schon damals Kritik hervorriefen. Die abscheulichste Form der Tierhaltung erfolgte im 1755 errichteten Hetztheater. Das war ein dreitausend Personen fassendes, hölzernes Amphitheater mit drei Galerien, in dem an Sonntagen geschwächte Löwen, Tiger, Bären, Wölfe, Wildschweine, Luchse und Dachse, aber auch Ochsen, Hirsche und Pferde von großen Hunden und Hetzknechten »gehetzt«, gemartert und teilweise auch getötet wurden. Dazu spielte türkische Musik, die das Geschrei der Tiere übertönen sollte. Der widrige Gestank von den Ausdünstungen der Tiere und von dem Aas, womit sie gefüttert wurden, erfüllte das ganze Gebäude. Ein Amphitheater des Grauens.

Für dieses abscheuliche Schauspiel zahlten die johlenden Besucher hohe Eintrittspreise, die der Armenkasse zugute kamen. 1796 brach ein Brand aus und vernichtete das Hetztheater und beendete diese widerlichste Form der Tierhaltung, die je auf Wiener Boden stattfand. Fast alle Tiere verbrannten, nur ein großer Auerochse konnte seinen Käfig in Panik aufsprengen und wurde gerettet. Er übersiedelte in die Menagerie Schönbrunn. Franz II., der selbst einmal einen Löwen und einen Tiger dem Hetztheater geschenkt hatte, verbot den Wiederaufbau mit den Worten: *»Neu erbaut soll die Hetze nicht mehr werden. Sie bot für mich ein Schauspiel, das mich anwiderte, und von dem ich nie begriff, wie denn meine Wiener es mit Vergnügen sehen konnten.«* Das Etablissement befand sich im Bereich der danach benannten Hetzgasse und der Hinteren Zollamtsgasse

Linke Seite: Die Tierpfleger Josef Aman und Cagi Alli Sciobary führten die erste Giraffe nach Wien und blieben Tag und Nacht bei ihr im dritten Wiener Gemeindebezirk. Die wienerische Bezeichnung »Hetz« für Spaß und Vergnügen erinnert an diese grausamen Veranstaltungen. Wesentlich netter, aber aus heutiger Erkenntnis auch nicht mehr vertretbar, war eine Attraktion, die im 19. Jahrhundert die Wiener begeisterte und deren Bezeichnung ebenfalls in die Umgangssprache übernommen wurde:

Im Jahre 1823 hob sich im Wiener Prater zum ersten Mal der Vorhang im Affentheater. Verschiedene Truppen gaben bis 1860 täglich eine Vorstellung, an Sonntagen und Feiertagen sogar zwei. Dabei agierten dressierte Affen, die in Kleider gesteckt wurden, als Schauspieler. Auch Hunde durften mitspielen. Am Programm standen Opern und Theaterstücke. Die *»vierfüßige Künstler-Gesellschaft«* versprach Spaß über Spaß und spielte Stücke wie »Das Cavallerie-Gefecht bei Orau«, »Liebsverhältnisse«, »Nächtliche Promenade der Frau Pompadour«, »Unglückliche Fahrt einer berühmten Äffin«, »Das Festessen in Vierlanden« oder die »Ankunft der ersten Giraffe in Schönbrunn«.

Die grausamsten Tiervorführungen, die es auf Wiener Boden gegeben hat, lockten tausende Besucher ins Hetztheater

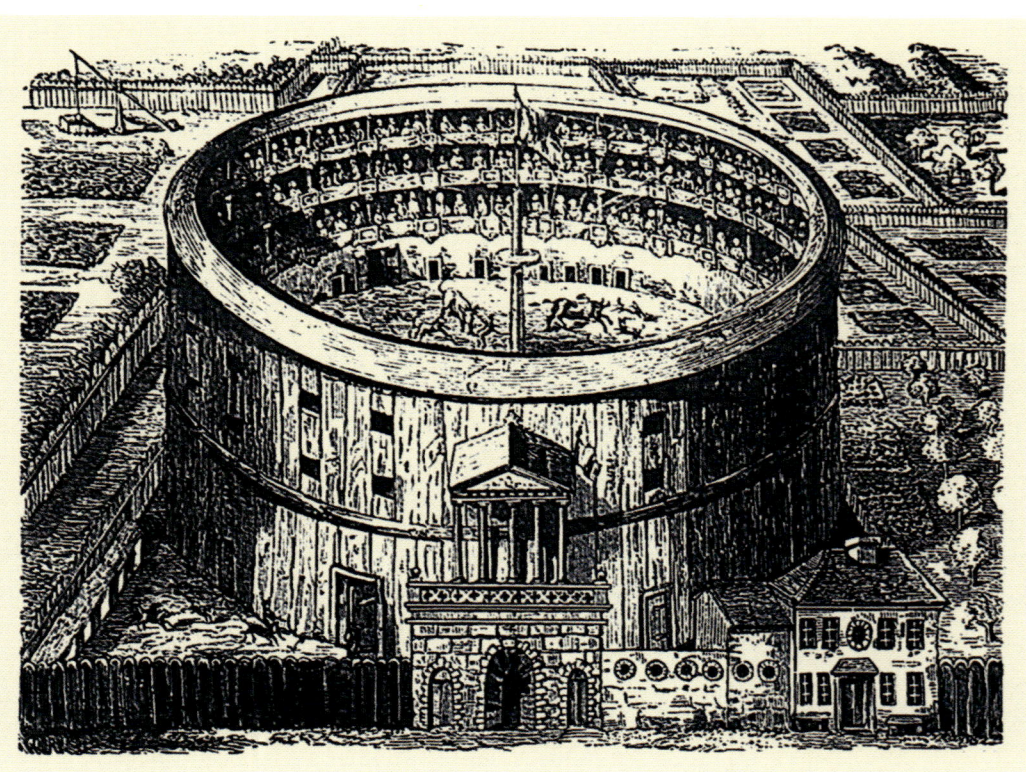

Den Brand des hölzernen Hetztheaters zeichnete Hieronymus Löschenkohl, der rasende Reporter in der Biedermeier-Zeit

Besonders eindrucksvoll dürfte »Die Eroberung der Veste Kakumirum« gewesen sein, die von den *»vierfüßigen Schauspielern, sowohl Affen als Hunden«* erobert wurde. In einem Bombardement von heftigster Sturmmusik und großem Orchester fiel ein Turm in sich zusammen, eine Zugbrücke stürzte ein und überraschende Beleuchtungseffekte erwirkten rauschenden Beifall. In der allgemeinen Theaterzeitung vom 8. 8. 1829 stand: *»Man muss gestehen, daß man nicht leicht das Publikum vergnügter den Schauplatz verlaßen sieht, als in dieser Affenkomödie.«*

Das 19. Jahrhundert war auch die große Zeit der Wandermenagerien, die mit ihren Tieren von Stadt zu Stadt reisten. Sie versprachen ihren Besuchern Attraktionen wie *»vier junge Löwen, an der Mutter säugend zu sehen«* oder in »Elephant Gastronomie« *»einen schmausenden Elefanten«*, bei dem man einen *»großen, schönen, männli-*

Lustiges Theater mit Tieren!

chen Elephanten, BABA benannt« mit seinem Pfleger beim Festmahl am gedeckten Tisch beobachten konnte.

Der erste Tiergarten im Wiener Prater wurde 1863 nach dem Vorbild europäischer bürgerlicher Tiergärten gegründet und bestand bis 1869. Anlässlich der Wiener Weltausstellung wurde 1873 im Prater ein Schauaquarium errichtet, aus dem zunächst das Vivarium wurde und sich später der »Wiener Thiergarten im k.k. Prater« entwickelte. Die Wiener Stadt- und Landesbibliothek besitzt eine wertvolle Sammlung von Plakaten der Tiergärten, Wandermenagerien und des Wiener Affentheaters.

Bio-Obst im Biedermeier und ein Herzog ohne Erz im Jodler

»*Wo i geh und steh, tut ma's Herz so weh ...*« beginnt der berühmte Erzherzog-Johann-Jodler. Besungen wird aber nicht Tirol, das Johann so liebte, sondern »*um mei Steiermark, ja glaubts ma's gwiss*« geht es in dem Lied, wo es weiter heißt: »*wo das Büchserl knallt und da Gamsbock fallt, wo mei liaba Herzog Johann is.*« Sein Titel wurde, damit man den Text leichter singen kann, um das *Erz-* verkürzt. Aus dem Erzherzog wurde der Herzog. Eine Degradierung, denn durch das *Erz-* im Titel ist er als Kaiserliche Hoheit des Hauses Habsburg erkennbar und ein möglicher Thronfolger. Dafür wird ausgiebig gejodelt: »*Holla-redl duliri, diridldulia, diridldulia*« geht es da ganze siebzig Noten lang. Als Anton Schlosser den Text schrieb, den der Anton-Bruckner-Schüler Matthias Rattschüller vertonte, durfte Erzherzog Johann das Land Tirol, auf Befehl seines Bruders Kaiser Franz I. (II.), gar nicht mehr betreten. Seine Verwicklungen in einen geheimen Volksaufstand gegen Napoleon waren von Staatskanzler Metternichs Spionen entdeckt worden und störten die politischen Pläne Österreichs. Erzherzog Johann vergalt Metternich das Tirolverbot mit lebenslanger Feindschaft. Auch dann noch, als es 1833 wieder aufgehoben wurde. Gejodelt durfte um Erzherzog Johann aber immer werden, aber eben nicht immer in Tirol. Erste Adresse zum Jodeln war das Tirolerhaus am Glorietteberg im Schlosspark von Schönbrunn, das sich Johann schon 1803 aufbauen ließ und sich so sein eigenes kleines Tirol direkt in Wien eingerichtet hat: mit Tirolerhaus und Biogarten, wo er alte Obstsorten kultivierte, die er mit traditionellen Geräten und Techniken pflegte. Einen echten, feschen Almhirten aus Tirol in Landestracht gab es auch. Der verstand die Sennerei, konnte Käse-, Butter- und Schmalz-Erzeugnisse herstellen und am Alphorn blasen. Direkt neben dem Haus wurde einer der ältesten Alpengärten Europas angelegt, mit all den wunderbaren Blumen und Pflanzen, die man sonst nur nach weiten Bergwanderungen findet. Hier wuchsen die botanischen Kostbarkeiten in bequemer Entfernung zum Schloss Schönbrunn. Erzherzog Johann hatte sie mit seinen Brüdern am niederösterreichischen Schneeberg und in der Steiermark gesammelt. Darunter seltene Enzian-, Steinbrech- und Alpenrosenarten. Rund viertausend Pflanzenarten zeigt der Alpengarten heute, allerdings ist er übersiedelt und befindet sich jetzt beim Schloss Belvedere, wo man alle in den österreichischen Kronländern vorkommenden Pflanzen findet.

Erzherzog Johanns Schönbrunner Tirolerhaus aus 1803 ist längst verschwunden. Doch nachdem in den neunziger Jahren die Original-Pläne wieder auftauchten, konnte Zoodirektor Helmut Pechlaner, mithilfe der Firma Swarovsky, das alte Bauernhaus als Gasthaus neu erstehen lassen.

Erzherzog Johann, der »Grüne Rebell« im Kaiserhaus und Erfinder des Steireranzugs, brachte Alpenblumen nach Schönbrunn

Direkt gegenüber steht der Haidachhof, ein original Tiroler Bauernhaus. Ein eindrucksvoller Bau aus 1722, den seine Besitzer durch einen Neubau ersetzen wollten. Er wurde vom Tiergarten gekauft, in Tirol in dreitausend Einzelteile zerlegt, genau nummeriert und in Schönbrunn wieder zusammengesetzt.

Bald wurden die beiden Tirolerhäuser zu beliebten Besucher-Attraktionen. Während im Wirtshaus die Gäste kulinarisch verwöhnt werden, haben in den Stallungen des alten Bauernhofs vom Aussterben bedrohte Haustiere eine neue Heimat gefunden: Tauernscheckenziegen, Pinzgauer Rind, Kärntner Brillenschaf, Tuxer Rind, Pustertaler Sprinzen, Tiroler Steinschaf, Noriker-Pferde, Österreichische Ganselkröpfer-Tauben, Montafoner Braunvieh und Sulmtaler Hühner fühlen sich hier so wohl, dass sie auch regelmäßig für Nachwuchs sorgen. Gäbe es eine Hitparade der beliebtesten Habsburger, so stünde Erzherzog Johann sicher ganz weit oben.

Er war deutscher Reichsverweser und österreichischer Feldmarschall. Doch sein Kriegsglück hielt sich in Grenzen. In seiner ersten Schlacht bei Hohenlinden verlor er trotz größerer Truppenstärke gegen Napoleons Armee. Die Schlacht bei Sacile gewann er, dafür wurde er bei Györ wieder geschlagen. *»Möge doch das ewige Kriegen einmal enden; welche herrliche Welt, wenn die Menschen sich Gutes täten …«*, schrieb er in sein Tagebuch.

Weil er sein Tirol nicht betreten durfte, tat Erzherzog Johann Gutes vor allem in der Steiermark, wo er durch zahlreiche Gründungen, wie die der Universität, der Sparkasse, einer Versicherung, der Bibliothek, des Archivs und anderer Einrichtungen als großer Modernisierer in die Geschichte einging. In Wien wurde er Wegbereiter des Parlamentarismus, als er am 22. Juli 1848 in der Winterreitschule der Spanischen Hofreitschule die erste Reichsratssitzung eröffnete und den Vorsitz übernahm. Alle seine Initiativen machte er als Privatmann und ohne öffentliche Funktion. Nur gestützt auf seine Argumente und Überzeugungskraft. Durch die erfolgreiche Umsetzung seiner Ideen, wurde er zum »Grünen Rebell« im Kaiserhaus und »Held des Biedermeier«, der wusste, was die Menschen nach den Revolutionskriegen am meisten wollten: Ruhe und Ordnung, privates Glück und inneren Frieden. Um seine Einstellung auch nach außen zu dokumentieren, kreierte er aus traditionellen Bekleidungsstücken der Region den berühmten Steireranzug. Zum absoluten Liebling der Bevölkerung wurde er aber durch seine Heirat mit der Ausseer Postmeisterstochter Anna Plochl. Nachdem er die Heiratserlaubnis mit der Bürgerlichen beim Kaiser regelrecht ertrotzt hatte, fand die

Hochzeit zu mitternächtlicher Stunde in seiner eigenen Hauskapelle statt. Gleichzeitig wurde er von der Thronfolge ausgeschlossen. Jetzt war offiziell das *Erz-* im Erzherzogstitel tatsächlich weg. Dennoch: Der Erzherzog-Johann-Jodler wurde zum Hit und verbreitete sich wie ein Lauffeuer, sein Komponist bejodelte nun das ganze Kaiserhaus. Fast jeder kam dran: Es gibt einen Erzherzog-Franz-Joseph-, einen Erzherzog Karl-Ludwig-, einen Erzherzog-Karl-Salvator-Jodler und viele mehr, niemand blieb verschont. Das fehlende *Erz-* im Titel und im Text seines Jodlers holte sich Johann vom Erzberg in der Steiermark, den er gründlich reformierte und modernisierte, sodass die Eisengewinnung einen enormen Aufschwung nahm und die ganze Region davon profitierte.

Metternichs geheime Hühner-Kuriere – Sulmtaler Hühner für Napoleons Krönung

In der Hofburg in Wien herrscht dicke Luft. Kaiser Franz II. ist schlecht gelaunt. Mehr noch, er schäumt vor Wut. Informationen aus Frankreich bereiten Ärger und lassen das Schlimmste befürchten: »*Der Parvenue will sich zum Kaiser machen. Ein Emporkömmling, der die regierenden Häupter Europas als ›Kuckucks‹ bezeichnet, will sich selbst zum Kaiser krönen lassen. Was soll dann aus dem Heiligen Römischen Reich werden! Was ist dann die Krone noch wert, die schon Karl der Große trug!*«
Tatsächlich: Am Freitag, dem 18. Mai 1804 wird in Paris Napoleon Bonaparte als Napoleon I. zum erblichen Kaiser von Frankreich ausgerufen. Die Krönung soll der Papst noch in diesem Jahr, am 2. Dezember, dem ersten Advent-Sonntag vornehmen. Auch Ludwig van Beethoven ist wütend. Er hatte Napoleon seine dritte Symphonie, die »Eroica«, gewidmet, weil er ihn für einen republikanischen Idealisten gehalten hatte, der die Ideale der Französischen Revolution »Freiheit, Gleichheit, Brüderlichkeit« verwirklichen würde. Jetzt nahm er die Widmung zurück und befürchtete: »*Der ist auch nicht anders. Nun wird er die Menschenrechte mit Füßen treten, nur seinem Ehrgeiz frönen, ein Tyrann werden!*«
Franz II. Kaiser des Heiligen Römischen Reiches handelt rasch: Am 11. August 1804 gründet er das erbliche »Kaiserthum Österreich« und dessen erster Regent ist er selbst. Ab sofort nennt er sich Franz I. Kaiser von Österreich und zur Information über das Bisherige, wird in einer Klammer die römische Ziffer Zwei (II.)

hinzugefügt. Franz I. (II.) ist der einzige Doppelkaiser der Weltgeschichte. In einem sechzehnseitigen Schriftsatz, von ihm selbst unterfertigt, begründet er seine Aktion. Ein Herold des Reiches verkündete die Proklamation von der Balustrade der Kirche am Hof in Wien. Eine Abschrift des Dokuments wurde allen europäischen Regierungen zugestellt und liegt als Original im Haus-, Hof- und Staatsarchiv in Wien.

Gleichzeitig wird der schwarze Doppeladler auf goldenem Grund das Symbol des Reiches, zum Wappentier des Kaiserreiches Österreich. Darüber schwebt die neue Krone, die eigentlich eine alte ist. Nämlich die »Hauskrone« Kaiser Rudolfs II., der sie 1602 in Prag vom bedeutendsten Goldschmied seiner Zeit, dem extra aus Amsterdam geholten Jan Vermeyen, machen ließ. Für Krönungen wurde sie allerdings nie benutzt. Zwei Jahre später, am 6. August 1806 legt Kaiser Franz I. (II.) die deutsche Kaiserkrone nieder. In der Schatzkammer der Wiener Hofburg kann man beide Kronen betrachten. Auch im Stadtbild von Wien erscheint an vielen Stellen die Darstellung des Doppeladlers, über dem die österreichische Kaiserkrone schwebt. Zum Beispiel am Theresianum, der Diplomatenakademie, die noch unter Maria Theresia gegründet wurde und nun das Wappen von Franz I. (II.) trägt. Am Dach von Schloss Schönbrunn wurde sogar eine goldglänzende Nachbildung der österreichischen Krone an der höchsten Stelle montiert.

Während der Kaiser grollte, hatte sein Staatskanzler Fürst von Metternich längst damit begonnen, sein System aus Zensur, Polizeistaat und Spitzelwesen auf die neue Situation einzustellen und die ersten Fäden gezogen. Er war lange Zeit Botschafter in Paris gewesen und kannte »*Napoleon, den Mann, vor dem die Welt zitterte*« besser als andere seiner Zeitgenossen. Metternichs Überlegungen schlossen alle Möglichkeiten ein und reichten bis weit in die Zukunft. Er war der mächtigste Mann der Habsburgermonarchie und der wichtigste Staatsmann in Europa. Später beim Wiener Kongress verstand er sich als der »Kutscher Europas«. Zunächst wollte er, dass bei der Krönung Napoleons über das österreichische Kaiserhaus voll Bewunderung gesprochen wurde, auch wenn Franz I. (II.) nicht anwesend war. Gleichzeitig wollte er ein Ass ausspielen und neue diplomatische Netze für die Zukunft spannen. Aus seiner Zeit als Botschafter in Paris wusste Metternich, dass Napoleon die Sulmtaler Hühner schätzte, die am Wiener Hofe als Kaiserhühner serviert wurden. Auch in der österreichischen Botschaft in Paris kamen sie auf den Tisch, gemeinsam mit dem Wasser, das im Schloss Schönbrunn »aus dem schönen Brunnen« getrunken wurde. Beide Delikatessen sollten mithelfen, den Kontakt zwischen Paris und Wien auf einer neuen Ebene zu beleben, und geheime Informationen bringen. Während sich noch der österreichische Kaiser über Napoleon öffentlich empörte, wurde bereits geheim mit den Franzosen vereinbart, dass nach der Krönungszeremonie originale Kaiserhühner aus Wien serviert werden würden. Neben anderem Geflügel wurden hundertfünfzig Kapaune und fünfzig Hühner beim steirischen Landesamt bestellt. Sie sollten gemeinsam mit den französischen Masthühnern auf den Tisch kommen, denen sie in keiner Weise nachstanden. Auch Wasser aus dem »schönen Brunnen« sollte nach Paris gebracht werden. Geheime Kuriere regelten alle Details. Ausgewählte Köche wurden nach Paris entsandt, um für die Zubereitung zu sorgen, beziehungsweise die französischen Köche zu unterstützen. Nichts sollte dem Zufall überlassen werden. Und gleichzeitig konnten bei diesem Festmahl jede Menge vertrauliche Nachrichten für Metternich gesammelt werden. So gab es gleich nach der Krönung eine symbolische Verbindung zwischen Napoleon und dem Hause Habsburg durch die österreichischen und französischen Hühner, die beim Fest-

Ideale Ergänzung: Staatskanzler Metternich und Sulmtaler Gockl

bankett serviert wurden und allen Anwesenden aufs vortrefflichste mundeten. Kaum jemandem ist der Schachzug des schlauen Metternich aufgefallen und wohl niemand hat bei diesem Fest daran gedacht, dass eine Verbindung zwischen Napoleon und Habsburg jemals tatsächlich möglich sei. Staatskanzler Metternich war zufrieden. Seine Taktik der »Politik beim festlichen Essen« war aufgegangen. Zehn Jahre später beim Wiener Kongress würde er sie zur Vollendung bringen und die »Wiener Küche« erfinden lassen. Doch da war Napoleon nicht mehr unter den Gästen.

Die Sulmtaler Hühner, die Genussbotschafter der Steiermark, die als österreichische Kaiserhühner Weltgeschichte gemacht haben, eroberten weiter die Tafeln der Fürstenhöfe und waren auch bei der Bevölkerung beliebt. Die steirischen Geflügelhändler bildeten sogar eine eigene Gilde, die »Kapaun-Fratschler«, welche ihr Geschäft in Graz auf einem Seitenarm des Franziskanerplatzes betrieben, der noch heute »Kapaunplatz« heißt.

Der Ausdruck *fratscheln* ist Mundart und bedeutet »intensiv nachfragen« oder »Handeln mit Waren aller Art«. In diesem Fall sollten Kapaune verkauft werden. Das sind kastrierte und gemästete Hähne, die im Dezember angeboten werden, also ein klassischer Weihnachtsbraten und gerade rechtzeitig für Napoleons Krönung im Advent. Zu Maria Theresias Zeiten galten sie auch als Zahlungsmittel, der sogenannte Kapaunerzins.

Hühner können auf eine lange Tradition zurückblicken. Historische Schriften belegen, dass sie aus Asien stammen und schon 5000 vor Christus als Hausgeflügel gehalten wurden. Die Phönizier brachten sie vor dreitausend Jahren nach Europa, wo sie sich durch die Kelten und Germanen rasch ausbreiteten. Karl der Große war ein großer Hühnerfreund und bestimmte in seiner Landgüterverordnung, dass mindestens hundert Hühner und dreißig Gänse gehalten werden musten, auf Bauernhöfen durften es nicht unter fünfzig Hühnern und zwölf Gänsen sein. In der zweiten Hälfte des 20. Jahrhunderts wurden die »Sulmtaler« zur gefährdeten Haustierrasse. Sie wurden immer seltener. Die Konkurrenz unterbot alle Preise. Ohne Rücksicht auf die Tiere wurden mit qualvollen Massenhaltungen besonders viele Tiere produziert. Ihr Fleisch konnte sich mit den Sulmtalern nicht vergleichen. So geschah es auch bei den Eiern, die von den Hühnern unter grausamen Bedingungen gelegt werden mussten. Für eine solche Haltung eignen sich die Sulmtaler nicht, sie brauchen die Freiheit, um ihr geschmackvolles Fleisch entwickeln zu können. Der Hahn muss seine Hennen um sich haben und nicht in einem engen Käfig sitzen. Sulmtaler wollen über Wiesen und Felder spazieren und nach Würmern graben. Sie sind eben Kaiserhühner.

Heute sind die schönen Hühner wieder groß da. Die Bevölkerung hat gelernt, Qualität zu schätzen und ist bereit, dafür auch zu zahlen. »Zurück zum Ursprung« oder »Ja, Natürlich!« sind die Schlagworte, die das neue Bio-Bewusstsein prägen. Käfighaltung von Hühnern wird nicht nur geächtet, sie ist auch verboten. Neue Gesetze regeln die Tierzucht: alles Ergebnisse moderner Naturforschung, die den Menschen zugute kommen. Besonders Nobelpreisträger Konrad Lorenz hat mit seinen erschütternden Arbeiten über die Aggression der Tiere bei Käfighaltung den Menschen die Augen geöffnet.

Napoleon in Schönbrunn

Im November 1805 herrschte große Aufregung in der Schönbrunner Menagerie: Es wurden die Köpfe zusammengesteckt, hinter vorgehaltener Hand getuschelt, letzte geheime Nachrichten weitergegeben und alle fürchteten das Schlimmste. Österreich hatte sich dem Bündnis gegen Frankreich angeschlossen, worauf Napoleon Österreich den Krieg erklärte. Gleich bei der ersten Begegnung mit den Franzosen am 18. Oktober wurde das österreichische Heer bei Ulm eingekesselt und mit 30.000 Mann zur Kapitulation gezwungen. Napoleon jubelte: *»Das feindliche Heer war eins der schönsten, das Österreich jemals hatte, und dieser Sieg war einer der schönsten in der Geschichte*

Napoleon I., Kaiser der Franzosen, eroberte zweimal Wien. Jedes Mal logierte er im Schloss Schönbrunn

Frankreichs.« Gleichzeitig konnte er sich darüber freuen, dass ihm der ganze Reservepark der Österreicher, bestehend aus fünfhundert Wagen voll beladen mit Kriegsmaterial, in die Hände fiel. Die französische Armee marschierte inzwischen nach Wien. Am 10. und 11. November gab es heftige Kämpfe bei Dürnstein, Unterloiben, Krems und Stein, bei denen beide Seiten hohe Verluste erlitten.

In der Hauptstadt herrschte inzwischen entsetzliches Chaos und obwohl Verbündete, war das Wort »Russe« gleichbedeutend mit Schrecken. Kaiser Franz, der längst aus Wien geflüchtet war, rief zwar mit seiner Proklamation *»An meine Völker«* zum entscheidenden Widerstand auf und forderte, dass Wien bis zum Äußersten zu verteidigen sei, doch die Volksmeinung war gegen diesen Krieg und die Bevölkerung stand der französischen Bedrohung zumeist gleichgültig gegenüber. So wirkte die Eroberung Wiens auch eher wie ein Lausbubenstreich als ein Krieg: Der einzige Donauübergang war die befestigte Taborbrücke, die von siebzehn Bataillonen und dreißig Schwadronen der Österreicher verteidigt werden sollte. Für den Notfall war die Sprengung vorbereitet. Doch es kam alles ganz anders. Mit weißer Fahne in der Hand spazierten drei französische Marschälle über die hölzerne Brücke. Sie hatten ihre prächtigsten Uniformen angelegt und dazu glänzende Orden und Ehrenzeichen. Auf der anderen Donauseite angekommen, trafen sie den österreichischen Befehlshaber, den aus dem Ruhestand zurückberufenen Feldmarschallleutnant Fürst Auersperg. Dem erzählten sie, dass es einen Waffenstillstand gäbe und der Krieg eigentlich schon zu Ende sei. Auch schmeichelten sie dem ergrauten Feldherren, indem sie vorgaben, ihn und seine einstigen Heldentaten genau zu kennen und glücklich seien, gerade ihn hier zu treffen. Auersperg war gerührt. Gerne glaubte er die Nachricht vom Waffenstillstand und verzichtete auf die geplante Sprengung der Brücke. Dafür unterhielt er sich voll Begeisterung mit Joachim Murat, dem Schwager Napoleons, einem der drei Marschälle, über dessen prächtige Uniform, die seine höchste Bewunderung erregte.

In der Zwischenzeit marschierten die französischen Truppen im Sturmschritt über die Brücke und besetzten kampflos die Kaiserstadt. Gleichzeitig fielen den Franzosen so viele Waffen- und Munitionslager in die Hände, um *»damit vier Feldzüge auszustatten«*, wie Napoleon begeistert notierte. Von der Wiener Bevölkerung wurden die Besatzungssoldaten geradezu neugierig begrüßt. Der »Verteidiger« Auersperg, der dem Bluff aufgesessen war, wurde im Jahr darauf, als die Franzosen wieder abgezogen waren, vor das Kriegsgericht gestellt und zu Festungshaft verurteilt, später aber begnadigt. In Schönbrunn war man besorgt. Von der Zerstörung des Salzburger Tiergartens durch die französischen Soldaten hatten alle gehört. In Wien befürchtete man deshalb die Tötung der Tiere oder ihre Verschleppung nach Paris. Am 13. November erreichte Napoleon das Schloss Schönbrunn und erklärte es zu seiner Residenz. Sein Quartier nahm er im ersten Stock des östlichen Gebäudeteils, von wo er einen herrlichen Blick über den Park, bis hinauf zur Gloriette genießen konnte. In seinem Arbeitszimmer stand eine Marmorbüste von Maria Theresia, die er als große Herrscherin bewunderte. Noch am selben Tag erschien Marschall Murat mit einigen Stabsoffizieren in der Menagerie und garantierte dem Direktor Franz Boos den kaiserlichen Schutz für die Anlage. Bevor Napoleon am nächsten Tag in Wien einzog, besuchte er am Morgen noch persönlich die Menagerie und wiederholte seine Schutzzusage, die auch den Botanischen Garten mit einschloss. Dadurch waren die Anlagen vor Übergriffen der Soldaten geschützt. Napoleon ließ auch keine Tiere nach Paris verschleppen. Er nahm aber dankbar die Geschenke der Menagerie an: zwei lappländische Pferde, ein junges, in Schönbrunn geborenes Riesen-Känguru und zwei Biber.

Am 16. November gingen die Kämpfe mit empfindlichen Verlusten weiter: Diesmal um Hollabrunn im niederösterreichischen Weinviertel. *»Um das Vordringen der Franzosen aufzuhalten, wurde das Dorf Schöngrabern von den Russen – noch rechtzeitig – in Brand gesetzt. Die Franzosen löschten jetzt die Feuersbrunst, die sich durch den Wind weiter ausgedehnt hatte, und ließen auf diese Weise den Russen Zeit, sich zurückzuziehen«*, berichtete Leo N. Tolstoi in seinem mehrfach verfilmten, über tausend Seiten starken Roman »Krieg und Frieden« und brachte so den kleinen Ort in die Weltliteratur. Der Name der Bezirksstadt Hollabrunn steht sogar am Arc de Triomphe in Paris und versetzt dadurch Österreicher, die in Frankreich wohnen, regelmäßig in Heimwehstimmung.

Am 20. November, nur wenige Tage nachdem Napoleon mit seiner Armee Wien besetzt hatte, dirigierte Ludwig van Beethoven im Theater an der Wien die Uraufführung seiner Freiheitsoper »Fidelio«. Das Premierenpublikum bestand hauptsächlich aus französischen Offizieren. Der österreichische Adel, der in Friedenszeiten mit seinem Gefolge die Theater füllte, war aus Wien geflohen. Die Franzosen waren Besatzungsmacht. Für Befreiungsgeschichten, wie sie Herr Beethoven da in Szene setzte, fehlte ihnen das Verständnis. Das Stück fiel durch. Beethovens Courage, mit seiner Oper ausgerechnet in dieser Situation Premiere zu feiern, wird bis heute bewundert und machte das Stück zum Symbol für den Widerstand gegen Willkür und Gewalt, die vom Staat ausgeht.

Hundertfünfzig Jahre später, fast auf den Tag genau wurde die Oper zum historischen Ereignis, als am 5. November 1955 mit »Fidelio« die neu erstandene Wiener Staatsoper eröffnet wurde. Es wurde die erste TV-Übertragung Österreichs. Achtunddreißig Rundfunkstationen strahlten weltweit das Ereignis aus. Tausende Menschen stellten sich stundenlang an, manche übernachteten sogar vor der Oper, um noch einen Stehplatz zu ergattern. Diejenigen, die keine Karten mehr bekommen konnten, lauschten dem Ereignis vor der Oper über Lautsprecher. Die New Yorker Zeitung »Herald Tribune« schrieb: *»Die Eröffnung symbolisiert sowohl die physische Rehabilitierung Österreichs als auch seine Befreiung von jahrelanger Besetzung durch fremde Mächte.«*

Umjubelter Dirigent war der neue Staatsoperndirektor Karl Böhm, dessen Sohn Karheinz nur sieben Wochen später als Darsteller des Kaiser Franz Joseph neben Romy Schneider mit »Sissi« Premiere feierte und mit diesem Streifen die größte und nachhaltigste Begeisterung der österreichischen Filmgeschichte auslöste.

Der kleine Hund und der traurige Jaguar

In der Menagerie lebte ein männlicher Jaguar, der sehr traurig war. Sein Weibchen war vor einem Jahr gestorben und er hatte den Verlust noch nicht überwunden. Außerdem litt er an einer üblen Augenkrankheit, die ihm sehr zu schaffen machte. Kein Mittel brachte Linderung. Da beschloss man, ihn anstatt des Futters, das für gewöhnlich der Fleischhauer lieferte, mit einem jungen lebenden Tier zu füttern. Dessen *»warmes Blut sollte dann seiner Heilung zuträglich sein«*. Es wurde deshalb ein junger Fleischerhund, vermutlich ein weiblicher Rottweiler, in den Käfig geworfen. Der Jaguar lag gerade am Boden und sein Kopf ruhte auf seinen Vorderbeinen. Kaum hatte sich das Hündchen von seinem Schrecken erholt, näherte es sich dem großen Tier und begann, seine Augen zu lecken. Das tat dem Jaguar sehr wohl und statt das Fleischerhündchen zu fressen, begann er das kleine Rottweiler-Mädchen zart zu streicheln und schien ihm dankbar zu sein. Die junge Hündin hatte ihren Schrecken schnell vergessen und leckte immer weiter. Und innerhalb weniger Tage war der Jaguar von seiner Augenkrankheit geheilt. Seit dieser Zeit lebten die beiden Tiere in vollkommener Harmonie. Bevor sich der

Die Liebe des kleinen Hündchens befreite den großen Leoparden von einer üblen Augenkrankheit und begeisterte die Zoobesucher

Jaguar über seine Nahrung hermachte, wartete er geduldig, dass seine neue Gefährtin mit den besten Bissen gesättigt war. Der Jaguar ließ sich alles gefallen, sogar wenn die junge Hündin ihn beim Spielen biss, war er nicht verärgert, sondern zeigte ganz im Gegenteil seine Zuneigung durch Streicheln und Liebkosen. *»Vermutlich war das Auge entzündet, weil der Jaguar einen Fremdkörper im Auge gehabt hat. Durch das Lecken hat das Hündchen das Raubtier davon befreit und somit zur Heilung beigetragen«*, sagt Dagmar Schratter, Direktorin im Tiergarten Schönbrunn, und glaubt auch, dass dem Jaguar die Gesellschaft mit dem kleinen Hund gut getan hat.

Lange konnte Napoleon die rührende Tierfreundschaft zwischen Jaguar und Fleischerhündchen in der Menagerie aber nicht bewundern: Am 2. Dezember, dem Jahrestag seiner Krönung, unterbrach er seinen Schönbrunn-Aufenthalt und fuhr nach Austerlitz in der Nähe von Brünn. In einer Schlacht, die nur von Sonnenaufgang bis in die Mittagsstunden dauerte, besiegte er Österreich und Russland, obwohl seine Gegner zahlenmäßig überlegen waren. Weil Kaiser Franz II., Zar Alexander I. und Kaiser Napoleon I. bei diesem Kampf zwischen Frühstück und

Mittagessen anwesend gewesen sein sollen, wird sie Dreikaiserschlacht genannt. Anschließend wurde in Pressburg der Friedensvertrag beschlossen und Österreich muss in der Folge drückende Bedingungen akzeptieren; es verlor Venedig, Istrien, Dalmatien, Schwaben und Tirol und musste eine hohe Kriegsentschädigung bezahlen.

Das kleine Hündchen und der Jaguar verbrachten inzwischen friedliche Tage im Käfig und der Tiergarten konnte sich über einen gewaltigen Besucherzustrom freuen. Die halbe Wienerstadt wollte das rührende Pärchen sehen und kam deswegen hinaus nach Schönbrunn. Die Tage und Wochen gingen dahin. Das kleine Hündchen wuchs heran und entwickelte sich zu einer schönen Hündin, bald aber wurde sie immer größer und dicker und konnte sich *»vor Fett kaum mehr rühren«*, wie ein Zeitgenosse die Szene beschrieb. Zwei Jahre später starb der Jaguar. Ganz friedlich schlief er ein. Neben ihm saß seine liebevolle Partnerin, die Totenwache hielt. Die Hündin durfte im Tiergarten bleiben, doch vermisste sie ihren Partner sehr und starb nur wenige Wochen später.

Das Geheimnis der schönen Gräfin und der Elefant, der an Münzen starb

Am Abend eines wunderschönen Julitages im Jahre 1809 näherte sich eine elegante Pferde-Kutsche dem Schloss Schönbrunn, das damals noch weit außerhalb der Stadt lag. Napoleon hatte hier sein Hauptquartier aufgeschlagen. Einen Sommer lang wurden die Geschicke des Kontinents von hier aus gelenkt. Die Kutsche, die gerade ankam, war eine »Berline«, ein voll durchgefederter Reisewagen mit bequemer Ausstattung. (In der Wagenburg von Schönbrunn kann man solche Luxusgefährte des Biedermeier auch heute noch besichtigen.) Sogar Kochherd und Nachttopf gab es in diesem Wagentyp, der zu den beliebtesten Fahrzeugen seiner Zeit gehörte. Er eignete sich ganz besonders gut für lange Reisen wie jene, die die kleine Reisegesellschaft hinter sich hatte, die gerade ankam. Der Wagen kam direkt aus Warschau und brachte eine junge Dame nach Wien, auf die Napoleon schon lange gewartet hatte und deren Aufenthalt er sorgfältig vorbereiten ließ. Der ersehnte Fahrgast war die junge Gräfin Maria Walewska, die Napoleon vor zwei Jahren auf einem Ball in Warschau kennengelernt hatte und die seither sein Herz besetzt hielt. *»Kommen Sie nach Wien, ich möchte Sie sehen und Ihnen* *neue Beweise meiner zärtlichen Freundschaft geben«*, hatte ihr der Mann geschrieben, vor dem ganz Europa zitterte, und er versprach »*Tausend zarte Küsse auf Ihre schönen Hände und einen auf Ihren schönen Mund«.*

Zwei berittene Soldaten begleiteten die Kutsche zum östlichen Seitenflügel des Schlosses. Napoleon war diesmal schon im Frühjahr nach Schönbrunn gekommen. Aber anders als vor fünf Jahren, als die Besetzung Wiens eher einem Sonntagsspaziergang glich, konnten seine Truppen die Stadt diesmal erst nach schwerem Beschuss erobern. Die Menagerie im Schlosspark stand aber auch diesmal wieder unter seinem Schutz. Nur der Auerochse, der nach dem Brand des Hetztheaters seinen Lebensabend in Schönbrunn verbrachte und mittlerweile gestorben und eingegraben war, wurde von französischen Soldaten geborgen und der Balg sowie das Skelett an das Naturhistorische Museum in Paris gesandt. Napoleon und seine Armee konnten den Frühling in Wien aber nicht genießen; die Schlacht von Aspern stand vor der Tür, im wahrsten Sinn des Wortes: Das Schlachtfeld war auf der anderen Seite der Donau und mit der Kutsche bequem zu erreichen. Doch sie wurde kein Frühlingsspaziergang. Die Schlacht bei Aspern wurde Napoleons erste Niederlage und gilt gleichzeitig als das erste große Blutbad der modernen Kriegsgeschichte: In dreißig Stunden wurden damals am 21. und 22. Mai 1809 vor den Toren Wiens 55.000 Soldaten getötet und 11.000 verwundet.

Am Heldenplatz in Wien steht das Denkmal des Erzherzogs Karl, der in der Schlacht bei Aspern die Österreicher anführte. Es wurde vom Bildhauer Anton Dominik von Fernkorn geschaffen und gilt als eines der bemerkenswertesten Reiterdenkmale der Kunstgeschichte.

Die Österreicher hatten zwar die Schlacht bei Aspern gewonnen. In seinem Eroberungszug durch Europa konnte Erzherzog Karl den Kaiser der Franzosen aber nicht aufhalten. Schon zwei Wochen später siegte Napoleon wieder über die Österreicher, diesmal in Deutsch-Wagram, wobei etwa 15.000 Soldaten ihr Leben verloren. Die gefangenen Österreicher ließ Napoleon damals in Schönbrunn sammeln. Aber auch verletzte Österreicher wurden den Wienern gezeigt. Verletzte Franzosen blieben dagegen unsichtbar: eine raffinierte PR-Aktion um die Bevölkerung zu entmutigen, die französischen Soldaten unverwundbar und Napoleons Kriegserfolg größer wirken zu lassen.

Zurück zu der schönen Gräfin, die gerade vor dem Schloss Schönbrunn angekommen war. Napoleons Kammerdiener Louis Constant Wairy nahm Maria

Walewska in Empfang und geleitete sie durch einen geheimen Gang in die Privaträume des Kaisers im ersten Stock. In der nächsten Zeit sollte sie hier ihre Nächte verbringen, am Morgen mit »*ihrem Kaiser*« frühstücken und anschließend mit einer Kutsche, auf der kein Wappen zu sehen war, in ihr »*reizendes Häuschen*« fahren, das Napoleon für sie ausgewählt hatte. Es begann eine Zeit unbeschwerter Verliebtheit. Offiziell war sie auf Kuraufenthalt in Baden und wurde stets von einer Anstandsdame begleitet. Wenn sie bei einer Theater- oder Opernaufführung erschien, flogen ihr alle Blicke zu. »*Sie ist auffallend schön und von ungewöhnlicher Bescheidenheit*«, waren die Augenzeugen begeistert.

Bei Einkaufstouren in der Innenstadt oder Spaziergängen in der Menagerie Schönbrunn folgten ihr diskrete Herren. Es waren Agenten des Monsieur Charles, alias Karl Ludwig Schulmeister, Leibspion Napoleons und Polizeichef von Wien. Er kam aus dem Elsass und war Spion der österreichischen Monarchie. Napoleon ließ ihn erfolgreich anwerben, wodurch er zum Doppelagenten für Frankreich wurde. Mit seinen raffinierten Fehlinformationen an die Österreicher griff er ins Kriegsgeschehen ein und hatte auch einen wesentlichen Anteil beim Sieg Napoleons bei Austerlitz. Auch beim Bluff für die kampflose Eroberung Wiens im Jahre 1805 dürfte er Regie geführt haben. Die Wiener Bevölkerung ließ er ausspionieren und mit erbarmungsloser Härte verfolgen. So manche Hinrichtung ging auf sein Konto. Bevor er ins Agentengeschäft einstieg, betrieb er erfolgreich Schmuggel im großen Stil zwischen Frankreich und Deutschland. Seine roten Haare trugen ihm übrigens den Decknamen »Rotkäppchen« ein.

In der Stallburg hatte er, oberhalb der Lipizzaner-Ställe, ein »Geheimes Chiffrenkabinett« eingerichtet und in Schönbrunn war seine Nachrichtenabteilung stationiert. Er wusste durch seine Agenten immer Bescheid, wo sich die schöne polnische Gräfin gerade befand und mit wem sie sich traf. Wenn Maria Walewska Gäste in ihr Haus lud, wusste Monsieur Charles über jeden einzelnen Bescheid.

Geheimagent »Rotkäppchen« versuchte, um Napoleon und seine schöne Gräfin eine Mauer der absoluten Geheimhaltung aufrecht zu erhalten. Ein Unternehmen, das gerade in Wien zum Scheitern verurteilt war. Denn hier gilt seit ewigen Zeiten, und »*das war ›unterm Napoleon‹ nicht anders, und gilt bis in die Gegenwart*«: Was geheim bleiben soll, wird als Erstes bekannt und »vertraulich« ist ein Wort, das die Nachricht besonders schnell verbreitet. Obwohl also »offiziell« alles streng geheim war, wusste man in Wien natürlich über Maria Walewskas Beziehung mit Napoleon genau Bescheid. Von den französischen Soldaten

wurde sie »seine polnische Frau« genannt.

Eines Tages kam sogar der Wiener Bürgermeister Stephan Edler von Wohlle-
ben, um sich nach ihren Wünschen zu
erkundigen. Vor allem aber erschienen
ihre Landsleute, zumeist polnische
Offiziere, die sie baten, ihren Einfluss
bei Napoleon für die Zukunft ihres
Heimatlandes einzusetzen. Das war

Maria Walewska, Napoleons Geliebte, wurde
von Monsieur Charles, dem Leibspion des
Kaisers, überwacht. Greta Garbo spielte die
polnische Gräfin im Hollywood-Film

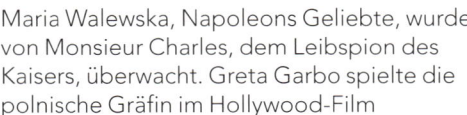

auch der Grund, warum sie schon in Warschau von polnischen Patrioten bedrängt wurde, den Kaiser privat zu treffen. Als sie auch von ihrem um zweiundfünfzig Jahre älteren Gatten, mit dem sie als Achtzehnjährige verheiratet worden war und mit dem sie einen vierjährigen Sohn hatte, dazu aufgefordert wurde, gab sie den Werbungen des Kaisers nach. Napoleon war ja auch verheiratet. Allerdings war seine Frau Josephine in Paris geblieben.

Obwohl sie Napoleon für den bemerkenswertesten Mann des Jahrhunderts hielt, den sie seit ihrer Kindheit verehrt hatte, wehrte sich Maria zunächst gegen eine private Beziehung. Doch dann verliebte sie sich in den Eroberer. *»Ich hatte wirklich das Gefühl, ich sei mit ihm verheiratet«*, erzählte sie später ihrer Freundin. Dass ihr Liebhaber der mächtige Kaiser war, der mit einem Wort die Zukunft ihres Landes bestimmen konnte, dürfte ihre Gefühle für Napoleon noch verstärkt und sie von dem Schuldgefühl befreit haben, ihre Familie verlassen zu haben.

In Wien begann für Maria Walewska eine herrliche Zeit. Die reizvolle Stadt mitten im Sommer; Theateraufführungen, der prächtige Schlosspark von Schönbrunn, die Tiere in der Menagerie, Ausflüge in den Wienerwald. Und natürlich die Kur in Baden, für die sie ja offiziell nach Wien gereist war. Maria war begeistert. Bei Tag war sie mit ihrer Anstandsdame unterwegs. Ihre Nächte gehörten Napoleon. Drei Monate später war es dann soweit: Maria Walewska war schwanger. Voll Freude berichtete sie Napoleon davon. Es war eine Nachricht, die Napoleons Leben und ihr eigenes verändern sollte, aber vermutlich anders, als es Maria Walewska erwartet hat. Außerdem wurden dadurch Ereignisse ausgelöst, die auch den Lauf der Weltgeschichte verändern sollten. Napoleon konnte nun nachweisen, dass nicht er an der Kinderlosigkeit seiner Gattin Josephine die Schuld trug, sondern sie. Einer Trennung stand nun nichts mehr im Wege, denn sein Kaiserreich brauchte einen Erben. Und Napoleon hatte auch schon einen Plan, für den er sogar seine Geliebte Maria Walewska opfern sollte. Obwohl er als Revolutionär angetreten war, unterwarf er sich der Etikette des Hofes. Außerdem war er jetzt selber Kaiser. Da kam die Hochzeit mit einer Mätresse nicht in Frage. Und hinter der Kulisse rieb sich der schlaue Metternich die Hände, denn er wusste schon, wer die neue Kaiserin von Frankreich werden könnte. Wie gut, dass er bereits bei der Kaiserkrönung mit schmackhaften Hühnern die guten Kontakte erhalten hatte. Sein Motto: *»Kriege und Schlachten vergehen, gute Beziehungen aber bleiben bestehen.«*

Metternich setzte nun seine ganze Überredungskunst ein, um zu erreichen, dass

Erzherzogin Marie Louise, die Tochter des österreichischen Kaisers Franz I. (II.) Napoleon heiratete. Im Jahr darauf war es so weit: Die Hochzeit fand in Wien in der Augustinerkirche statt. Allerdings ohne den französischen Kaiser. Als sein Stellvertreter bei der Ferntrauung fungierte Erzherzog Karl, der Napoleon einst vor Aspern besiegt hatte. Durch diese Ehe, die Napoleon auch einen Thronfolger brachte, sollte der Frieden zwischen den beiden Ländern besiegelt werden. Metternich war zufrieden.

Auch für die Geliebte wurde gesorgt: Maria bekam von Napoleon ein schönes Haus in Paris samt Dienern. Dem gemeinsamen Sohn übertrug er gewinnbringende Besitzungen in Italien und Marias Mann, der sich schon längst von ihr getrennt hatte, wurde von Napoleon um die Anerkennung seines Sohnes gebeten. Eine Bitte, die der alte Herr gerne erfüllte.

Napoleons Ex-Frau Josephine und Maria wurden durch das gemeinsame Schicksal von Rivalinnen zu Freundinnen und beobachteten Napoleons Entwicklung aus der Ferne. Der gemeinsame Sohn von Maria und Napoleon machte Karriere und wurde Außenminister in der Regierung Napoleons III., der später Kaiser Franz Joseph in Italien siegreich bekämpfte.

Die historische Romanze zwischen der polnischen Gräfin und Napoleon wurde mehrfach verfilmt. Der berühmteste Film entstand mit Greta Garbo in der Rolle

Ein gefährliches Raubtier und ein schöner Schmetterling in Schönbrunn; so empfanden die Wiener die Liaison Napoleons mit Maria Walewska: Krokodil und tropischer Falter im Tiergarten

der Maria Walewska. – Im September 1809, dem selben Jahr, in dem Maria Walewska mit ihrem Kaiser durch die Wiener Sommernächte turtelte und schließlich mit ihrer Schwangerschaft die Weltgeschichte veränderte, starb in der Schönbrunner Menagerie das Elefantenmännchen an einer Magenverstimmung. Bei der Obduktion stellte sich heraus, dass der Elefant zu große Mengen Kupfergeld verschluckt hatte, das ihm von den Besuchern zugeworfen worden war. Man sieht, unvernünftige Tiergarten-Besucher gab es schon zu Napoleons Zeiten. Der Tod des Schönbrunner Elefanten, der durch verschlucktes Kupfergeld getötet wurde, ist der älteste bekannte Fall, aber nicht der letzte. Das Problem ist bis heute nicht gelöst. Immer wieder gibt es verantwortungslose Besucher, die sich nicht an das Fütterungsverbot halten und durch Zuwerfen von Gegenständen die Aufmerksamkeit der Tiere erwerben wollen. Auch Klopfen an Scheiben, besonders im Aquarium, finden viele Leute lustig, ohne zu bedenken, dass sie die Tiere in Stress versetzen und ihnen damit gesundheitlichen Schaden zufügen, der sie auch töten kann.

Zurück zu Napoleon. Er residierte nie wieder in Schönbrunn. Sein Sohn mit Marie Louise wurde in Paris geboren und erhielt den Übernahmen »Sohn des Adlers« und den Titel »König von Rom«.

In der Schatzkammer der Hofburg in Wien befindet sich sein goldenes Thron-Wiegenbett mit einem kleinen goldenen Adler am Fußende, der auf das kaiserliche Baby schaut, das unter einem goldenen Baldachin liegt, an dessen Spitze goldene Lorbeeren und eine goldene Sternenkrone von einem goldenen Greif gehalten werden. Nach Napoleon Bonapartes Abdankung erhielt der Knabe den Titel »Herzog von Reichstadt«, benannt nach einer nordböhmischen Kleinstadt, in der die Habsburger ein Schloss besaßen. Als dreijähriger Knabe war er nach Wien gebracht worden, wo er wohlbehütet und abgeschirmt von der Öffentlichkeit, am Hofe seines Großvaters Kaiser Franz II. aufwuchs. Wenn er den alten Herrn fragte, wer denn sein Vater gewesen sei, bekam er jedes Mal dieselbe Antwort: *»Dös woa kaa Guater!«*

1832, im jugendlichen Alter von einundzwanzig Jahren starb er im selben Zimmer im Schloss Schönbrunn, in dem einst sein Vater gewohnt hatte. In der Mitte des Raumes, der heute Napoleonzimmer genannt wird, ist seine Totenmaske zu sehen.

Rechte Seite: Babyboom und vergebliches Werben: Rosa Flamingos mit Kücken und Weißer Pfau mit Humboldt-Pinguin in Schönbrunn

Die erste Giraffe in Wien

Im Jahre 1828 herrschte wieder Aufregung in Wien, diesmal aus freudigem Anlasse: Die erste Giraffe wurde erwartet. Das war eine Sensation ersten Ranges: Seit Jahrhunderten hatte Europa so ein Tier nicht mehr erreicht. Dabei war die erste Giraffe schon vor Christi Geburt nach Rom gekommen: Julius Caesar hatte sie aus Äthiopien holen lassen. Auch aus dem 3. Jahrhundert gibt es Berichte über Giraffen in Rom. Die letzte Information stammt aus dem Jahr 1486. Da hat Lorenzo di Medici vom Bey von Tunis eine Giraffe als Geschenk erhalten und in seinem Schloss in Fano im Herzogtum Urbino gehalten. Seither gab es keine Giraffen mehr in Europa, und über die Alpen war überhaupt noch nie ein solches Tier gekommen. Nun sollte nach Paris und London auch Wien eine lebende

Mit Militärpatrouille: Am Schiff, zu Fuß und schließlich in einem eigens gebauten Wagen reiste die Giraffe aus Darfur nach Wien. Aquarell von Eduard Gurk im Wien Museum, 1828

Giraffe erhalten und »*im Genusse des Anschauens wie im Taumel schwelgen*«, wie ein Zeitgenosse berichtete. Spender des Tieres war Mehemed Ali, der Vizekönig von Ägypten, der schon den französischen und englischen Herrschern Giraffen zugesandt hatte. In Darfur, im heutigen Sudan, wurden zwei einjährige Giraffen, ein Männchen und ein Weibchen, gefangen und per Schiff auf dem Nil nach Kairo gebracht. Hier durfte sich der österreichische Generalkonsul eines der Tiere aussuchen. Er wählte das Weibchen, weil er der Meinung war, dass »*Weibchen die Gefangenschaft weit besser vertragen als Männchen*«.

Das ausgewählte Tier wurde nach Alexandria gebracht, wo es Quartier bezog, da in Europa mittlerweile der Winter eingebrochen war. Die Weiterfahrt sollte im

kommenden März beginnen. Kurz vor der Abreise erkrankte das Tier jedoch. Also wurde der Giraffen-Bulle aus Kairo geholt.

Am 30. März 1828 war es dann soweit: Mit zwei Kühen, deren Milch sie ernährte, reiste die Giraffe unter Aufsicht von Kapitän Leva und einem arabischen Wärter mit dem Schiff quer durch das Mittelmeer nach Venedig, wo sie am 27. April ankam und auf der Insel Poveglia eine vierzigtägige Quarantänepause einlegte. Dorthin war auch der Wiener Tierwärter Aman gekommen, um sich mit der Giraffe vertraut zu machen.

Am 8. Juni ging es schließlich weiter nach Fiume, dem heutigen Rijeka, wo das Schiff am 15. Juni eintraf. Nun wurde die Reise zu Fuß fortgesetzt. Damit das schöne Tier vor Verzauberung und Krankheit sicher war, wurde ihm von seinem arabischen Wärter ein Säckchen mit Kräutern umgehängt, und um seine Hufe vor Abnützung zu schützen, trug es lederne Schnürschuhe. Bis Karlstadt wurde die Giraffe am Halfter geführt, dann aber zeigte sie Ermüdungserscheinungen und sie wollte nicht mehr marschieren. Nun durfte das wertvolle Tier in einem eigens gebauten Wagen weiterreisen, der gut abgefedert und innen bequem ausgepolstert war. Ein Leinwanddach schützte vor der Witterung. Eine richtige Karawane war da auf dem Weg nach Wien: Im ersten Wagen fuhren der Transportkommissar und Kapitän Leva, dann kam das Fuhrwerk der Giraffe, in dem sich auch die beiden Tierwärter befanden. Am Schluss fuhren drei Leiterwägen, auf denen eine Ziege, die beiden Kühe mit dem Kalb, das Gepäck und Gerätschaften transportiert wurden. Vier Mann Militäreskorte begleiteten den Zug. An jeder Station war für die Giraffe ein Stall vorbereitet, der vor Feuchtigkeit, Kälte und Zugluft geschützt und dessen Boden einunddreißig Zoll mit Sand bestreut war. Außerdem wurde darauf geachtet, dass die Temperatur stets zwischen zwölf und fünfzehn Grad Celsius betrug. Zum Schutz vor plötzlichem Schlechtwetter zwischen den Stationen wurde ein geräumiges Zelt mitgeführt. Außerdem gab es für die Giraffe zwei Spezialdecken – eine aus Wolle, die andere aus Wachsleinwand. Sie bedeckten Kopf, Hals und Körper des Tieres und schützten es so vor Kälte und Nässe.

Linke Seite und unten: Die Ankunft in Wien lockte tausende Besucher nach Schönbrunn und bewirkte einen Modeboom »á la Giraffe«

Man kann sich gut vorstellen, wie groß das Aufsehen war, das diese ungewöhnliche Reisegruppe auf ihrem Marsch verursachte. In Schönbrunn wurde inzwischen das Giraffenhaus vorbereitet.

Damit es darin schön warm war, hatte man sich eine Bio-Heizung ausgedacht. Die Behausung stand mit einem Stall, der vier Kühe beherbergte, in Verbindung, sodass natürliche Wärme entstand. Bei großer Kälte wurde zusätzlich geheizt. Der Bau erwies sich als so zweckmäßig, dass er bis heute praktisch nicht geändert werden musste und die Giraffen immer noch darin wohnen, allerdings ohne

Kühe. Letzte Station vor Schönbrunn war das Schloss Laxenburg, wo die Giraffe in der großen Wagen-Remise untergebracht wurde und am Nachmittag hohen Besuch bekam: Erzherzogin Marie Louise erschien mit ihrem »kleinen Adler«, dem Herzog von Reichstadt, also Napoleons Sohn. Erzherzog Carl kam mit seiner Frau Henriette und den sechs Kindern. Ebenso waren die Erzherzöge Anton und Ludwig erschienen. Alle waren erfreut über die Lebhaftigkeit und den völlig gesunden Zustand des seltsamen Tieres, das während der mehr als vier Monate langen Reise an Größe und Gewicht kräftig zugenommen hatte. *»Auch die drei Ziegen, welche mit der Giraffe angekommen sind, befinden sich gleichfalls sehr gut. Ihr Haar ist ungemein fein und glänzt wie Seide. Sie sind weiß und ganz ohne üblen Geruch«*, berichtete am nächsten Tag der Obersthofmeister seinem »allergnädigsten Herrn«.

Kurz nach der Geburt: Giraffenbaby im Tiergarten Schönbrunn

Am 7. August 1828 war es endlich so weit: Die Giraffe kam wohlbehalten in Wien an und die ganze Stadt war begeistert: Alt und Jung strömten nach Schönbrunn, um das »Modetier« zu sehen. Der Tiergarten konnte die Menschenmassen kaum aufnehmen. Ständig drängten sich neugierige Giraffenfreunde vor den Gittern. Zu Ehren des Neuankömmlings wurde am 19. August 1828 in Penzing, im Etablissement »Zur Blauen Weintraube« ein großes »Giraffen-Fest« veranstaltet, bei dem die Wärter als Ehrengäste geladen waren. Als Damenspende gab es damals Blumensträuße, aus denen eine Giraffe aus Zucker hervorguckte. Wie schon zuvor in Paris und London brach auch in Wien eine Modewelle »à la Giraffe« aus: Hüte, Kleider, Frisuren, Handschuhe, Ohrgehänge, Tabaksbeutel, Aschenbecher, Trinkgefäße, alles »à la Giraffe«. Sogar ein eigenes Gebäck, die »Giraffeln«, wurde erfunden. Es gab Giraffen-Klaviere, bei denen der Resonanzboden steil emporragte, und man tanzte den Giraffen-Galopp. Im Leopoldstädter Theater, dem späteren Carltheater, spielten Ferdinand Raimund und Therese Krones in Adolf Bäuerles Stück »Die Giraffen in Wien« oder »Alles à la Giraffe«. Das Stück gefiel den Wienern nicht; trotz der beliebten Darsteller wurde es »ausgezischt« und verschwand bald vom Spielplan.

Selbst bei größter Fürsorge und Pflege war dem Geschenk aus Ägypten in Wien kein langes Leben beschieden. Kaum zehn Monate nach der Ankunft starb die Giraffe am 20. Juni 1829 an Knochen-Tuberkulose. Ganz Wien trauerte, und Ferdinand Raimund sang am 25. August 1829 im Theater in der Leopoldstadt:

> »Seit die Giraffe ist tot,
> Sind Schleifen die Mod,
> Sechs Schleifen auf dem Hut,
> Es wird einem fast nicht gut.
> Und auf dem Hals, verdammt,
> Eine Schleife gar von Samt ...«

Erst dreiundzwanzig Jahre später kamen wieder Giraffen nach Wien. Und von nun an ging es bergauf.

Am 20. Juli 1858 kam in der Menagerie Schönbrunn ein Giraffenbaby, ein Mädchen, zur Welt: die erste Giraffengeburt auf dem europäischen Festland. Seit damals gab es immer wieder Giraffennachwuchs im Tiergarten Schönbrunn.

Weite Reisen – Tod und Entsetzen

Mit Champagner aus Wien viermal über den Äquator

Die Christbäume in der Wiener Hofburg leuchteten beim Weihnachtsfest 1858 ganz besonders strahlend. Bei der kaiserlichen Familie herrschte Zufriedenheit. Im August war der ersehnte Kronprinz auf die Welt gekommen und das ganze Kaiserreich freute sich mit dem Elternpaar. Jetzt sollte auch Wien noch schöner werden. Das hatte sich Franz Joseph bereits vor einem Jahr gewünscht und dafür seinem Innenminister ein detailreiches Handschreiben geschickt, das im »Amtlichen Theil«, aber auf der Titelseite der Wiener Zeitung abgedruckt wurde. Hier konnte man lesen: »*Es ist mein Wille, dass die Erweiterung der Inneren Stadt … ehemöglichst in Angriff genommen … werde.*«

Bis die Stadtmauern abgetragen und die Ringstraße dann tatsächlich so schön wurde, wie es sich der Kaiser vorstellte und wie wir sie heute kennen, sollten zwar noch Jahre vergehen, aber der Anfang war gemacht. Die »Demolierer« arbeiteten unermüdlich. Als sie mit ihren Abbrucharbeiten fast fertig waren, widmete ihnen Johann Strauß Sohn die »Demolierer-Polka«.

Wien sollte auch noch zusätzliche Attraktionen bekommen. Zum Beispiel in der Menagerie in Schönbrunn, wo sich die Fertigstellung des Pavillons und somit der ganzen Anlage zum hundertsten Mal jährte. Da sollte es doch eine besondere Attraktion geben! Ein Tier, das die Wiener noch nie gesehen haben. Aber welches Tier? Die Segelfregatte Novara, die sich gerade auf Weltreise befand und ständig Berichte nach Wien sandte, könnte vielleicht helfen: Eine passende Attraktion für die Menagerie des Kaisers war aber bisher nicht dabei, obwohl laufend fremde Tiere und Pflanzen eingesammelt wurden. Für ihre Pflege war der junge Matrose Alois Kraus abgestellt. Der machte seine Sache so gut, dass er später Tierpfleger in Schönbrunn wurde und es sogar bis zum Direktor der kaiserlichen Menagerie brachte. Da kam das Angebot der

Linke Seite: Flusspferde sind in ihrer Heimat nahezu ausgerottet

Wandermenagerie des Italieners Lorenzo Casanova gerade recht, der Nilpferde bringen wollte. Solche Tiere gab es bisher noch nie in Wien zu sehen.

Das Kaiserhaus akzeptierte und Herr Casanova schrieb an seinen Lieferanten in Ägypten um die Zusendung von Nilpferden. Alles schien bestens zu laufen: Franz Joseph könnte die Tiere auch seiner Sisi zum fünften Hochzeitstag schenken, den man im April groß feiern wollte. Doch dann kam der Jahreswechsel und im Unglücksjahr 1859 wurde alles anders: Das Königreich Sardinien hatte schon im Vorjahr einen Geheimvertrag gegen Österreich mit Frankreich geschlossen und dessen Staatsoberhaupt Kaiser Napoleon III. richtete in seiner Neujahrsansprache an den diplomatischen Gesandten Drohungen gegen Österreich. Der Zweck: Das Kaiserreich sollte zum Angriff provoziert werden. Ein Krieg schien unvermeidlich. Jetzt wurde heftig aufgerüstet. Der Außenminister Buol-Schauenstein stellte ein Ultimatum und schließlich war der Krieg da. Zuvor wurde noch Graf Gyulai zum Kommandanten ernannt, obwohl er sich selbst dafür nicht geeignet hielt. *»Was der Radetzky, der alte Esel, zusammengebracht, wirst du auch noch können«*, soll Graf Grünne, der Generaladjudant des Kaisers, gesagt haben. Die erste Schlacht ging verloren und der neunundzwanzigjährige, unerfahrene Kaiser Franz Joseph fasste den Entschluss, selbst ins Kampfgeschehen einzugreifen, und fuhr nach Italien. Die junge Mutter Kaiserin Elisabeth war verzweifelt. Sie konnte Franz Joseph nicht abhalten und mitfahren durfte sie auch nicht.

Inzwischen ging die Demolierung der alten Stadtmauer in Wien zügig voran. Auch die Fregatte Novara hielt unbeirrt ihren Kurs. Sie segelte offiziell als Forschungsschiff, erfüllte aber gleichzeitig einen diplomatischen Geheimauftrag. Das dreimastige Segelschiff war voll bewaffnet, hatte einige Wissenschafter und eine Einheit Marineinfanteristen an Bord. Außerdem war die Novara mit so vielen Matrosen überfüllt, sodass nicht genügend Platz für Hängematten war und im Vier-Stunden-Turnus geschlafen wurde. Wenn es etwas zu Feiern gab, wurde mit »Äquatorwein« und Sekt von »Schlumberger« angestoßen. Der junge Kaufmann Robert Schlumberger aus Stuttgart hatte in Reims die klassische Champagnerherstellung gelernt und war sogar Kellermeister geworden. Aus Liebe zu einer Wienerin, die er auf einer Rheinfahrt kennenlernte, kam er nach Österreich, siedelte sich in Bad Vöslau bei Wien an, gründete 1842 die Sektkellerei Schlumberger und wurde sogar k.u.k. Hoflieferant. Viermal wurde der Äquator überquert und jedes Mal hatten sich Champagner und Weine aus Bad Vöslau als tropentauglich erwiesen. Nach diesem Härtetest waren die Türen zum Weltmarkt geöffnet. Gleichzeitig war der Hoflieferant Pionier im Sponsoring: »Schlumberger« ist die erste private Firma, die in Österreich ein wissenschaftliches Projekt finanziell unterstützte.

Heute ist ohne Sponsoring praktisch nichts mehr möglich: Sportveranstaltungen, Kulturaktivitäten, Universitäten und natürlich auch Zoos sind auf Partner aus der Wirtschaft angewiesen.

Tod im Morgenrot – Nilpferdjagd für Sisis Tiergarten

Die weite Ebene am Rande des großen Flusses lag in friedlichem Dunkel. Die Sonne war noch nicht aufgegangen, doch am Horizont zeigte sich bereits ein heller Streifen Licht. Die riesigen Palmen, von denen es hier unzählige gab, erschienen wie kunstvolle Scherenschnitte. Dazwischen, auf einem nur wenige

Mit Harpunen an langen Seilen werden die Tiere gejagt

Meter hohen Hügel ein kleines Dorf aus weißen Lehmhütten. Auch dort lag alles in völliger Dunkelheit. Kein Laut war zu hören. Die ganze Landschaft lag in tiefer, friedlicher Ruhe. Das Nildelta war noch nicht erwacht. Dann die erste Bewegung: Aus dem Dunkel des Dorfes lösten sich einige Gestalten, die in Richtung des Flusses unterwegs waren. Sie waren lediglich mit kurzen weißen Hosen bekleidet. In der Hand trugen sie Harpunen, die an langen Seilen befestigt waren. Es waren Jäger auf der Suche nach Flusspferden. Hier ganz in der Nähe befand sich ein Seitenarm des großen Nils, des längsten Flusses der Welt. Er hat seinen Ursprung am Äquator und fließt nach 6.671 Kilometern ins Mittelmeer. Einst gab es hier riesige Herden von Flusspferden, doch jetzt im Jahre 1859 waren sie bereits selten geworden. Wo die Jäger suchten, war ein idealer Platz für diese Tiere, die hier Nilpferde genannt werden. Mindestens eines davon wollten sie heute erlegen. Das Fleisch würde Nahrung für das ganze Dorf bringen. Die Haut wurde teuer verkauft und zu Leder verarbeitet. Nilpferdpeitschen waren damals noch sehr gesucht. Auch Gurte wurden daraus gemacht. Die Elfenbeinzähne der Tiere waren sehr begehrt und wurden zu Schnitzereien und magischen Amuletten verarbeitet. Kot und Fett fanden ihre Verwendung in der Medizin.

Nilpferde verbringen fast den ganzen Tag im Wasser und schlafen oder ruhen zumindest. Sogar das Auftauchen und Luftholen erfolgt automatisch im Schlaf. Obwohl sie gut ans Wasser angepasst sind, sind sie schlechte Schwimmer. Am liebsten laufen sie am Grund eines Gewässers entlang. Im Berliner Zoo werden sie deshalb auch »Unterwasser-Galopper« genannt. Sie gehören zu den gefährlichsten Tieren Afrikas. Vor ihnen haben alle anderen Tiere Respekt. Im Wasser sind sie unbesiegbar. Sogar Krokodile, die mit ihnen in Streit gerieten, haben den Konflikt mit dem Leben bezahlt. Auch in Zoos müssen besondere Sicherheitsvorschriften eingehalten werden. Unfälle von Pflegern mit Flusspferden enden oft dramatisch. In der Nacht verlassen die Flusspferde das schützende Wasser und begeben sich auf Nahrungssuche. Manchmal ist die nächste Grasfläche mehrere Kilometer vom Wasser entfernt. Solche Ausflüge werden nur in der Kühle der Nacht unternommen, denn ihre Haut muss feucht bleiben, sonst wird sie rissig.

Die Jäger schleichen jetzt lautlos durch das hohe Gras. Der leichte Wind, der gerade aufkommt, steht günstig und weht ihnen ins Gesicht. Tiere, die zwischen ihnen und dem Wasser stehen, können dadurch auch keine Witterung aufnehmen. Bald wird das erste Nilpferd entdeckt. Es steht friedlich auf einer Wiese und frisst Gras. Es ist eine Mutter, direkt daneben zwei Junge. Ein Bild des Friedens. Doch die Nilpferd-Jäger denken nur daran, wie sie das Tier töten und die beiden Jungen einfangen können. Sie sollen nach Europa gebracht und an einen Zoo verkauft werden. Da sie ebenfalls Gras fressen, benötigen sie vermutlich keine Muttermilch mehr. Es besteht also die Chance, sie lebend zu erhalten. Das wird viel Geld einbringen.

Schon lange hatten die Jäger kein Nilpferd mehr getötet und Jungtiere zu fangen, das kam besonders selten vor. Dabei gab es bereits Bestellungen. Ganz oben auf der Liste stand die Menagerie Schönbrunn in Wien, wo noch nie ein Flusspferd zu sehen war.

Heute gibt es keinen Handel mehr mit Flusspferden. Tiere, die in Zoos zu sehen sind, wurden alle auch in Zoos geboren. Das gilt auch für andere Wildtiere. Wir schreiben jedoch das Jahr 1859 und der Tier- und Artenschutz hatte noch keine Bedeutung. Klima und Umweltschutz waren völlig unbekannt. Die Reichtümer der Natur schienen unermesslich und ohne Wert, um sie zu schützen. Doch schon damals, in der Mitte des 19. Jahrhunderts, waren die Flusspferde im Nildelta selten geworden. Heute, mehr als hundertfünfzig Jahre später, gibt es überhaupt keine Nilpferde mehr im Nildelta. In der 24.000 Quadratkilometer großen, fruchtbarsten Region Nordafrikas sind sie ausgerottet. Auch im übrigen Afrika gibt es sie nur mehr an wenigen Stellen. Mittlerweile stehen sie auf der Roten Liste und zählen zu den vom Aussterben bedrohten Tieren. Wilderer haben im Kongo wegen des Fleisches und ihrer Elfenbeinzähne fast fünfundneunzig Prozent der Tiere getötet. 1994 lebten dort noch 30.000 Tiere. Bei der Zählung 2006 waren es nur noch 1.500. Ein fürchterliches Gemetzel hat stattgefunden.

Vor viertausend Jahren, zur Zeit der Pharaonen, waren Nilpferde in Afrika weit verbreitet und im Nildelta gab es riesige Herden. Die Nilpferdjagd war ein wichtiges kultisches und gesellschaftliches Ereignis und dem Pharao und seinem Hofe vorbehalten. Im Alten Reich Ägyptens, der Zeit der großen Pyramiden um etwa 2700–2200 vor Christus, wurde hier das Nilpferd-Fest gefeiert. Dabei gibt es eine feierliche Zeremonie, in deren Verlauf der Pharao ein weißes Nilpferd mit einer Harpune erlegt. Die Szene ist sogar als Wandmalerei im Grab des Tut-Ench-Amun dargestellt.

Das Nilpferd galt als Symbol des Chaos und der Wiedergeburt aus dem Urgewässer. Es war auch Sinnbild des bösen Gottes Seth. Seine Tötung durch den König wurde als symbolischer Sieg über das Böse verstanden. Auch unzählige plastische Darstellungen von Nilpferden aus der Zeit der Pharaonen sind erhalten geblieben. Die meisten davon, etwa dreißig, gibt es im Britischen Museum in London. Doch die schönste und interessanteste Nilpferdfigur befindet sich im Kunsthistorischen Museum in Wien. Sie ist rund viertausend Jahre alt und war eine Grabbeigabe, da das Nilpferd auch als Symbol für die Regeneration im Jenseits galt. Auf seinem blau bemalten Körper sind Zeichnungen, die den Lebensraum des Tieres abbilden: Aufgeblühte Lotosblumen, Lotosknospen und ein auffliegender Vogel mit ausgebreiteten Flügeln versetzen das Nilpferd gleichsam in sumpfiges Papyrusdickicht.

Die Jäger des Jahres 1859 wussten nichts von den kultischen Bräuchen der Pharaonen. Dennoch verharrten sie, bevor sie zum Angriff auf das Tier stürmten und murmelten einen geheimnisvollen Text, den sie von ihren Vorfahren gelernt hatten. Darin baten sie das mächtige Tier um Verzeihung, dass sie es nun töten würden. Dann hoben sie die Harpunen und rannten von drei Seiten mit schrillen Schreien auf das überraschte Tier zu. Als sie nahe genug waren, rammten sie die Harpunen in den Körper des Tieres, das sich vor Schmerz aufbäumte und versuchte, in Richtung Wasser davonzulaufen. Doch auch von dort kam ein Jäger und beschoss das vor Schmerz laut brüllende Tier mit einer weiteren Harpune. Von vier Seiten wurde nun an den Seilen gezogen, die an den tief in den Körper des Tieres eingedrungenen Harpunen befestigt waren.

Jetzt versagten die Kräfte des mächtigen Geschöpfes. Ströme von Blut rannen über seinen Körper, bevor es erschöpft zusammenbrach. Mit traurigen Augen blickte es auf seine beiden Kinder, die das ganze Geschehen mit ansehen mussten und für die es nun nicht mehr sorgen konnte. Dann starb das Nilpferd. Inzwischen war die Sonne wie ein glühender Ball am Horizont erschienen und bestrahlte die schaurige Szene am Ufer mit warmen roten Strahlen. An Ort und Stelle zogen die Jäger dem toten Tier die Haut ab und zerteilten den Körper in einzelne Teile, damit man sie leichter transportieren konnte. Die beiden Jungtiere, die völlig verstört wirkten, waren inzwischen ins Dorf gebracht worden, wo man für sie ein kleines Gehege eingerichtet hatte. Dort sollten sie bleiben, bis der Tierhändler mit den Transportkisten kam, um sie abzuholen. Für sie begann dann eine lange Reise: Zuerst am Nil abwärts, dann über das Mittelmeer nach Triest, dem großen österreichischen Hafen. Von hier sollten sie dann in die Kaiserstadt Wien gebracht werden, wo man in der Menagerie Schönbrunn schon auf sie wartete.

Blutige Schlacht für Mensch und Tier:
Solferino und das Rote Kreuz

Die beiden Nilpferd-Kinder saßen verschreckt und traurig in ihrer Transportkiste im Frachtraum eines Linienschiffes, das durch die sonnige Adria nach Triest tuckerte. Nur wenn die Luke geöffnet und frisches Wasser und Futter gebracht wurde, verirrte sich auch ein Sonnenstrahl in ihr finsteres Gefängnis. Zur gleichen Zeit kam aus Wien der zukünftige Besitzer der beiden Tiere nach Italien: Franz Joseph, der Kaiser von Österreich, war gekommen, um das Kommando über seine Truppen persönlich zu übernehmen. Der Krieg mit Sardinien und Frankreich war ausgebrochen und obwohl Österreich eine wesentlich höhere Truppenstärke aufbot, dreimal so viele Reiter und fast doppelt so viele Geschütze besaß, wurde die erste Schlacht bei Margenta in der Provinz Mailand verloren. Dadurch musste die Region Lombardei abgetreten werden und in Mailand zog der Feind ein. Befehlshaber Ferencz Gyulai, der durch zögerliches Agieren die Niederlage verschuldet hatte, fand alles *»natürlich, hat seine Bequemlichkeiten, gute Küche, macht seine Kartenpartien … dieses Hauptquartier dreht einem den Magen um und man möchte weinen …«*, schrieb der österreichische General Graf Crenneville in sein Tagebuch.

Aus »Gesundheitsrücksichten« nimmt der erfolglose Gyulai seinen Abschied und Kaiser Franz Joseph wird selbst Befehlshaber. Eine Tragödie bahnt sich an: die Schlacht bei Solferino. Ein grauenvolles Blutbad, das den Sardinischen Krieg beenden, Österreich verkleinern und die Welt mehr verändern sollte, als man zunächst erkennen konnte. Es wurde eine Entscheidungsschlacht, die zum Sterben des Vielvölkerstaates beitragen sollte. Kaiser Franz Joseph, der neue Befehlshaber, stand auf einem Hügel und beobachtete die Schlacht, wobei er erkannte, dass in seiner Armee Chaos herrschte. *»Als wir ins Feuer gingen, hatte die Truppe seit vierundzwanzig Stunden nichts gegessen und drei Tage kein Brot erhalten …«*, schreibt er später seiner Frau nach Wien, und berichtet:

> *Ich musste den Befehl zum Rückzug geben … Ich ritt … bei einem schrecklichen Gewitter nach Valeggio … Verbrachte einen fürchterlichen Abend, denn da war eine Konfusion von Blessierten, Flüchtlingen, Wagen und Pferden … Ich bin um viele Erfahrungen reicher geworden und habe das Gefühl eines geschlagenen Generals kennengelernt …*

Etwas genauer beschreibt ein junger Mann aus Genf die Ereignisse:

Das Schlachtfeld ist allerorten bedeckt mit Leichen von Menschen und Pferden. Die Hügelabhänge bedecken sich mit Leichen, und Tod und Vernichtung dringen bis in die entfernten Reserven der österreichischen Armee. Nichts unterbricht das Gemetzel, durch nichts wird es aufgehalten, durch nichts vermindert. Man tötet sich einzeln und in Massen.

Henry Dunants Augenzeugenbericht aus Italien im Jahre 1859 ist erschütternd:

Zu Tausenden fallen Menschen, verstümmelt, zerfetzt, durchlöchert von Kugeln oder tödlich getroffen durch Geschosse aller Art. Die Dörfer werden

Die Schlacht bei Solferino: Attacke des Husarenregiments Nummer 12. Ölgemälde im Heeres-
geschichtlichen Museum in Wien

> *Haus um Haus, Scheune um Scheune erobert, jedes Gebäude wird einzeln*
> *belagert. Tore, Fenster und Höfe sind ebenso viele Schauplätze schauerlichen*
> *Mordes.*

Dunant war in das Dörfchen Solferino gekommen, weil er Napoleon III. treffen
wollte, um ihn um Unterstützung bei seinen Mühlengeschäften in Algerien zu
bitten. Nun stand er auf einem Schlachtfeld, auf dem 38.000 Verwundete, Sterbende und Tote lagen, um die sich niemand kümmerte:

Ein Offizier der Fremdenlegion wird von einer Kugel getroffen, tot liegt er ausgestreckt auf der Erde. Sein Hund, der sehr an ihm hängt, den er von Algerien mitgebracht hat, und der Liebling des ganzen Bataillons, ihm auf dem Marsche niemals verlassen hat, wird, von dem stürmischen Angriff der Truppen mitgerissen, wenige Schritte entfernt, gleichfalls von einer Kugel getroffen. Er findet noch die Kraft, zu seinem Herrn zu kriechen, und stirbt auf der Leiche. Bei einem anderen Regiment nimmt eine Ziege, die von einem Schützen aufgezogen und von allen Soldaten gehätschelt wurde, unerschrocken inmitten des Stückkugel- und Kartätschenhagels am Sturm auf Solferino teil.

Dunant ist entsetzt, schreibt alles auf um es später in der ganzen Welt zu verbreiten: *Dort liegt ein völlig entstellter Soldat, dessen Zunge übermäßig lang aus dem zerrissenen und zerschmetterten Kiefer heraushängt ... Da einer, dessen Hirnschale weit offen klafft, liegt in den letzten Zügen. Sein Gehirn fließt auf die Steinfließen der Kirche. Seine Unglücksgefährten versetzen ihm Fußtritte, weil er den Durchgang behindert. An anderer Stelle liegen Unglückliche, die von Kugeln oder Granatsplittern getroffen und zu Boden gestreckt sind, denen aber darüber hinaus noch durch die Räder der Geschütze, die über sie hinweg fuhren, Arme und Beine zermalmt wurden. Nicht weit davon sprengt ein Pferd dahin, das im Galopp den blutigen Leichnam seines Reiters mit sich schleift. Anderswo suchen Pferde, menschlicher als ihre Reiter, bei jedem Huftritt sorglich die Opfer dieser wütenden und erbitterten Schlacht zu schonen.*

Spontan organisierte Dunant mit Freiwilligen aus der Zivilbevölkerung erste Hilfsmaßnahmen und in einer Kirche ein Behelfshospital, in dem bis zu 10.000 Verwundete versorgt wurden. Es gelang ihm, gefangene österreichische Armeeärzte zur Behandlung der Verletzten freizubekommen. Dunant berichtet: *Um die Toten zu beerdigen und ihre Namen festzustellen, werden bei der französischen Armee eine Anzahl Leute in jeder Kompanie ausgeschieden. Sie stellen nach der Auffindung die Erkennungsnummer des Getöteten fest und legen dann mithilfe dafür bezahlter lombardischer Bauern den Leichnam in voller Uniform in ein Massengrab. Leider muss man annehmen, dass einige Bauern aus Achtlosigkeit ... mehr als einen Lebenden zusammen mit den Toten beerdigt haben.*

Der Doppeladler trägt das Rote Kreuz:
Gründung 1880

Der 31-jährige Henry Dunant reiste nach
Solferino

Zur gleichen Zeit ließ Kaiserin Elisabeth im Schloss Laxenburg ein Gebäude räumen, um Verwundete aus Solferino aufzunehmen. Fast täglich erschien sie in »ihrem Krankenhaus«, um sich persönlich um die Verletzten zu kümmern. Henry Dunant kehrte nach Genf zurück, schrieb seine Eindrücke nieder und ließ daraus auf eigene Kosten ein Buch drucken, mit dem er durch Europa reiste und für seine Idee einer gemeinsamen, neutralen Hilfsaktion warb. Seine Idee ist einfach und revolutionär zugleich: Sobald ein Soldat verwundet ist, gilt er nicht mehr als Kämpfer, sondern als Mensch, der Hilfe verdient, egal welche Uniform er trägt und zu welcher Nation er gehört. Henry Dunant setzte sich durch: Am Dienstag, 17. Februar 1863, wurde das »Rote Kreuz« in Genf gegründet.

Seine Geschäfte in Algerien konnte er allerdings nicht retten. Er ging bankrott und lebte daraufhin in ärmlichen Verhältnissen und von der Öffentlichkeit vergessen in Paris. Im Jahre 1901 erhielt Henry Dunant den erstmals vergebenen Friedensnobelpreis. Heute ist ein Leben ohne Rotes Kreuz nicht mehr denkbar. Dunants Niederschrift, Visionen und Engagement bei der Gründung der Hilfsorganisation haben der Welt die Augen geöffnet und sie gleichzeitig verändert.

Auch die Schlacht bei Magenta, die erste Niederlage der Österreicher im Italien-Krieg, wurde von einem berühmten Beobachter beschrieben: Friedrich Engels,

Journalist, Gesellschaftstheoretiker und kommunistischer Revolutionär, schrieb für die Zeitschrift »Das Volk« von der *»unbesiegbaren Lebenskraft der Völker«* und dem *»altersschwachen Idiotismus der Monarchie«*. Das tatsächliche Leid der Betroffenen ist ihm keine Zeile wert. Elf Jahre zuvor hat er mit Karl Marx das »Kommunistische Manifest« verfasst. Eine Schrift, die am Anfang einer Bewegung stand, die fast das ganze nächste Jahrhundert die Welt in zwei Lager, in Ost und West, durch einen eisernen Vorhang teilte und grenzenloses Elend über die betroffenen Völker brachte.

Auch aus der Luft wurde die Schlacht von Solferino beobachtet: Aus einem riesigen Ballon machte der Franzose Gaspard Félix Nadar die erste Luftaufnahme der Geschichte. Damals ein höchst aufwendiges Unternehmen. Die Aufnahmen, bereits in 3D-Technik, waren für Guck-Kästen in Paris bestimmt und wurden auch gemeinsam mit Betrachtungsgeräten verkauft. Umfragen im Jahre 2009 anlässlich des 150. Jahrestags der Schlacht von Solferino ergaben, dass die Befragten zwar den Namen des Ortes kannten, aber sonst von der »Fußnote der Geschichte« wenig wussten. Da ging es den Wienern des Jahres 1859 auch nicht viel besser. Die konnten zwar im »Nichtamtlichen Teil« der Wiener Zeitung eine Telegrafische Depesche des General-Adjutanten Graf Grünne lesen, in der geschrieben stand, dass die k.k. Armee mutig gekämpft, aber während eines heftigen Gewitters den Rückzug angetreten hatte. Die »Neue Freie Presse« brachte in ihrem Morgenblatt die glückliche Meldung, dass »... *die Hauptstadt in Kürze das Glück habe, Se. Majestät den Kaiser in ihren Mauern wiederzusehen, da wichtigste Regierungsgeschäfte die Anwesenheit des allergnädigsten Herrn erheischen ...«*.

Berichte über die Gräuel des Kriegsgeschehens in Magenta und Solferino mussten die Wiener nicht in ihren Zeitungen lesen. Dafür fanden sie im Inseratenteil die Ankündigung der großen »Kreuzberg Menagerie«, die noch wenige Tage im Prater zu sehen war und wo die *»Dressur der wilden Thiere und Ringkampf mit dem großen Afrikanischen Riesenlöwen«* und *»die Hauptfütterung der Thiere präcise um 5 Uhr Abends«* stattfand.

Auch der Tierhändler Lorenzo Casanova, der zwei junge Flusspferde nach Schönbrunn bringen sollte aber nun fürchtete, darauf *»sitzen zu bleiben«*, präsentierte bereits ein neues Geschäft in Wien: Nachdem sein Affentheater in St. Petersburg ein Raub der Flammen geworden war, hatte er nun eines in Wien eröffnet und spielte jeden Tag zwei Vorstellungen mit neuem Programm.

La Palomas Ende

Als die Fregatte Novara am Freitag, dem 26. August 1859, im Hafen von Triest anlegte, ging die erste, größte und ambitionierteste Expedition und Weltumseglung der österreichischen Kriegsmarine ruhmreich zu Ende. Gleichzeitig war es die letzte Erdumrundung eines Segelschiffs durch die österreichische Kriegsmarine. Zu diesem Zeitpunkt hatten die beiden ägyptischen Flusspferde den Hafen von Triest bereits wieder verlassen. Allerdings waren sie nicht nach Wien gebracht worden, sondern mit der Frau des Tierhändlers Casanova auf Rundreise durch europäische Städte. In Wien wollte man sie nicht mehr haben. Nach den Ereignissen der letzten Monate wollten Kaiser Franz Joseph und seine

Von Bewohnern Hietzings bezahlt: 1871 enthülltes Denkmal Kaiser Maximilians, am Platz vor der Pfarrkirche (Bildhauer: Johann Meixner)

Landsleute nicht mehr an Italien erinnert werden und schon gar keine Tiere von Italienern kaufen. Außerdem erinnerte man sich wieder daran, dass diese Tiere von den Pharaonen als Symbol des Chaos angesehen wurden und ihre Tötung als symbolischer Sieg über das Böse galt und für die Wiedergeburt aus den Urgewässern stand. Von Chaos, Kämpfen und Töten hatte man genug – und eine Wiedergeburt aus dem Urgewässer? Zunächst sollte einmal das gegenwärtige Leben geordnet werden. Der Abbruch der Stadtmauer und der Bau der Ringstraße waren Wiedergeburt genug, wobei auch genügend Chaos zu bewältigen war.
Inzwischen wurde die Novara »gelöscht«, wie man in der Seefahrt sagt. Das heißt über 26.000 botanische, zoologische und völkerkundliche Präparate wurden ausgeladen und nach Wien transportiert. Vor allem im Naturhistorischen Museum konnte man sich darüber freuen. Meereskundliche Forschungen und erdmagnetische Beobachtungen vermehrten die wissenschaftlichen Kenntnisse auf diesem Gebiet. Bald sollten Bücher über die Reise erscheinen, die in kürzester Zeit

vergriffen waren. Der brisante politische Hintergrund der Weltreise konnte aber erst 2010 durch das neue Novara-Buch der Autoren David G. L. Weiss und Gerd Schilddorfer enthüllt werden.

Der wissenschaftliche Ertrag der Novara-Expedition wurde zwar international gerühmt, die größte wissenschaftliche Sensation des Jahres 1859 war aber Charles Darwins Buch »Die Entstehung der Arten«, das im November erschien. Die darin enthaltene Behauptung, dass wir alle die gleiche Abstammung haben und unsere Vorfahren die Affen sind, sorgte für Unruhe. Besonders die Kirche fühlte sich angegriffen, was bis zum Beginn des 20. Jahrhunderts dauerte. Für die Menagerie Schönbrunn bewirkten die Erkenntnisse Darwins eine enorme Steigerung der Besucherzahlen. Hunderte Wiener standen Tag für Tag vorm Affenhaus und bestaunten ihre »Verwandten«.

Nachdem die Segelfregatte Novara entladen war, kam sie in die Werft und wurde zu einer Schraubenfregatte umgebaut. Außerdem erhielt sie eine neue Galionsfigur: Statt einer geflügelten Nike schwebte jetzt eine posaunende Frauenfigur in Rüstung über den Wellen. – Die Frau des Tierhändlers Casanova konnte ihre am Wiener Hof verschmähten Nilpferde an den Zoo von Amsterdam verkaufen. In den Tiergarten Schönbrunn kam das erste Flusspferd erst fünfzig Jahre später. Da war Kaiserin Elisabeth aber bereits seit elf Jahren tot. Sie sollte das symbolhafte Tier nicht mehr im Tiergarten kennenlernen.

Dafür lernten die Wiener eine Neuigkeit kennen, die für die Passagiere der Novara zum Alltag gehörte: Weil an Bord nicht genügend Platz für Hängematten war, mussten Soldaten, Matrosen und Wissenschafter in Schichten schlafen. In der Kaiserstadt Wien war es nun ähnlich: Weil es mehr Bauarbeiter als Schlafmöglichkeiten gab, wurden die Betten stundenweise vermietet. Wer ein eigenes Zimmer hatte, konnte Vermieter werden: Der »Bettgeher« war erfunden und wurde zum Symbol der Gründerzeit. Dabei hatten es Bettgeher noch gut. Die ganz Armen übernachteten in den neuen riesigen Kanalanlagen oder in den Brennöfen der Ziegelwerke am Rande der Stadt.

Auf das berühmte Expeditionsschiff Novara wartete nach seinem Umbau noch eine große Aufgabe. Wer sich gewundert hat, dass dieses Schiff völlig unbehelligt durch die Meere fahren konnte, während Frankreich mit Österreich Krieg führte, konnte sich bald einen Reim darauf machen. Frankreichs Kaiser Napoleon III. hatte nicht nur die Schlacht von Solferino gewonnen und Kaiser Franz Joseph besiegt. Er hatte auch Interessen in Südamerika. Ein Kaiserreich sollte errichtet

Einst kreisten riesige Schwärme von Hochflugtauben über den Städten. Heute ist Taubenzucht ein selten gewordenes Hobby.

werden. Gesucht wurde nun ein geeigneter Spross aus einem europäischen Herrscherhaus. Habsburg stand da natürlich ganz oben auf der Wunschliste. Es gelang ihm auch, Maximilian, den Bruder des österreichischen Kaisers, zu überreden nach Mexiko zu fahren, um dort Kaiser zu werden. Die Sache ging tragisch aus. Die Mexikaner wollten keinen Kaiser aus Österreich und hatten längst einen eigenen Präsidenten ausgerufen: Benito Juárez, der in kürzester Zeit bei der Bevölkerung sehr beliebt wurde. Auch die USA unterstützten den neuen Präsidenten und aus Europa kam keine Hilfe für den Habsburger. Schließlich wurde Maximilian entmachtet, verhaftet und von einem Kriegsgericht zum Tode verurteilt. Seine Frau weilte gerade in Europa und bat Napoleon III. und Papst Pius IX. um Hilfe. Der eine konnte nichts tun und der Papst versprach zu beten. Am 19. Juni 1867 wurde Maximilian mit zwei seiner Generäle erschossen.

Neue Forschungen versuchen zu beweisen, dass Maximilian gar nicht getötet wurde, sondern mit Präsident Juárez, der wie er Freimaurer war, vereinbart hatte, unter einem anderen Namen weiterleben zu können, fern von den Demütigungen am Wiener Hof und seiner Frau, die dem Wahnsinn verfallen war. Ob das jemals bewiesen werden kann, bleibt abzuwarten. Sollte es stimmen, ergäbe sich die Frage, wer dann in der Kapuzinergruft liegt.

Fest steht jedoch: Mit der Novara war Maximilian zu seiner unglücklichen Mission aufgebrochen. Nun, da er tot war, kam wieder die Novara um ihn abzuholen. Der große Transportsarg befindet sich heute im Bundesmobiliendepot in Wien.

Der Kaiser wurde in der Kapuzinergruft bestattet. Sein Denkmal steht in Hietzing am Platz zwischen Kirche und Eingang zum Schlosspark.

Als das Schiff in Triest bei Maximilians Schloss Miramare anlegte und der Sarg an Land getragen wurde, spielte die Kapelle sein Lieblingslied »La Paloma«. Er hatte es gehört, als es 1863 im Teatro Nacional de México zum ersten Mal gesungen wurde. Als Andenken an das düstere Ereignis beschlossen die anwesenden Marineoffiziere, dass dieses Lied nie mehr auf österreichischen Kriegsschiffen erklingen solle. Auch traditionsbewusste österreichische Segler halten sich, bis heute, an diesen Beschluss.

Doch die weiße Taube »La Paloma« war noch lange nicht am Ende. Die österreichische Kriegsmarine ist zwar längst Geschichte, das Lied aber wurde zu einem Hit und einmal sogar zu einem Kampfsong gegen Hitler. Im Kriegsjahr 1944 sang es Hans Albers in dem Film »Grosse Freiheit Nr. 7«. Gedreht wurde mitten im Bombenhagel und das Lied bekam einen neuen Text von Helmut Käutner. Da heißt es, kurz vor Kriegsende *Einmal muss es vorbei sein«*. Und *»Dann winkt mir der Großen Freiheit Glück«* und *»früher oder später schlägt jedem von uns die Stunde«*.

Der NS-Propagandaminister Josef Goebbels schäumte, bezeichnete den Streifen als »Wehrkraftzersetzendes Machwerk« und ließ den Film in Deutschland verbieten. Zwei Monate später war alles vorbei, der Krieg zu Ende und der Film ein Riesenerfolg. Die größten Interpreten, wie Elvis Presley, Dean Martin, Julio Iglesias, und viele, viele andere sangen den Hit ebenfalls. Freddy Quinn kam damit in Deutschland sogar auf Platz eins der Charts. Im Jahre 2003 wurde das Lied von der Taube, die gelegentlich auf Plattencover als Möwe dargestellt wird, sogar zum Lied des Jahrhunderts gewählt.

Hofrat Alois Kraus und der Weltruhm der Menagerie

Die Weltreise der Novara brachte auch einen Mann nach Wien, der auf der Fregatte als Matrose gedient und dort die bei der Expedition erworbenen Tiere betreut hat: Alois Kraus. Nach seinem Abschied von der Kriegsmarine wurde er als Unteraufseher in der Menagerie aufgenommen und brachte es schließlich bis zu ihrem Leiter. Er behielt die bei seinen Seereisen erworbene, weltoffene Gesinnung bei und lebte und arbeitete vor allem nach dem Leitspruch:

Das Wesen des Menschen erkennt man am besten in der Konfrontation mit Tieren. Auch in diesem Sinne haben zoologische Gärten ihre große Bedeutung – und zwar für beide Seiten der Gitter. Wer Tieren, wenn er sie schon nicht lieben kann, nicht wenigstens ehrlichen Respekt entgegenbringt, mit dem sollte man besser nichts zu tun haben.

Unter seiner Direktion fielen die gelben Mauern, die die Abteilungen trennten; überall wurden gefällige Gitter anstatt Ziegelmauern errichtet. Die mittelalterlichen Zwinger und Gitterkästen der fahrenden Menagerien, denen man früher viele Tiere abgekauft hatte, verschwanden aus Schönbrunn. *»Jede Art wird mit möglichster Berücksichtigung der Biologie individuell behandelt und ist ordentlich in ihrem natürlichen Milieu zu sehen«*, steht in einer Beschreibung des »Schönbrunner Tiergartens« aus 1902, in der auch zu lesen ist:

Der Aufschwung, den der Tiergarten genommen hat, entspricht der kaiserlichen Intention, die Sehenswürdigkeiten der ganzen Welt den Wienern bequem und instruktiv zugänglich zu machen. Der Tiergarten des kaiserlichen Lustschlosses ist in den letzten Jahren eine der hervorragendsten Stätten der Volksbildung und Volksbelustigung in ganz Österreich geworden, an der Generationen sich ergötzt haben und Generationen Ergötzung finden werden.

In diesem erfolgreichen Jahr, in dem der Tiergarten seinen 150. Geburtstag feierte, befanden sich hier: 520 Säugetiere in 147 Arten, 3 Seesäugetiere einer Art, 1.248 Vögel in 324 Arten und 71 Reptilien in 24 Arten. Gesamt also 1.842 Tiere/Individuen in 496 Arten. Zum Vergleich befinden sich im Jahr 2011 5.030 Tiere/Individuen in 489 Arten in Schönbrunn.

Zur Zeit Kaiser Franz Josephs konnte das Publikum die Menagerien, die Sammlungen der Habsburger und auch das Schloss Schönbrunn bei Abwesenheit des Kaisers zum Nulltarif besichtigen; dennoch war Franz Joseph der eifrigste Besucher des Tiergartens. »Tiere schau'n« in Schönbrunn und mit seinem Vater, Erzherzog Franz Karl, auf die Jagd gehen – beides begeisterte schon den Vierjährigen. Später, noch nicht acht Jahre alt, »erlegte« er voll Stolz – bei seinem ersten »Jagderlebnis« – im Schlosspark Spatzen, Tauben und Enten. Als Zwölfjähriger durfte er an der Seite seines Vaters im Lainzer Tiergarten seinen ersten Hirschen und als Fünfzehnjähriger bei Ischl seine erste Gams schießen. Kein Wunder also, dass ihn im Tiergarten das Steinwild und die Gämsen am meisten interessierten und er Neuankömmlinge meist noch am Tag der Ankunft besichtigte.

»Im Weidwerk habe ich Frieden, Erholung, Stärke und Freude gefunden«, sagte Franz Joseph am Tag seines fünfzigjährigen Regierungsjubiläums zu gratulierenden Jägern. Bis an sein Lebensende konnte er, wie das Hofjagdbüro registrierte, bei »Allerhöchsten Hofjagden« die ungeheuerliche Zahl von 50.520 erlegten Tieren erreichen. Darunter waren 1.436 Hirsche, 2.051 Gämsen, 1.442 Sauen, 7.588 Hasen, 4.597 Kaninchen, 18.031 Fasane, 8.350 Rebhühner und 1.404 Wildenten. Allerdings wird auch berichtet, dass der Kaiser niemals weidmännische Ethik verletzt und bei seiner Jagdausübung stets Mut und Geschicklichkeit bewiesen hat. Noch 1910, mit achtzig Jahren, erlegte er sechs Zwölfender.

Die Liste der von Kaiser Franz Joseph für den Tiergarten gespendeten Tiere ist dagegen ausgesprochen kurz. Die meisten Tiere spendete Kronprinz Rudolf. Neben verschiedenen Bären, Dachsen, Fischottern und einem ägyptischen Schakal waren es vor allem Vögel, diverse Geier, Adler, Falken, Eulen, Reiher und Flamingos, die der Kaisersohn in den Tiergarten einbrachte. Rudolf hatte schon als Kind mit der Vogelbeobachtung begonnen und als Zwölfjähriger erste Aufsätze darüber geschrieben. Der Zoologe Alfred Brehm, mit dem er jahrelang Korrespondenz führte, druckte 1878 drei Artikel des Kronprinzen in der zweiten Auflage seines »Illustrierten Thierlebens« ab, dem bis heute berühmten »Brehms Tierleben«. 1879 entdeckten Brehm und Rudolf bei einer gemeinsamen Forschungsreise in Spanien sogar eine neue Spezies der Lerche, die sie nach ihrem Forschungsschiff »Galerida miramare« benannten. Die Freundschaft zwischen Kronprinz Rudolf und dem Wissenschafter Alfred Brehm wurde bei Hofe misstrauisch beobachtet, war doch der Naturwissenschafter nicht nur Protestant und Darwinist, sondern auch noch deklarierter Freimaurer. Darüber hinaus wurde er für die antiklerikale und freisinnige Einstellung des Kronprinzen verantwortlich gemacht. Alfred Brehm, Direktor des Hamburger Zoologischen Gartens und Begründer des Berliner Aquariums, war deshalb auch chancenlos, als 1879 der Posten des Menageriedirektors von Schönbrunn neu besetzt wurde.

Das Spenden von Tieren war zumeist eine Angelegenheit höchster Herrschaften, wie man aus Listen ersehen kann, die darüber in Schönbrunn angelegt wurden: Der Zar von Russland sandte Wisente und einen Auerochsen, der Kaiser von Abessinien einen Löwen, der König von England ein Riesenkänguru und die Prinzessin von Wales einen kleinen Löwen, der von einer mitgesandten Ziege gesäugt wurde. Der König von Siam stellte sich mit einem indischen Elefanten, Panther, verschiedenen Affen, Pfauen, Stachelschweinen und anderen Tieren ein. Fürsten, Herzöge, Erzherzöge, Prinzen, Grafen, Freiherren und Barone spendeten ebenso wie die hohe Geistlichkeit, Admiräle und Linienschiffskapitäne. Etwas seltsam nimmt sich auf dieser Liste die Strafanstalt Karlau aus, die einen Seeadler für Schönbrunn spenden durfte.

Im Jahre 1902 schenkte der König von Italien, Viktor Emanuel II., dem Kaiser von Österreich zwei Alpensteinböcke. Diese prächtigen Tiere waren damals in freier Wildbahn bereits ausgerottet, weil man glaubte, aus ihrem Blut und diversen Körperteilen geheimnisvolle Wundermittel herstellen zu können. Die Erzbischöfe von Salzburg betrieben sogar eine eigene »Steinbock-Apotheke«. Nur im königlichen Privat-Reservat im herrlichen Gebirgsmassiv Gran Paradiso hatten sechsundfünfzig Tiere überlebt. Die Tiere für Schönbrunn waren die ersten, die das Reservat verlassen durften. Leider starben die Tiere bald und die Wiederansiedlung der Steinböcke in der freien Natur dauerte noch viele Jahre.

Königstiger, Panther, Wölfe, Bären, aber auch Kakadus, Pelikane und Flamingos standen auf der Spendenliste von Erzherzog Franz Ferdinand, der nach Kronprinz Rudolfs Tod nicht nur zum Thronfolger aufrückte, sondern auch in der Liste der aristokratischen Spender den zweiten Platz belegte. Sein Schicksal erfüllte sich am 28. Juni 1914, als er mit seiner Gattin in der bosnischen Hauptstadt Sarajevo einem Attentat bosnischer Serben zum Opfer fiel. Sein Tod wurde zum Vorwand, um einen begrenzten Krieg gegen Serbien zu provozieren, der innerhalb einer Woche zum Ersten Weltkrieg, der Urkatastrophe des 20. Jahrhunderts, eskalierte und die Welt ins Unglück stürzte. Wie Kaiser Franz Joseph war auch Erzherzog Franz Ferdinand ein leidenschaftlicher Jäger und hervorragender Schütze; viele Tiere, die er der Menagerie zukommen ließ, brachte er von seinen Jagden mit, so einmal zwei Steinböcke von der Insel Kreta.

Eines Tages sah Menageriedirektor Alois Kraus, wie einer der beiden Böcke versuchte, über das Gitter zu steigen. Um eine Flucht zu verhindern, ließ Kraus nun ein Gitterdach montieren, das sich aber für das Tier als tödliche Falle erwies. Der Steinbock hatte sich bei weiteren Kletterübungen mit dem Gehörn in den oberen Maschen verfangen und dabei den Tod gefunden. Nun herrschte große Bestürzung in der Menagerie, denn wie sollte man diese Nachricht dem Thronfolger mitteilen? Meldung musste gemacht werden, das war klar! Kraus entschloss sich, nicht persönlich zu erscheinen, sondern den Dienst habenden Adjutanten des Erzherzogs anzurufen. Immerhin hatte das Telefon bereits in Schönbrunn Einzug gehalten und vielleicht würde der Adjutant die Meldung weiterleiten. Doch der hörte sich die unangenehme Neuigkeit nur an und entschied sofort, dass diese Information der Herr Menageriedirektor persönlich vortragen dürfe: *»Einen Augenblick, ich verbinde Sie mit Seiner Kaiserlichen Hoheit.«* Kurzes Knacken und Knistern in der Leitung und schon meldete sich der Erzherzog. Kraus, der darauf nicht vorbereitet war, fiel nichts anderes ein, als zu sagen: *»Kaiserliche Hoheit, der Kretenser Steinbock hat sich erhängt.«* Worauf Franz Ferdinand trocken antwortete: *»So geben Sie Acht, dass sich der andere nicht erschießt.«*

Kaiser Franz Josephs Morgenspaziergänge in Schönbrunn

Das Wasser in der Gummibadewanne war stets kalt, da es schon am Vorabend eingelassen worden war. Täglich um vier Uhr früh leistete sich Kaiser Franz Joseph das frostige Vergnügen, darin zu baden. Dann kamen der Friseur, der den berühmten Kaiserbart zurechtstutzte und der Maniküer, der die erlauchten Hände pflegte. Beim Ankleiden war Leibkammerdiener Eugen Ketterl behilflich, der berichtete: *»Wenn der Kaiser seine Morgentoilette beendet hatte, kniete er zu einer kurzen Andacht auf dem Betstuhl nieder und begab sich dann, ohne etwas zu sich genommen zu haben, an den Schreibtisch, um zurechtgelegte Akten aufzuarbeiten.«*

Um diese Zeit stellte sich auch Leibarzt Widerhofer, in späteren Jahren Hofrat Kerzl, zur Morgenvisite ein. Um fünf Uhr brachte Ketterl dann das Frühstück, das am Schreibtisch eingenommen wurde: Kaffee, Butter, Gebäck und, mit Ausnahme der Fasttage, Schinken.

Eugen Ketterl: *»In den letzten Jahren nahm Seine Majestät Tee, aber so stark, dass* *sich das ganze Kammerpersonal von der einen Portion nachher noch sehr gute Abgüsse machen konnte.«*

Dazu studierte der Kaiser die Morgenausgabe der »Fremdenzeitung«, der einzigen Zeitung, die er las, abgesehen von den rot angestrichenen Artikel anderer Medienprodukte, die ihm vorgelegt wurden, und rauchte seine Zigarre, eine »Regalia media«. Dann unternahm er bei jedem Wetter einen Morgenspaziergang in den Tiergarten. *»Die Gewohnheit, sich vor den Hühnern vom Bette zu erheben, hat Seine Majestät schon von jeher gehabt«,* erinnert sich Generaladjutant Eduard Graf Paar, der immer wieder schaudernd davon erzählte, wie er früher mit dem Kaiser auf der Bastei spazieren gehen musste, und zwar zu einer Stunde, da noch alles im Morgenschlummer ruhte und *»man höchstens einem verschlafenen Milchmädchen begegnete«.*

»Verschlafene Milchmädchen« traf der Kaiser bei den Spaziergängen durch die Menagerie keine, dafür hatte er Begegnungen ganz anderer Art. Während man bei Hofe meinte, *»Majestät beobachte das Erwachen der Tiere«,* nutzte er die Gelegenheit und schlüpfte gleich hinter der Menagerie durch eines der Türchen auf die Maxingstraße, die damals noch Hetzendorfer Straße hieß und eine stille Seitenstraße war. Heute ist sie eine Hauptverkehrsader des 13. Bezirks. Dort, auf Nummer 49, wohnte Anna Nahowski, die fast vierzehn Jahre lang die heimliche Geliebte des Kaisers war. Am anderen Ende des Häuserblocks, in der Gloriettegasse 19, Ecke Wattmanngasse, wohnte dann später *»die liebe, gute Freundin«,* die k.u.k. Hofburgschauspielerin Katharina Schratt, die einst Kaiserin Elisabeth ihrem Mann vermittelt hatte. Diese beiden Damen pflegte der Monarch mit morgendlichen Besuchen zu beehren und der Weg durch die Menagerie war vom Schloss aus der kürzeste. Um sechs Uhr früh im Schlosspark hatte auch die Beziehung zwischen der verheirateten Anna Nahowski und dem um fast dreißig Jahre älteren Franz Joseph begonnen. Die damals Sechzehnjährige hatte den knapp fünfundvierzigjährigen Kaiser beim Morgenspaziergang mit ihrem Dienstmädchen Lini getroffen. Bei dieser ersten Begegnung am 8. Mai 1875 war sie noch erschrocken davongelaufen. Doch die Scheu der jungen Frau hatte sich bald gelegt und sie sah den Kaiser während weiterer Morgenspaziergänge immer wieder. Beim ersten Rendezvous, im strömenden Regen, wird sie von Franz Joseph gebeten, »ihn zu küssen« und Anna verrät ihrem Tagebuch: *»Ich hab' ihn wahrhaftig geküsst. Ich fühle es noch, der Bart war vom Regen nass.«*

Anfängliche Bedenken gegen die Leidenschaft des Kaisers gab Anna erst nach einem klärenden Gespräch mit ihrer Mutter auf, die der Ansicht war, »*dass Gehorsam gegenüber dem Kaiser oberste Bürgerpflicht sei und eine kaiserliche Liebeserklärung zudem eine allerhöchste Auszeichnung*«.

Jetzt wurde ein abgesperrter Teil des Tirolergartens zum Liebesnest der beiden. Anna: »*Ein Glück, dass alle zum so frühen Aufstehen zu faul sind, ist es einmal 6 Uhr früh, ist keine Gefahr mehr. Für diesen Tag ist das Märchen vorbei.*«

Was Anna, vielleicht auch Franz Joseph, nicht ahnten: Jeder ihrer Schritte wurde überwacht. Die Geheimpolizei war nicht zu faul zum »so früh Aufstehen« und wusste genau Bescheid. Der Kaiser versorgte Anna reichlich mit Geld; so konnte sie ein Haus in Hetzendorf, später eines in der Maxingstraße kaufen. Anna Nahowski war neunundzwanzig Jahre alt, bereits ein zweites Mal verheiratet und hatte drei Kinder, das vierte war unterwegs, als die Beziehung am 14. März 1889 zu Ende ging: Nach dem Drama von Mayerling am 30. Jänner 1889 war dem Kaiser die Beziehung zu Anna zu gefährlich geworden. Der Tod des Kronprinzen hatte Österreich weltweit schlechte Schlagzeilen gebracht, denn die Zensur war ja außerhalb des Landes wirkungslos. Die Nachricht. »*Verheirateter Kronprinz wird mit minderjähriger Geliebten tot im Bett aufgefunden*« war schon schlimm genug; dass er aber möglicherweise erst sie, dann sich selbst erschossen hatte, also Mörder und Selbstmörder war, wie weltweit zu lesen stand, war eine Katastrophe.

Das Haus der Anna Nahowski in der Maxingstraße; gegenüberliegend das Tor in der Schlosspark-mauer, durch das der Kaiser kam

Da fehlte nur noch die Geschichte vom verheirateten Vater und Kaiser von Gottes Gnaden, der mit einer dreißig Jahre jüngeren, verheirateten Frau ein Verhältnis und Kinder hat. Die Angelegenheit war zu gefährlich für das Ansehen des Vaterlandes und den Bestand der Monarchie, für das Erzhaus, für die Beziehungen zum Heiligen Stuhl und musste sofort beendet werden. Auch dürften dem mittlerweile fast sechzigjährigen Kaiser die morgendlichen Liebesspiele allmählich zu anstrengend geworden sein, denn seine Besuche bei Anna erfolgten in immer längeren Abständen. Seit zwei Jahren kannte er außerdem die Hofschauspielerin Katharina Schratt, bei ihr war alles viel bequemer. Ohne mit Anna noch einmal zu sprechen, reiste Franz Joseph nach Ungarn und beauftragte dort seinen Vermögensverwalter Freiherrn von

Anna Nahowski, die langjährige Geliebte Franz Josephs, bevor er Katharina Schratt kennenlernte

Mayr, die Angelegenheit mit einem Geldgeschenk zu beenden. Gegen eine schriftliche Erklärung – *»Schwöre ich, dass ich über die Begegnung mit Seiner Majestät jederzeit schweigen werde«* – wurden ihr sofort 200.000 Gulden (ca. 1,4 Millionen Euro) in bar ausbezahlt; eingewickelt in graues Papier und mit Spagat verschnürt.

An diesen Schwur hielt sich Anna Nahowski, auch ihr Tagebuch blieb lange verborgen. Ihre Tochter Helene, die 1911 den damals noch unbekannten Komponisten Alban Berg heiratete, verlangte allerdings in ihrem Testament ausdrücklich die Veröffentlichung dieser Aufzeichnungen. Sie landeten versiegelt mit dem Nachlass Alban Bergs in der Musikaliensammlung der Österreichischen Nationalbibliothek und wurden erst 1985 geöffnet.

Mit Katharina Schratt, die um sechs Jahre älter als Anna Nahowski war, hatte es Franz Joseph tatsächlich bequemer. Seine Besuche bei ihr mussten nicht vor der

Familie geheim gehalten werden, war diese Freundschaft doch durch die Vermittlung der Kaiserin Elisabeth entstanden, die voll Schuldgefühl ein Gedicht über ihren vermeintlich treuen Gatten schrieb:

Deine früh ergrauten Haare,   *Und die Treue langer Jahre,*
Stillen Vorwurf sprechen sie;   *Ich verdiente sie wohl nie.*

Was sie allerdings wirklich über die »Freundin« und den Umgang mit dem Kaiser dachte, schrieb sie in ihr geheimes Tagebuch: *»Kehrt heim von seiner Kuh, o welch ein Ochs bist du!«*

Franz Joseph aber war glücklich, spazierte mit Katharina durch den Schlosspark, zeigte ihr die Menagerie, wo sie gemeinsam den Bären fütterten, und führte sie auch in den für die Öffentlichkeit nicht zugänglichen Tirolergarten. Dabei wurden sie von Anna Nahowski beobachtet, mit der er damals noch liiert war und die mit ihm darüber beim nächsten Treffen heftig in Streit geriet, aber vom Kaiser beruhigt wurde. Er schwor, schrieb sie in ihr Tagebuch, dass es *»nur Freundschaft ist und er diese Frau noch niemals mit einem Finger berührt hat«*.

Als dann ein Jahr später die Beziehung mit Anna Nahowski zu Ende war, konnte sich Franz Joseph ganz auf Katharina Schratt konzentrieren, die ebenfalls verheiratet war, aber von ihrem Mann getrennt lebte. Was dem Glück noch fehlte, war ein Haus in günstiger Lage für die morgendlichen Besuche. Als erstes ließ Katharina Schratt bei Anna Nahowski anfragen, ob ihr Haus zu kaufen sei, was diese ablehnte.

»Er würde im selben Zimmer sitzen mit einer anderen«, schrieb sie verärgert in ihr Tagebuch. Schließlich konnte das Haus in der Gloriettegasse 19 erworben werden; nicht weit vom »Fenstertürl« in der Schlossparkmauer. Hier konnte die Schauspielerin den Kaiser bequem und nahezu unbemerkt empfangen. Franz Joseph dankte ihr die Freundschaft, indem er ihr Unmengen Schmuck schenkte, ihre Schulden bezahlte und sie ausreichend mit Geld versorgte. Trotz verlustreicher Roulette-Spiele in Monte Carlo wurde die Schratt, als Tochter eines Kaufmanns in Baden bei Wien geboren, eine wohlhabende Frau. Außerdem sandte ihr Franz Joseph pausenlos Briefe. Die Anrede darin steigerte sich von *»Meine gnädige Frau«*, über *»Theuerste Freundin«* bis zu *»Meine liebe gute Freundin«*. Neunhundert solcher Schreiben mit insgesamt 3.798 Seiten sind in der Nationalbibliothek erhalten geblieben und erschrecken teilweise durch ihren kindischen

Inhalt, schließlich war der Schreiber jahrzehntelang Herrscher eines Weltreiches gewesen. »*Heute schneit es den ganzen Tag und ist recht melancholisch, wie heiter wäre dieser Schneefall zu einer Schönbrunner Promenade. Und wenn der Berg zum Tirolergarten wieder glatt wäre, dürfte ich Sie vielleicht am Arm führen …*«, schrieb Franz Joseph zum Beispiel am 18. Februar 1888.

Besondere Freude hatte der Kaiser, wenn er mit Frau Schratt oder seiner Enkelin in den Tiergarten wanderte, um Tiere zu füttern und »*die schönen Mähnenschafe mit Brot und Papier betheilte, welch Letzteres sie zur minderen Befriedigung unseres Freundes Kraus mit Vorliebe fressen*«.

Beim Tierfüttern erzielte Franz Joseph auch außerhalb des Tiergartens verblüffende Erfolge. Der kleine Affe im Hause Schratt aß Torten nur dann, wenn sie ihm vom Kaiser gereicht wurden, sonst warf er sie aus dem Käfig. Genauso, wie Kaiserin Elisabeth irrte, als sie an Franz Josephs eheliche Treue glaubte, genauso irrte Leibkammerdiener Ketterl, als er meinte, dass der Kaiser nach dem Frühstück um fünf Uhr bis zum Mittagessen nichts mehr zu sich nehme. Denn der hatte sich mittlerweile für die Erotik des Alters, für ausgezeichnetes Essen, entschieden. Und Frau Schratt sorgte für ihren frühen Gast. Neben dem stets frischen Gugelhupf, Milch und Obst der Saison gab es auch Kräftigeres: Täglich um sechs Uhr morgens wurde Fleisch vom k.u.k. Hoflieferanten Dobisch aus Hietzing in die Villa geliefert. Den Lehrlingen, die die Ware zustellten und dabei auch gelegentlich den Kaiser sahen, wurde eingeschärft: »*Man muss darüber schweigen, denn die Öffentlichkeit soll davon nichts erfahren.*«

Während für Anna Nahowski das Verhältnis mit dem Kaiser nach vierzehn Jahren mit einer Auszahlung durch den Vermögensverwalter endete, begleitete ihn die Schratt dreißig Jahre lang, bis an sein Lebensende. Sie soll ihn sogar heimlich geheiratet haben. Als Franz Joseph gestorben war, wurde sie von Kaiser Karl am Arm zu seinem Totenbett geführt. Beim Begräbnis war allerdings kein Platz mehr für sie vorgesehen. Auch im Testament des Kaisers wurde Katharina Schratt nicht bedacht – obwohl dies der Kaiser gewünscht hatte, wurde es von seinen Juristen verhindert. Später zeigte sich auch, dass viele Schmuckstücke, die der Kaiser der Schratt geschenkt hatte, nicht lupenrein waren, obwohl Franz Joseph den Preis für einwandfreie Ware bezahlt hatte. Der Juwelier hatte ihn hereingelegt. Die letzten Jahre ihres Lebens zog sich die Schratt aus der Öffentlichkeit zurück, ging täglich in die Kirche und beschäftigte sich hauptsächlich mit dem Zusammensetzen von riesigen Puzzlespielen, die ihr von Verwandten besorgt wurden.

Sisi und die Kuh vom Anninger

Glutrot steigt die Sonne über die uralten Bäume des Schlossparks von Laxenburg. Am Fenster ihres Apartments im ersten Stock steht Kaiserin Elisabeth und blickt nach Osten. Sie ist schwarz bekleidet und hat den Schleier, der für gewöhnlich ihr Gesicht verdeckt, zur Seite geschlagen. Hier in diesem Raum hat sie ihre Flitterwochen verbracht. Zumeist alleine, denn ihr Gatte, Kaiser Franz Joseph, fuhr schon im Morgengrauen nach Wien, wo im Schloss Schönbrunn oder in der Hofburg seine Akten warteten. Erst gegen achtzehn Uhr kehrte er wieder zurück. Sisi war inzwischen mit der Schwiegermutter Sophie alleine, die sie ständig beobachtete und kritisierte: *»Die kleinsten Sachen werden zu Staatsaffären aufgebauscht«*, klagte sie. Manchmal beschimpfte Sophie sogar den Kaiser und Sisi wie Schulkinder. Sie fand es auch unmöglich, wenn die Kaiserin ständig in die Ställe lief, um ihre Pferde mit Karotten und Zucker zu füttern. Sisis Begeisterung für Pferde, Hunde und Vögel, überhaupt für die ganze Natur, erschien ihr sündhaft. Sie war

Auch heute leben Kühe am Tirolerhof im Schlosspark von Schönbrunn. Auf dem Bild zu sehen: Oberinntaler Grauvieh

Kaiserin Elisabeth holte sich Kühe aus ganz Europa nach Wien. Ihr Milchglas vom Anninger blieb im Heimatmuseum Gaaden erhalten

auch dagegen, dass Sisi Ausfahrten unternahm. Sie sollte nicht einmal ihren Franz Joseph in Wien besuchen. *»Es ist unschicklich für eine Kaiserin, ihrem Manne nachzulaufen und dort- und dahin zu kutschieren wie ein Fähnrich.«*
Die Schwiegermutter meinte es eigentlich gut mit ihren Ratschlägen. Das wird man später in ihren Tagebuchaufzeichnungen lesen. Aber gut gemeint ist halt oft auch das Gegenteil von gut.
Traurig saß Sisi an ihrem Schreibtisch und schrieb traurige Gedichte und vergoss dabei bittere Tränen:

Oh, dass ich nie den Pfad verlassen,
Der mich zur Freiheit hätt' geführt.
Oh, dass ich auf der breiten Straßen
Der Eitelkeit mich nie verirrt.

Ich bin erwacht in einem Kerker,
Und Fesseln sind an meiner Hand.
Und meine Sehnsucht immer stärker –
Und Freiheit! Du mir abgewandt!

Gerne schwänge sie sich aufs Pferd, um den Bach entlang, dem Wienerwald entgegen, auf den Anninger hinauf oder nach Mödling und in *»die Brühl«* zu reiten, in die »österreichische Schweiz« des Fürsten Liechtenstein. Alles ganz nah. Aber unter dem Druck der Schwiegermutter war Laxenburg für sie ein *»trauriger Ort«*. Die nähere Umgebung blieb ihr fremd, weil sie keine Ausflüge machen durfte. Noch dazu ist Schloss Laxenburg so gebaut, dass man aus den Fenstern ihres Apartments die Berge nicht sehen konnte. Während der traurigen Flitterwochen blieb für Sisi also nur der Blick über die Bäume. Für ein Kind der Berge, das die weite Landschaft liebte und hohe Berge gewohnt war, ein schreckliches, traumatisches Erlebnis. Nur die Sonnenaufgänge im Osten vertrieben ihr für kurze Zeit die Trauer und Einsamkeit. Gleichzeitig weckte das Naturschauspiel Sisis Liebe zu Ungarn, das Land am Ende des Horizonts, das sie noch nie gesehen hatte, das ihr aber die tröstende Sonne schickte. In diesen einsamen Stunden dichtete sie:

> *O Ungarn, geliebtes Ungarland!*   *Wie gerne böt ich meine Hand,*
> *Ich weis dich in schweren Ketten.*   *Von Sklaverei dich zu retten!*

Inzwischen sind viele Jahre vergangen. Sisi war Königin von Ungarn geworden und hatte das Land und seine Menschen lieben gelernt, und die Ungarn liebten ihre Königin. Es war auch gelungen, das *»geliebte Ungarland aus schweren Ketten zu befreien«*. Wir schreiben das Jahr 1889. Am Morgen des 30. Jänner wurde ihr Sohn, der Kronprinz des Hauses Habsburg, im Jagdschloss Mayerling tot aufgefunden. Mit ihm starb die junge Mary Vetsera. Kaiserin Elisabeth nahm nicht am Leichenbegängnis in der Kapuzinergruft teil. Sie betet während der ganzen düsteren Feier mit ihrer Tochter Marie Valerie in der Josefikapelle in der Hofburg. Wien wirkte gespenstisch. Die ganze Stadt trug Trauer und ein fürchterliches Gewitter hatte die schwarzen Fahnen zerrissen, die jetzt zerfetzt herunterhingen. Vier Tage nach dem Begräbnis des Kronprinzen wird an der Pforte des Kapuzinerklosters geläutet. Eine in tiefer Trauer gekleidete Frau bittet, zum Pater Guardian geführt zu werden. Dort grüßt sie, lüftet ihren Schleier und sagt: *»Ich bin die Kaiserin, bitte führen Sie mich hinunter zu meinem Sohn.«* Sofort werden in der Gruft Fackeln entzündet und die Kaiserin wird zum Abgang geleitet. Dort sagt sie: *»Ich wünsche, bei meinem Sohn allein zu sein«*, und schreitet gefasst die Treppe hinab. Die Kapuzinerväter bleiben besorgt zurück. Unten angekommen, ruft Elisabeth mehrmals laut: *»Rudolf! Rudolf!«* Schaurig hallt es durch die Gänge. Aber Rudolf bleibt stumm. Niemand gibt Antwort. Enttäuscht fährt die Kaiserin in die Burg zurück. Sie wird die Seele Rudolfs woanders suchen müssen.

Nun steht sie hier in Laxenburg, betrachtet den Sonnenaufgang und lässt die Ereignisse der vergangenen Jahre durch ihren Kopf gehen. Kronprinz Rudolf wurde hier geboren. Er durfte schon als Kind mit seiner Schwester Gisela mit der Kutsche in den Wienerwald fahren. Er hat ihr darüber sogar einen Brief geschrieben. *»Liebe Mama, heut war ich mit der Gisela in Gaaden. Dort hab ich einen Schmarrn gegessen, der hätte Dir sehr gut geschmeckt, wie ich Dich kenne.«*
Später war er als Jäger durch den Wienerwald gezogen. Sein Vater, Kaiser Franz Joseph, hat das immer kritisiert: *»Hier willst du jagen? In Bad Ischl geht man jagen!«*
Seit Rudolfs tragischem Tod erscheint sie nur mehr schwarz gekleidet und meist verschleiert. Um den Hals trägt sie ein Amulett mit einer Haarlocke Rudolfs; auch den Abschiedsbrief, den er ihr geschrieben hat, trägt sie stets bei sich. Erst jetzt nach Rudolfs Tod wird Elisabeth bewusst, was sie an ihm alles versäumt hat. Sie macht sich bittere Vorwürfe. Der nächtliche Besuch in der Kapuzinergruft hat nicht geholfen. Nirgendwo findet sie Rudolfs Seele. Zur Tochter Marie Valerie sagt sie, sie sei zu alt und zu müde, um zu kämpfen; ihre Flügel seien verbrannt, und sie begehre nur Ruhe. Nun will sie die Orte besuchen, von denen sie weiß, dass sie Rudolf besucht hat, sie will über die Berge wandern, die er geliebt hat. Sie will Rudolfs Seele im Wienerwald suchen. In Begleitung von Erzherzogin Marie Valerie und Erzherzog Franz Salvator ist die Kaiserin nach Mödling gekommen. Die Hofdamen begleiten sie nicht mehr, sie können das rasante Wandertempo nicht durchhalten. *»Wir rennen wie die Wiesel hinauf bis auf die Zwiesel«*, schreibt Marie Valerie nach einer Wanderung in Bad Ischl in ihr Tagebuch. Sie meint damit die 1.550 Meter hohe Zwieselalm bei Gosau.
Genauso passierte es auch diesmal. Die hohen Herrschaften besteigen den Anninger und wandern auf den Husarentempel, wo sich Rudolf bereits ein Jahr zuvor mit seiner Freundin Mizzi Kaspar erschießen wollte, von dieser aber daran gehindert wurde. Nach dem Abschied besuchen sie das Lokal »Zu den zwei Raben«, in dem einst Ludwig van Beethoven für die Dorfmusiker Tänze komponierte. Anschließend fahren sie mit vielen anderen Passagieren mit der elektrischen Straßenbahn nach Mödling. Von dort gehts zurück nach Wien. Die Kaiserin hält sich während der Fahrt auf der Plattform der Straßenbahn auf – und bleibt unerkannt! Fünf Jahre später, am 7. Mai 1894 fährt sie wieder nach Mödling, diesmal in Begleitung ihres Griechischlehrers Constantin Christomanos. Der geht stets einen Schritt hinter Elisabeth und gibt seiner Stimme einen Tonfall, der nur für ihr

Ohr geeignet ist. Mit der Straßenbahn, übrigens der ersten elektrischen Bahn Europas, fahren sie nach Mödling und von dort mit dem Personenzug in einem »Coupè erster Classe« nach Hetzendorf und von dort geht es zu Fuß zur Hermesvilla im Lainzer Tiergarten. Immer wieder bewegt sich die Kaiserin unter Menschen, wird aber angeblich nie erkannt.

Zehn Tage später, am 17. Mai 1894, kommt die Kaiserin wieder in Begleitung ihres Griechischlehrers und noch eines Kammerdieners nach Mödling. Am Bahnhof mieten sie einen Dienstmann als Führer, der keine Ahnung hat, wer die Herrschaften sind. Zuerst wird im nahen Café Südbahn ein kleiner Imbiss eingenommen. Dann wandert man über die »Goldene Stiege« bis zur »Krausten Linde«, heute ein Waldgasthaus. Hier wird der Dienstmann reichlich entlohnt und entlassen. Die Gesellschaft aber wandert weiter nach Baden. Besonders die Quellen und Bründln am Weg begeistern die Kaiserin. Schon während ihrer schrecklichen Flitterwochen hat sie das Wasser des Anninger schätzen gelernt, das mit einer eigenen Wasserleitung ins Schloss Laxenburg geleitet wurde. Bei jedem Schluck spürt sie die Kraft der Natur, wie damals, in den Bergen ihrer Kindheit.

Der Griechischlehrer Christomanos, der sie auf vielen Wanderungen begleitet hat, wird sich später erinnern:

> Von jeder Wasserquelle, die sie am Weg findet, muss sie doch trinken. Es ist immer ein anderer Geschmack, meint sie, und sie trinkt mit Vorliebe aus der hohlen Hand, obwohl sie immer einen goldenen Becher mit sich trägt. Sie will direkt aus dem Schoß der Natur jene Elemente schöpfen, die sie zu ihrer körperlichen Erhaltung, ja eigentlich weniger für ihre körperliche Erhaltung, als für die Aufrechterhaltung der Verbindungen mit dem mütterlichen Allwesen, braucht. Keine Barriere will sie dulden und sieht in allen Menschen, die bei derartigen Mysterien dazwischentreten wollen, Feinde.

Beim Abstieg vom Anninger nach Baden besucht die Kaiserin die Ruine Rauenstein. Ihre Kleider zeigen Spuren der langen Tour, also wird im Hotel Sacher Toilette gemacht und dann im Hotelgarten diniert. Das nächste Mal kehrt die freidenkende Elisabeth beim liberalen Erzherzog Rainer in dessen Villa ein, bevor sie mit der »Badner Bahn« weiterfährt.

Am 7. Juli 1896 wandert Elisabeth wieder von Mödling nach Baden. Diesmal besucht sie das Anningerschutzhaus, das der »Verein der Naturfreunde in Mödling vom Jahre 1877« neben dem Buchenbrunnen errichtet hat. Sie trinkt vom köstlichen Quellwasser, dann bittet sie um ein Glas Milch. Diesmal trinkt sie nicht aus dem mitgebrachten Becher. Die Milch schmeckt ihr ganz vorzüglich und sie lässt sich von den Gastwirten die gemolkene Kuh zeigen. Auch diese Leute erkennen sie nicht. Sie erfahren erst am nächsten Tag, wer ihr Gast gewesen ist. Denn sofort nach ihrer Rückkehr nach Schönbrunn beauftragt die Kaiserin den k.u.k. Menagerie-Direktor Alois Kraus, das Tier für sie zu erwerben. Es soll in die Kammermeierei gebracht werden, wo sie Kühe aus ganz Europa hält, um herauszufinden, mit welcher Milch sie ihre schlanke Figur bestmöglich erhalten kann. Menagerie-Direktor Hofrat

Der Kofferf sch weckt Reiselust und Forschergeist: Der Fisch aus den Korallenriffen wurde zum Vorbild für moderne, Sprit sparende Zukunftsautos

Kraus lässt schon am nächsten Tag die Kuh im Stall am Anninger gründlich untersuchen. Er vereinbart mit dem Eigentümer, dem Gastwirt Karl Schöny, einen Kaufpreis von 150 Gulden (etwa 1.100 Euro). Das Geld bekommt er, nach Ablieferung des Tieres, in der Menagerie zu Schönbrunn bar ausbezahlt. Der Brief von Alois Kraus über diese Vereinbarung und das Glas, aus dem die Kaiserin getrunken hat, sind im zauberhaften Heimatmuseum von Gaaden erhalten geblieben. Zur Erinnerung an den Besuch wurde am Anninger eine kunstvolle Gedenktafel errichtet, darauf Goethes Spruch: »*Die Stätte, die ein guter Mensch betrat, ist eingeweiht.*«

Der Schreibtisch, an dem Sisi ihre traurigen Gedichte geschrieben hat, steht heute im Bundesmobiliendepot in Wien und kann besichtigt werden. In den Räumen des Schlosses Laxenburg, in denen die Kaiserin so verzweifelt gewesen ist und sich nach Hause gesehnt hat, wird entschlossen in die Zukunft geblickt. In den Kaiser-Apartments arbeiten Wissenschafter des »Internationalen Instituts für angewandte Systemanalyse« (IIASA) an der Erforschung gegenwärtiger und zukünftiger Probleme; Wasserverschmutzung, saurer Regen, Überbevölkerung, Energiemangel und Ähnliches sind ihre Themen.

Wetterleuchten in der Monarchie

Das Kaiserglöckerl und der Paradiesvogel

Große Umwälzungen kündigen sich meist schon lange im Vorhinein an. Zunächst merkt man gar nichts davon und glaubt, es ist alles in bester Ordnung und freut sich über den Glanz, der alles überstrahlt. Bis dann ein Wetterleuchten entsteht und zu einem entsetzlichen Gewitter wird, das die vertraute Welt erschüttert und die unter den Teppich gekehrten Probleme wie ein Vulkan hervorbrechen lässt. So war es auch in der zu Ende gehenden Monarchie Österreich, und in der Menagerie Schönbrunn konnte man die Situation des Landes, wie an einem Barometer den Luftdruck ablesen.

Kaiser Franz Joseph lebte in einer streng geregelten Welt. Wenn er sich in den Tiergarten begab, wurde seine Ankunft mit drei Glockenschlägen angekündigt, bei Erzherzögen wurde zweimal geläutet. Ältere, dem Kaiser vertraute Wärter setzten dann die Arbeit fort, andere mussten unauffällig verschwinden: Franz Joseph sollte stets das Gefühl haben, es sei alles beim Alten geblieben, Veränderungen gibt es nicht und sind auch gar nicht nötig. Obersthofmeister Fürst Montenuovo, der des Kaisers Terminkalender führte und die Zeit genau einteilte, ließ diese Anordnung natürlich auch überwachen und wusste über jeden noch so kleinen Vorfall sofort Bescheid. Auch legte er Wert darauf, dass Franz Joseph nicht mit zu vielen Leuten ins Gespräch kam. Einmal gab es deswegen sogar »allerhöchsten Anstand«. Es war am frühen Morgen, als der Kaiser nach einer Besichtigung der Tiere vom Aufseher hinauf zum Tirolerhaus begleitet wurde, das Erzherzog Johann oberhalb des Tiergartens errichtet hatte. Dort angelangt, bat der Kaiser um ein Glas Wasser, das der Aufseher sogleich holte. Als er damit wiederkam, fand er »Seine Majestät« mit einem älteren Mann über dessen fünf Kinder und deren Berufe plaudernd. Fast eine Viertelstunde lang dauerte das Gespräch, das den Kaiser sichtlich freute

Linke Seite: Revierleiter Sepp Göls und Nachwuchs bei den Tauernscheckenziegen am Tirolerhof

Das Kaiserglöckerl läutet auch heute noch im Tiergarten Schönbrunn

und ihn zufrieden an seinen Schreibtisch zurückkehren ließ. Für den Aufseher aber gab es einen Rapport: Kaum in den Tiergarten zurückgekehrt, musste er in Paradeuniform vor dem Obersthofmeister erscheinen und erklären, »wie es passieren konnte, dass der Kaiser mit dem alten Mann ins Gespräch gekommen ist«.

Die Erklärung akzeptierte Montenuovo nicht und der Aufseher sah sich schon aus dem Dienst entlassen. Deprimiert kehrte er in den Tiergarten zurück, wo er Erzherzogin Marie Valerie, die Tochter Franz Josephs, mit ihrem Gatten, Erzherzog Franz Salvator, und ihren Kindern traf.

Der Erzherzog fragte den Aufseher, den er seit Jahren kannte, um den Grund seiner Betrübnis und erfuhr so die Geschichte. Bis zum Nachmittagskaffee war auch Franz Joseph informiert. Er versprach, die Angelegenheit zu regeln. Und wirklich, der Vorfall blieb ohne Folgen. Beim nächsten Mal aber, als der Aufseher den Kaiser wieder am gleichen Weg begleitete, schickte ihn Franz Joseph noch vor dem Tirolerhaus mit den Worten zurück: »Gehen wir weiter, damit wir keine Anstände haben.«

Obwohl auch über Schönbrunn die Stürme der Zeit gebraust sind: Das Kaiserglöckerl, das einst dazu diente, dem Franz Joseph die gute alte Zeit einzuläuten und im Glauben zu lassen, »s' ist alles in Ordnung«, gibt es auch heute noch. Es befindet sich auf einem der Eckpfeiler der Loge Nr. 1, wo seit 1828 die Giraffen wohnen. Es ist auch heute noch in Betrieb, allerdings werden keine Besucher mehr angekündigt, sondern das Ende der Besuchszeit im Tiergarten.

Anfang August des Jahres 1900 kam ein gefiederter Gast nach Schönbrunn, wie er farbenprächtiger und exotischer nicht hätte sein können. Schon mit seinem Namen assoziierte man die Vorstellung, die man vom kommenden Jahrhundert hatte: Zum ersten Mal war in Wien ein Paradiesvogel eingetroffen. Wie ein großer

Herr war er telegrafisch avisiert worden und mit dem Eilzug in die Kaiserstadt gekommen. *»Unsagbar, unbeschreiblich ist die Farbenpracht, die vom Gefieder dieses wunderbaren Geschöpfes ausgeht«*, jubelten die Wiener, und in einer Beschreibung steht zu lesen, *»dass der Vogel, seiner Schönheit wohl bewusst, mit dem Anstand einer Primadonna über den glitzernden Kies geht und sich voll Gefallsucht in Positur stellt«*.

Dass dieses von Gold strotzende Federtier zur selben Ordnung wie die Raben gehört, wollten die Leute nicht recht glauben, konnten sie sich doch auch nicht vorstellen, dass dieses neue Jahrhundert weder paradiesisch noch goldstrotzend, sondern vor allem rabenschwarz sein würde.

Kaiser Franz Joseph, Österreichs bekanntester Kaiser und Symbol für die »gute alte Zeit«

Um dem kostbaren Gast aus Neuguinea das Leben in Schönbrunn so paradiesisch wie nur möglich zu machen, gab es für ihn einen Menüplan voll ausgewählter Delikatessen: fein geschnittene Datteln, ebensolche Feigen, süße gedünstete Äpfel, Heuschrecken, Käfer und dazu das köstliche Hochquellwasser. *»Die Nahrungsliste ist nicht verkehrt«*, sagt Dagmar Schratter, Direktorin des Tiergartens Schönbrunn und erklärt:

> *Im Freiland fressen Paradiesvögel vorwiegend Insekten und andere Wirbellose, aber auch kleine Wirbeltiere, Eier, Beeren und andere Früchte. Die Fütterung im Zoo besteht aus einem vielfältigen Obst-Agebot, Insektenfresser-Weichfutter, Mehlkäferlarven, Zoophobas, Heuschrecken, Heimchen, kleine Mäuse, ab und zu auch Grünfutter (Salat oder Vogelmiere). Im Weichfutter ist tierisches Eiweiß vorhanden, in unserem selbstgemachten Weichfutter ist auch Rinderherz vorhanden. Also, der damalige Menüplan würde im Großen und Ganzen auch heute noch stimmen.*

Der Kaiser wurde ohne Amtsweg informiert – Weltweit erste Elefantengeburt in einem Zoo

»Wie geht es der kleinen Aba?«, *»Wann kann man sie sehen?«*, *»Wann darf sie zum ersten Mal ins Freie?«* Im Inspektorat des Tiergartens beantwortete man geduldig alle Fragen. Hunderte Briefe, zumeist in unbeholfener Kinderschrift verfasst, aber auch solche von Erwachsenen, kamen täglich nach Schönbrunn. Alle wollten wissen, *»wie das Kleine gedeiht«.*

Auch Geschenke gab es in großer Zahl: Puppen, Pferdchen, ein Leiterwagen, sogar ein großes »Bartl«, wie man in Wien die Mundlätzchen für kleine Kinder nennt, wurden vom Postboten abgeliefert. Es war rot eingefasst und mit der rot gestickten Inschrift *»Dem lieben Elefantenkind«* versehen. Wien stand Kopf vor Freude, denn erstmals war in einem Tiergarten ein Elefant zur Welt gekommen – und ganz ohne Komplikationen.

Bisher waren Zoologen der Ansicht gewesen, dass sich die grauen Riesen in Gefangenschaft nicht fortpflanzen. Doch Pepi und Mitzi, das indische Elefantenpärchen von Schönbrunn, lieferten die Weltsensation. Das war am 14. Juli 1906. Als das freudige Ereignis eintrat, weilte Franz Joseph gerade in Bad Ischl. Damit ihn die Nachricht sofort und ohne »Amtsweg« erreichte, wurde seinem Leibarzt Kerzl ein Telegramm geschickt, der dann bei der täglichen Visite dem Kaiser die Neuigkeit sofort berichten konnte.

Das Elefantenkind gedieh vom ersten Tag an prächtig. In der »Kronen Zeitung« konnte man darüber lesen:

> *Das Kleine trinkt sehr fleißig, und während des Trinkens streichelt das Muttertier mit seinem Rüssel den sehr empfindlichen Rüssel des Jungen an seiner Unterseite. Am vierzehnten Tag nach der Geburt der Kleinen hat sich die Mama zum ersten Mal auf ein paar Stunden niedergelegt. Sonst steht sie unentwegt als treue Wärterin und bewacht auch den Schlaf des kleinen Tierchens. Sie deckt es mit Heu zu, schnuppert dann mit dem Rüssel am Körperchen herum, findet es offenbar zu heiß und räumt das Heu wieder weg. Keine fünf Minuten vergehen, ohne dass sie das Junge am ganzen Körper mit dem Rüssel abgegriffen hat.*

Doch es dauerte noch mehrere Wochen, bis die Elefantenmutter bereit

Rechte Seite: In großer Aufmachung berichteten die Zeitungen über die erste Elefantengeburt in einem Zoo

Herausgeber: August Kirsch.

Einzelne Nummer in Wien 8 Heller. **Illustrierte Ausgabe, erscheint täglich.** Einzelne Nummer in Wien 8 Heller.

Nr. 160. Wien, Dienstag, den 17. Juli 1906. 23. Jahrg.

Fern von der Heimat geboren.

Ein freudiges Ereignis in der Schönbrunner Elephantenfamilie.

war, ihr Junges auch den Besuchermassen zu zeigen. Bis es so weit war, unterhielt Pepi, der Elefantenvater, die Tiergartengäste mit lustigen Kunststücken. Als das Elefantenkind geboren wurde, sollte es den indischen Namen »Aba«, das heißt »die Schöne«, erhalten. Doch bevor das Baby noch zum ersten Mal ins Freie spazierte, wurde es schon »Adele« genannt. Als dann aber die Wiener das süße Rüsseltier zu Gesicht bekamen, wurde sofort »Mädi« daraus, und diesen Namen behielt es auch. »Mädi« war der einzige Schönbrunner Elefant, der später die Not des Ersten Weltkrieges überlebte. Sowohl ihre Mutter Mitzi als auch ihr Vater Pepi starben; beide sind verhungert. »Mädi« wurde achtunddreißig Jahre alt und starb während des Zweiten Weltkrieges 1944 an einer Darm- und Bauchfellentzündung.

Die Welt fährt in die Geisterbahn ...

Am Dienstag den 28. Juli 1914 sitzt ein gebrochener Mann an seinem Schreibtisch in Bad Ischl: Der vierundachtzigjährige Kaiser Franz Joseph blickt auf die Marmorbüste seiner Gattin, neben der kunstvoll arrangierte Blumensträuße stehen: wie immer duftende Rosen und Wiesenblumen.
Die Büste zeigt die Kaiserin Elisabeth mit fünfzehn Jahren. So wie sie ausgesehen hat, als er sich, völlig überraschend, mit ihr verlobte. Damals in Bad Ischl, an seinem dreiundzwanzigsten Geburtstag. Das ist lange her. Vor sechzehn Jahren wurde sie in Genf getötet, neun Jahre nachdem Kronprinz Rudolf in Mayerling sein Leben beendete. Und vor genau einem Monat wurden der Thronfolger Franz Ferdinand und seine Gattin in Sarajewo erschossen. Alle Bemühungen, doch noch den Frieden zu retten, waren umsonst. Nun musste er den Serben eine Kriegserklärung senden. Dabei war es sein sehnlichster Wunsch, *»Meine Völker vor den schweren Opfern und Lasten des Krieges zu bewahren«*. So steht es in dem Manifest, das vor ihm auf dem Schreibtisch lag. Vor fünfundfünfzig Jahren, bei der schrecklichen Schlacht von Solferino hatte er das Elend, das so ein Krieg mit sich bringt, persönlich miterlebt und *»das Gefühl eines geschlagenen Feldherrn kennen gelernt«*, wie er seiner geliebten Sisi damals aus dem Felde schrieb. Nun musste er einen Staatsakt durchführen und die notwendig gewordene Kriegserklärung an Serbien unterschreiben: *»An Meine Völker«*, hieß es da, *»Ich hab alles geprüft und erwogen.«*

Eine Zeitungsseite lang liest man Gründe, die dem Königreich Serbien die alleinige Kriegsschuld bescheinigten und zum Abschluss: *»Ich vertraue auf den Allmächtigen, dass er Meinen Waffen den Sieg verleihen werde.«*

Es ist Zeit geworden. Die Redaktionen der Zeitungen warten bereits und werden den Text auf den Titelseiten bringen. Der Kaiser schaut noch einmal auf die Büste seiner Sisi, taucht dann die Feder in die Tinte und unterschreibt das Allerhöchste Handschreiben und Manifest. – Es war der letzte von Kaiser Franz Joseph in Bad Ischl ausgeführte Staatsakt. Zwei Tage später, am 30. Juli 1914 verlässt er sein geliebtes Bad Ischl für immer. Mit ihm ging ein ganzes Zeitalter zu Ende. Im Zerfall der Monarchie, der sich lange angekündigt hatte, war nun der letzte Abschnitt eingetreten.

Der fast greise Kaiser konnte sich nicht nur auf die *»hingebungsvolle Begeisterung«* seiner Soldaten verlassen; nahezu das ganze Land war in Hysterie verfallen. Überall wurde die Kriegserklärung an Serbien jubelnd begrüßt. Der Erste Weltkrieg war nicht mehr aufzuhalten. Er wurde zum ersten totalen Krieg in der Geschichte der Menschheit und brachte das Ende der sechs Jahrhunderte alten Monarchie. Er wurde die Ur-Katastrophe des 20. Jahrhunderts und bildete den Auftakt zum Krieg ohne Ende, der die Landkarte Europas vollkommen veränderte. Zehn Millionen Tote, zwanzig Millionen Verletzte und sieben Millionen zivile Opfer wird der Erste Weltkrieg fordern.

Der Erste Weltkrieg beendete auch den Aufschwung, den der Tiergarten Schönbrunn in den letzten Jahren genommen hatte. Harte Zeiten brachen an. Gleich nach der Mobilmachung wurden einundzwanzig Tierwärter, fast die ganze Belegschaft, zum Kriegsdienst eingezogen und mussten durch Hilfskräfte ersetzt werden. Schon ein halbes Jahr nach Kriegsbeginn war die Begeisterung der Bevölkerung verflogen; von einem schnellen Krieg war nicht mehr die Rede und immer mehr Verwundete kamen von der Front, gebrochen an Leib und Seele. In der Heimat war man über das Heer von Blinden, Amputierten und Verstümmelten entsetzt. Gleichzeitig stiegen die Preise für Nahrungsmittel rasant und die Vorräte wurden knapp. Kein Wunder, dass auch der Tiergarten Schönbrunn mit Nahrungsmangel zu kämpfen hatte und es immer schwieriger wurde, Futter für die Tiere aufzutreiben. Je länger der Krieg dauerte, desto schlimmer wurde die Situation. Die Raubtiere waren oft bis zu vier Tage ohne Fleisch und brüllten vor Hunger, bis sie selbst dazu zu schwach waren. Manchmal konnten ausgediente Militärpferde erworben werden, die geschlachtet und an die hungernden Tiere verfüttert wurden. In der Not besorgte die Tiergartenleitung sogar Fleisch vom Wasenmeister einer thermochemischen Fabrik, was den Tieren aber nicht gut bekam: Ein schöner Berberlöwe starb vierundzwanzig Stunden, nachdem er einen übel riechenden Kadaver gefressen hatte. Schließlich entschloss man sich dazu, weniger wertvolle Menagerietiere zu schlachten und damit die anderen Tiere zu füttern.

Am 19. Mai 1918 schoss ein Soldat mit seiner Pistole auf den Eisbären, *»weil das Tier täglich zehn Kilogramm Fleisch bekommt, während ich hungern muss!«* Das sagte der Verwirrte, der bei seiner Verhaftung so tobte, dass die Rettung geholt werden musste. Der hungrige Soldat tat dem Eisbären aber Unrecht, denn der hatte schon lange kein Fleisch mehr gesehen, er wurde in diesen bitteren Zeiten mit den abgeschlagenen Köpfen von Seefischen gefüttert. Menagerie-Direktor Alois Kraus, der die kaiserliche Menagerie zur höchsten Entfaltung führte, musste auch die schwerste Zeit des Tiergartens miterleben: Vor Beginn des Krieges – am Stichtag 30. Juni 1914 – betrug der Tierbestand 2.303 Tiere, gegen Ende, am 30. Juni 1918, waren mehr als die Hälfte verschwunden. In Schönbrunn gab es nur mehr 1.128 Tiere; die Zahl der Raubtiere war von hundertfünf auf dreißig, die der Raubvögel von achtzig auf siebzig zurückgegangen. Der Niedergang des Tiergartens setzte sich auch nach dem Ende des Ersten Weltkrieges fort: Im Dezember 1918 lebten im Affenhaus nur mehr ein Rhesusaffe und ein Makake. Im Herbst 1921 gab es in Schönbrunn überhaupt keine Affen mehr. Alle Raubkatzen waren verschwunden, sie waren an Infektionen durch verdorbenes Fleisch gestorben. Auch Giraffen und Antilopen suchte man vergeblich. Alle Tierhäuser standen leer, ganze Abteilungen waren gesperrt. Mit dem Ende der Monarchie und dem Tod des Doppeladlers schien auch das Ende der Menagerie gekommen. Die Pläne, den Tiergarten aufzulassen, die letzten Tiere zu verkaufen und in der Anlage eine Geflügelzuchtanstalt einzurichten, wurden immer konkreter. Doch jetzt, in höchster Gefahr, zeigte sich erstmals, dass der Tiergarten Schönbrunn tief in den Herzen der Wiener verankert war. Sie wollten nicht tatenlos einem Ausverkauf zuschauen und waren bereit, für den Bestand der Menagerie Opfer zu bringen.

Trotz Not, trotz Inflation und Arbeitslosigkeit fanden sich treue Tiergartenfreunde, die Spenden schickten, damit dem Tiergarten wieder auf die Beine geholfen werden konnte. Sogar aus Übersee traf Geld ein. Bald kamen auch neue Tiere – vermittelt von Österreichern im Ausland. So wurde das Jahr 1921 zum Wendepunkt in der Geschichte des Tiergartens Schönbrunn. Anstatt in eine Geflügelzucht umgewandelt zu werden, wurde er als staatliches Institut weitergeführt. Und an den neu geschaffenen Kassen der einstmals kaiserlichen Menagerie hielt die junge österreichische Republik die Hand auf: 1921 wurde erstmals Eintrittsgeld kassiert, das aber sofort im Staatssäckel verschwand. Ein Zustand, der sich erst siebzig Jahre später, mit der Gründung der Tiergarten Schönbrunn GmbH, ändern sollte. Heute kann der Tiergarten seine Eintrittsgelder selbst verwalten.

Übrigens stammt auch die Verordnung, dass Kinder den Park nur in Begleitung von Erwachsenen betreten dürfen, aus dem Jahre 1921. Da der Staat kein Geld hatte, wurden große Pläne geschmiedet, welches zu beschaffen. Man glaubte, mit Wünschelruten vergrabene Goldschätze im Schlosspark zu finden. Eintrittsgeld für Parkbesucher sollte auch hier eingeführt werden.

Um mehr Besucher zu gewinnen, wollte man das Rauchverbot von 1806 aufheben und dafür eigene Nichtraucher-Parkbänke einrichten. Geldeinnahmen versprach man sich auch von Gondelfahrten in Wassergräben, die man im Schlosspark anlegen wollte. Zum Glück wurden all diese Projekte nie realisiert. Der Tiergarten aber konnte erweitert werden; im »Kleinen Fasangarten«, rechts vom Neptunbrunnen, wo Kronprinz Rudolf Jagdhunde und Kaiserin Elisabeth Doggen untergebracht hatte, wurden zusätzliche Gehege eingerichtet. Seit 2006 leben hier die Panzernashörner des Tiergartens.

1924 wurde Universitätsprofessor Otto Antonius Direktor des Tiergartens. Damit war die Leitung erstmals einem Wissenschafter von hohem Grad anvertraut worden. Helmut Pechlaner sagt über ihn:

Als sein siebenter Nachfolger und Direktor des Schönbrunner Tiergartens kann ich seine Leistungen nur bewundern. Er übernahm die ehemalige kaiserliche Menagerie zu einem Zeitpunkt und in einem Zustand, da allgemein keine Hoffnung für den Weiterbestand gegeben war. Seine Konzepte für den Schönbrunner Tiergarten haben zu dessen Rettung, Fortbestand und Modernisierung beigetragen, eine Fülle von Neubauten und Verbesserungen stammen aus dieser Zeit.

Zu den bleibenden Leistungen von Otto Antonius zählt auch sein Engagement im Artenschutz, zu einer Zeit, als das Problembewusstsein über Naturschutzfragen noch lange nicht allgemein verbreitet war. Pechlaner: *»Mit der Beteiligung am Zuchtprogramm für den damals akut vom Aussterben bedrohten Europäischen Wisent hat er wesentlich zum Überleben dieser Tierart beigetragen.«*

Schon im November 1918, der Erste Weltkrieg war eben zu Ende gegangen und Kaiser Karl hatte seine Verzichtserklärung am 11. 11. gerade unterschrieben, griff Otto Antonius in die Tasten seiner Schreibmaschine und schrieb eine zehnseitige »DENKSCHRIFT über die Erhaltung und Ausgestaltung der Menagerie Schönbrunn«. In klaren Worten steht hier alles niedergeschrieben, was einen modernen Zoo zum Wohle der Tiere und für das Interesse seiner Besucher ausmacht. Viele Errungenschaften, die sich erst viel später allgemein durchsetzten, sind hier bereits nachlesbar. Ganz deutlich wird auch auf die Schönbrunner Menagerie als internationale Attraktion für Wien hingewiesen und angeführt, welche Gründe es für ihre Weiterführung gibt. So konnte in der schwierigen Zeit nach dem ersten Weltkrieg die Menagerie des Kaisers auch in der gerade beginnenden Republik ihr Ansehen bewahren. Die große Raubvogelvoliere, eine der größten und schönsten ihrer Art, entstand 1926/27. Siebzig Jahre später 1997/1998, wurde sie erweitert, generalsaniert und in eine wunderbare Waldrapp- und Kea-Anlage umgebaut, mit der sich der Tiergarten Schönbrunn am Waldrapp-Projekt des Konrad Lorenz-Instituts Grünau im Almtal beteiligte. Im September 1926 fand auch die Jahreskonferenz der Vereinigung der Direktoren Mitteleuropäischer Zoologischer Gärten zum ersten Mal in Schönbrunn statt. Dabei wurde der alte Name »Menagerie Schönbrunn« durch die Bezeichnung »Schönbrunner Tiergarten« ersetzt.

1923 kam der Plan auf, hinter der Gloriette im Fasangarten ein großes internationales Fußballstadion zu bauen, wie es in anderen großen europäischen Städten schon üblich war. Die Realisierung scheiterte aber an der Finanzierung. Fünf Jahre später, anlässlich des zehnten Jahrestags der Republik, konnte das Geld beschafft werden. 1931 wurde gebaut, allerdings im Wiener Prater, denn 1924 war der Schlosspark von Schönbrunn zum Schutzgebiet erklärt und mit Bauverbot belegt worden. Das hinderte aber die neuen Machthaber, die 1938 Österreich besetzt hatten, nicht daran, im Fasangarten mit dem Bau einer monströsen Kaserne für die Waffen-SS zu beginnen. Im Tiergarten wurde zu dieser Zeit auch groß geplant: Zahlreiche Erweiterungen und Modernisierungen sollten durchgeführt werden. Der Ausbruch des Krieges verhinderte aber die Durchführung. Die Bautätigkeit im Tiergarten kam zum Stillstand, der Tierbestand sank. Nur die SS-Kaserne im Fasangarten wurde Realität. Heute heißt sie Maria-Theresien-Kaserne und wird vom Österreichischen Bundesheer benützt.

Geheime Reichssache – Tauernscheckenziegen

Die Geschichte eroberte die Kaberettbühnen der Nachkriegszeit und wurde auch bei den beliebten Hausfrauennachmittagen immer wieder erzählt: Eine Schulklasse geht mit ihrem Lehrer kurz nach Ende des Zweiten Weltkriegs durch ein Museum. Vor einem großen Ölbild, das einen Reiter auf seinem Ross darstellt, bleibt sie stehen.

> *»Dieser Feldherr hat eine rote Uniform getragen, damit seine Soldaten nicht erschrecken, wenn er verwundet wird und das Blut über seinen Körper rinnt«, sagte der Lehrer. Der kleine Maxi hat begeistert zugehört und antwortet: »Jetzt weiß ich auch warum der Führer immer eine braune Hose anhatte.«*

Alle lachen. Das können sie auch – aber einige Jahre früher hätten sie noch ihr Leben riskiert. Wenn die Gestapo davon erfahren hätte, wären sie verhaftet worden und man hätte sie eingesperrt, verhört, gefoltert. Auch Konzentrationslager und Todesstrafe wären möglich gewesen. Man hätte sie angeklagt wegen Verspottung des Reichsführers Adolf Hitler, Wehrkraftzersetzung oder Ähnlichem. Solche Anspielungen sind gefährlich in einer Diktatur, wie sie in Österreich von 1938–1945 herrschte. Und die Herren von der Gestapo hätten *»nur ihre Pflicht getan«*, wie sie sagen würden. Auch die Bauern im Krumltal lebten gefährlich, weil sie sich dem Braun-Zucht-Befehl des Reichs-Gau-Ziegen-Zuchtmeisters in Berlin widersetzten. Denn 1941 erging der Befehl:

> *An alle Reichs-Ziegenzüchter*
> *Ab sofort ist es verboten Tauernscheckenziegen zu züchten.*
> *Alle Zuchtaktivitäten mit den fleckigen Tieren sind zu unterlassen.*
> *Lediglich braune Ziegen sind erlaubt.*
> *Heil Hitler, der Reichs-Gau-Ziegen-Zuchtmeister.*

Die Zeit des Nationalsozialismus bedeutete für alle anderen als die Pinzgauer Ziegenrasse eine aufgezwungene Verdrängungskreuzung durch die braunen Böcke. Die fröhlichen schwarz-weißen Tauernscheckenziegen sollten durch ausgewählte Zucht ausgerottet werden. Alle Ziegen in den Alpen sollten gleich aussehen. Alle sollten ein braunes Fell bekommen. Eine Ziegenherde wie ein Reichsparteitag. Alles in einer Linie, alles braun, bis ins hinterste Alpental.

Wer diesen Befehl für einen Witz hielt und damals darüber lachte, riskierte seine Existenz. Die Herren in Berlin verstanden keinen Spaß und *»erfüllten nur ihre Pflicht«*. Wie sie später sagen werden. Für's *»Hirn einsetzen«* hatten sie keinen Befehl. Das Denken sollte *»den Pferden überlassen«* werden, weil die größere Köpfe haben, wie es hieß. Dabei waren gerade die Tauernscheckenziegen besonders beliebt. Durch die weiß-dunkle Scheckung konnte man die Tiere auf den Hochalmen leichter finden. Im Sommer durch die Weißfärbung und wenn Schnee gefallen war, durch die schwarzen Flecken. Zur Kontrclle des Zuchtverbotes wurden »Braunhemden« eingesetzt, wie die SA genannt wurde. Das war auch nötig, denn im Krumltal in den Hohen Tauern, war ein Nest des Widerstandes. Die Bauern wollten ihre gescheckten Ziegen behalten.

Die Zoologin Ruth Wallner aus Rauris, die mit den alten Bergbauern noch persönlich gesprochen hat, berichtet: *»Die Rassenbereinigungen zur NS-Zeit – nicht nur bei Ziegen – wurden streng kontrolliert. Ein Überleben besonderer Rassen ist unserer Bergbevölkerung zu verdanken.«*

Auf der Rauriser Rohrmooseralm wurde sogar eine ganze Herde vor den braunen Böcken versteckt und die Ziegen durften sich weiter vermehren wie bisher. Die Ziegenherden, die vorne beim Eingang in das schöne Bergtal lebten, wurden mit braunen Pinzgauer-Ziegen gekreuzt und bildeten so einen braunen Schutzschild gegen die braune Gewalt, die sich über das ganze Land ausgebreitet hatte und sogar bei der Farbe der Ziegen nicht Halt machte. Wenn eine Kontrolle kam, dann konnten die Bauern dem »braunen Inspektor« berichten: *»Melde dem Reichs-Ziegen-Zucht-Gruppen-Inspektor: Alle Ziegen ordnungsgemäß braun. Heil Hitler!«*

In Wirklichkeit hofften die Bergbauern, dass der braune Spuk bald vorbei sei, und hielten die »Braunhemden« für ein äußeres Zeichen des geistigen Zustandes ihrer Träger: *»Denen haben's ins Hirn eini g'sch ...«* war eine weit verbreitete Ansicht. Aussprechen durfte man das aber nicht, wenn man sich nicht dem brutalen Zorn der SA ausliefern und verhaftet werden wollte, wobei dann alle wieder nur *»ihre Pflicht getan«* hätten. Dabei kam das »Braunhemd«, das offizielle Parteihemd der Nationalsozialisten, nur durch Zufall zu dieser zweifelhaften Ehre: Um 1921 in der Frühzeit der Nazi-Bewegung war ein gemeinsamer Radausflug durch Ostpreußen geplant. Veranstalter war die ganz harmlos wirkende Turn- und Sportabteilung der NSDAP, aus der später die gefürchtete Sturmabteilung wurde. Um eindrucksvoll aufzutreten, sollte eine einheitliche Kleidung gefunden werden.

Der Erste Weltkrieg war gerade drei Jahre vorbei, das Kaiserreich beendet, die deutschen Kolonien verloren. In den Depots des Reichskolonialamtes lagen noch Restposten an beige-braunen Offiziershemden, die für die Truppen in Deutsch-Ostafrika bestimmt waren und nun nicht mehr verwendet werden konnten. Diese wurden günstig erstanden und bei der denkwürdigen Radpartie durch Ostpreußen getragen. Im Laufe der Jahre veränderte sich der Schnitt der Hemden und die Farbe wurde immer dunkler. Das Braunhemd wurde zum Hitlerhemd und symbolisierte eine dunkle Zeit. Als der Krieg zu Ende ging und der braune Spuk vorbei war, durften die gescheckten Ziegen

Tauernscheckenziege

wieder aus ihrem Versteck. Auch die braun bekleideten Menschen verschwanden. Dabei waren sie doch einige Jahre so präsent. »Nazi wer? Nazi wie? Diesen Namen hört ich nie!« Auch Helmut Qualtinger als Herr Karl formulierte es treffend: »*Das sind Dinge, daran wollen wir nicht rühren …*« »*Es waren andere Zeiten.*«

Die fröhlichen Tauernscheckenziegen durften zwar wieder fleckig sein, doch sie waren jetzt eine gefährdete Haustierrasse. Es gab plötzlich zu wenige davon. Von der großen Rohrmooserherde, die im Tal versteckt war, lebten nur mehr geschätzte achtzig Stück. Zu wenig für die Zukunft. Nach 1944 gab es wieder Hoffnung und neue Züchter: Der Gassnerbauer und der Johann Wallner in Rauris beteiligten sich an der systematischen Zucht der Tauernscheckenziegen. Es dauerte aber dennoch mehrere Ziegen-Generationen, bis die braunen Ziegen aus der gefleckten Herde weggezüchtet waren, sodass die alte Ziegenrasse erhalten bleiben konnte. Eine Außenstelle in Wien ist der Tiergarten Schönbrunn, wo eine kleine Gruppe Tauernscheckenziegen am Tirolerhof glücklich und zufrieden lebt. Während die Bauern ihre Tauernscheckenziegen im letzten Eck des Krumltals versteckten, damit sie nicht von einem »Reichs-Gau-Irgendwas« entdeckt und vielleicht beschlagnahmt wurden, weil sie noch nicht braun waren, kämpfte im Tiergarten Schönbrunn Direktor Otto Antonius um das Wohl der Zoo-Tiere und um den Artenschutz. Ständig probierte er Verbesserungen für die Tiere aus. Entwarf neue Gehege. Erforschte neue Haltungsrichtlinien und brachte den Zoo zu höchsten Ehren. Während vor den Toren der deutschen Tiergärten das Leben für die Menschen immer schwerer wurde, entwickelte sich in den Zoos ein Dreieck der Vernunft und die Direktoren der Zoos von Wien, Leipzig und Zürich erarbeiteten Richtlinien, wie man das Leben der Tiere verbessern und gleichzeitig die Bedeutung der Zoos für die Menschen nachhaltig nutzen konnte. »Der Zoo ist ein Notausgang zur Natur«, waren sich Besucher und Wissenschafter einig.

Gemeinsam mit dem Schweizer Zoodirektor Heini Hediger und Karl Max Schneider, dem Direktor des Leipziger Zoos, wurde Otto Antonius zum Begründer der modernen Tiergartenbiologie. Gemeinsam erarbeiteten die drei Wissenschafter wesentliche, auch heute noch geltende Grundsätze. »Zoo und Forschung gehören zusammen«, war Antonius' Botschaft. Oft zitierte er auch Alfred Brehm, der schrieb: »Ein gut eingerichteter Käfig ist eine Wohnung, ein schlechter wird zum Kerker für das Tier.« Die Bedeutung von Artenschutz erkannte er sehr früh und versuchte sie auch allgemein zu vermitteln. So wurde der Tiergarten Schönbrunn ein Wegweiser für moderne Zoos.

Geheimwaffe mit Energie aus dem Nichts – Fliegende Untertassen in Schönbrunn?

Ende April 1944 wird der Naturforscher und Erfinder Viktor Schauberger aus Bad Ischl in das Konzentrationslager Mauthausen bei Linz bestellt. Dort empfängt ihn der gefürchtete Kommandant SS-Oberst Franz Ziereis mit den Worten:

> Wir haben über Ihre Forschungen nachgedacht und glauben, dass da etwas dahintersteckt. Sie können es sich nun aussuchen, was Ihnen lieber ist: die Leitung eines Forschungslagers zu übernehmen, um Maschinen zu entwickeln, die mit der von Ihnen entdeckten Energie angetrieben werden – oder Sie werden gehängt.

Die benötigten Techniker, Physiker und sonstigen Mitarbeiter sollte er unter den Gefangenen des Konzentrationslagers selbst aussuchen. Schauberger hatte keine

Chance. Er wusste, dass er seit längerer Zeit von der Gestapo überwacht wurde. Diesmal musste er das Angebot annehmen, wenn er am Leben bleiben wollte. Schon vor zehn Jahren sollte er für das Deutsche Reich arbeiten, doch damals hatte er abgelehnt, obwohl Adolf Hitler mit ihm persönlich sprach. Eine Weigerung zu diesem Zeitpunkt würde als Hochverrat und Wehrkraftzersetzung ausgelegt und darauf stand die Todesstrafe.

Der Zweite Weltkrieg war in seiner Endphase angekommen. Nach der Niederlage von Stalingrad wurden die deutschen Soldaten von den Russen immer weiter zurückgedrängt. Die alliierten Bombenangriffe wurden immer präziser und brachten Tod und Zerstörung in die Städte. Wenn der Krieg noch gewonnen werden sollte, dann brauchte Deutschland jetzt eine Wunderwaffe. Konnten Schaubergers Erfindungen den Krieg beeinflussen? Die deutschen Befehlshaber schienen davon überzeugt. Das geheime Wunderwaffen-Programm, das in Peenemünde in Norddeutschland gestartet wurde, zeigte erste Erfolge: Die V2-Raketen von Wernher von Braun konnte man immerhin schon bis London schießen. Dass man die Raketen so weit entwickeln kann, um damit fünfundzwanzig Jahre später bis auf den Mond zu kommen, hat zu diesem Zeitpunkt wohl niemand geglaubt. Ausgenommen Wernher von Braun, der die Raketentechnik entwickelt hat.

Geheime Forschungen in Schönbrunn: Viktor Schauberger und seine »Repulsine«; Fliegende Untertasse und alternativer Treibstoff sollten »Erdsieg« bringen

Auch andere Geheimprojekte zeigten erste Erfolge: Bei Wiener Neustadt wurde ein Scheibenflugzeug gebaut. In Böhmen ein Flugkreisel. Warum sollte Schaubergers »Repulsine«, die wie eine »Fliegende Untertasse« aussah und mit »Energie aus dem Nichts« betrieben wurde, nicht ebenfalls funktionieren? Die Schutzstaffel hatte schon alles vorbereitet. Viktor Schauberger wurde selbstständiger Unternehmer und musste im Auftrag der Kraftfahrtechnischen Versuchsanstalt der Schutzstaffel »Experimente zur Entwicklung alternativer Antriebsmöglichkeiten« durchführen. Dafür bekam er ein Produktions-Budget, mit dem sollte er seine Unkosten begleichen und für die Überlassung der Arbeiter pro Person an das Konzentrationslager Mauthausen bezahlen. Alles war streng geheim und er musste den Decknamen Paul Förster annehmen. Die Geheimhaltung war so perfekt, dass ihn die Armee sogar als Deserteur suchte. Was hatte Schauberger erfunden, das die SS so interessierte, dass sie ihm sogar mit der Hinrichtung drohte, wenn er nicht mitarbeitete?

Viktor Schauberger war eigentlich Förster und beobachtete die Natur im Wald, ganz besonders das Wasser. Er stellte sich die Frage: Wie kann eine Forelle in einem strömenden Gebirgsbach völlig ruhig stehen, ohne mitgerissen zu werden, und im nächsten Moment wieder ohne ersichtliche Bewegung wie ein Blitz durch das Wasser zischen, auch gegen den Strom? Er meinte, dass im Wasser verborgene Kräfte wirkten und begann sie zu erforschen. Seine ersten Erfolge hatte er mit dem Bau von Holzschwemmanlagen, bei denen er die Transportkosten für die Baumstämme um neunzig Prozent reduzierte. Er betrachtete den Wald als Kraftzentrale für die ihn umgebende Landschaft und warnte vor ökologisch falschen Eingriffen. Ständig verbesserte er seine Technik einer unkonventionellen Energiegewinnung, die keine schadhaften Rückstände verursachte und außerdem grenzenlos und kostenlos zur Verfügung stünde. Schon in den zwanziger Jahren hatte er die erste fliegende Untertasse gebaut, deren Antrieb auf der Implosionstechnik beruht. Sie erhielt den Namen »Repulsine« und hatte einen Meter Durchmesser. Außerdem war er Inhaber zahlreicher Patente, die auf seinen Erkenntnissen aus der Beobachtung der Natur beruhten. Schaubergers Motto und Arbeitsweise: *»Wir müssen die Natur kapieren, um sie zu kopieren«* wird heute Bionik genannt und ist ein wichtiger Zweig der Forschung.

Auch naturnahe Flussregulierungen, heute anerkannter Schutz vor Hochwasser, sowie Luft und Abwasserreinigung waren Schaubergers Anliegen. Er war ein richtiger »Wasserzauberer«. Damals, gegen Ende des Zweiten Weltkriegs, sahen die Nazi-Machthaber in Schaubergers Biotechnik den »rettenden Strohhalm« vor dem sich abzeichnenden Untergang. Mit seiner »Energie aus dem Nichts« sollte es Richtung Endsieg gehen. Zunächst durfte er unter den Häftlingen fünf hoch-ausgebildete Techniker und Fachleute aussuchen, mit denen er im KZ-Mauthausen eine Forschungs- und Arbeitsgruppe bildete: zwei Deutsche, zwei Polen und einen Tschechen. Es entwickelte sich eine tiefe Freundschaft zwischen den Män-nern. Schließlich gelang es Schauberger, mit seiner Truppe nach Wien in die Maria-Theresien-Kaserne zu übersiedeln, damals offiziell »Kaserne Wien-Schön-brunn«. Sie war das geheime Quartier der Waffen-SS, die hier eine Kraftfahrtech-nische Versuchsanstalt betrieb.

Die Aktion bekam den Namen »KZ-Mauthausen-Außenstelle Schönbrunn«. Schauberger und seine fünf Häftlinge beziehungsweise Mitarbeiter hatten hier mehr Freiheiten und wurden höchstens von der Militärpolizei beim Ausgang in Wiener Lokalen gestört, weshalb Schauberger von der KZ-Leitung einen Verweis erhielt, »*zu freundlich zu seinen Häftlingen*« zu sein. Was Schauberger genau machte und wo es passierte, ob die außergewöhnliche Situation von zwölf unter-irdischen Wasseradern im Glorietteberg eine Rolle spielte oder der Kraftort Tier-garten mit den kreuzenden Wasserlinien unter dem Pavillon, ist nicht bekannt. Unklar ist, ob es zum Start der »Repulsine« in Schönbrunn kam. Dass sie funktio-nierte, ist verbürgt. Das ganze Unternehmen war, wie gesagt, streng geheim, wes-halb sich die alliierten Geheimdienste auch ganz besonders dafür interessierten und offenbar auch bestens informiert waren. Auf jeden Fall war Schönbrunn ein Ziel für Bombenangriffe, die auch nicht sehr lange auf sich warten ließen.

Angriff auf Schönbrunn – Bombenregen auf den Tiergarten

In den frühen Morgenstunden des 19. Februar 1945 heulten die Luftschutzsire-nen über Wien und aus dem Radio rief der Kuckuck, das akustische Warnsignal vor feindlichen Flugzeugen. Im Tiergarten Schönbrunn heulten die Wölfe mit den Sirenen und im Keller der Direktion saßen Antonius und seine dreißig Angestell-ten und zitterten um ihre Tiere, die sie natürlich in den Käfigen lassen mussten. Nach der Entwarnung sahen sie Schreckliches. Die Piloten der US-Bomber hat-ten sich diesmal die unschuldigsten Opfer ausgesucht: Tiere in der Obhut der Menschen, die nicht aus ihren Käfigen flüchten konnten. Auf den Tiergarten

Im Februar 1945 zerstörten zwei Bombenangriffe mit 300 Bomben fast den ganzen Zoo. Nur der Pavillon blieb verschont

Schönbrunn war ein Bombenregen niedergegangen. Das Elefantenhaus, die Unterkunft des Nashornpärchens, das Raubvogel-, Singvogel- und Sumpfvogel-haus waren vollständig zerstört.

Doch mit diesem Angriff sollte es noch nicht genug sein. Zwei Tage später, am 21. Februar 1945, kamen die Flugzeuge wieder und warfen neuerlich Bomben auf den Tiergarten. Die Bilanz der Bombardements sieben Wochen vor dem Kriegs-ende: Dreihundert Bomben hatten den Tiergarten getroffen, zweihundert davon waren in Tiergehegen explodiert. Fast alle Tierhäuser wurden vernichtet oder zumindest schwer beschädigt. Der achteckige Frühstückspavillon des Kaisers, im Zentrum des Tiergartens, in dem Papageien untergebracht waren, blieb ver-schont. Von 3.500 Tieren lebten nur mehr 1.500. Der Rest lag tot unter den Trüm-mern, war entflogen oder davongelaufen.

Karl Schopper, damals Tierpfleger in Schönbrunn, erinnerte sich:

> *Der ganze Tiergarten war ein einziges Chaos. Das Nashornpärchen – tot. Ein weiblicher Elefant war so schwer verletzt, dass er erschossen werden*

musste. Von den ursprünglich 800 verschiedenen Vögeln blieben nur die Papageien im Pavillon übrig. Aus der in Europa führenden Vogelsammlung wurde innerhalb weniger Minuten ein Nichts. Flamingos, Kraniche, Störche, Fasane, Möwen – alles tot. Ebenso die Adler und die meisten Geier. Vom Kondorpärchen, den Geiern mit der größten Flügelspannweite, überlebte nur das Männchen. Einsam und allein saß er drei Tage lang auf der Gloriette. Dann war er plötzlich verschwunden. Vielleicht wurde er abgeschossen, vielleicht hat er irgendwie überlebt.

Einen Adler zog es nach Hietzing. Einmal saß er im Hof der Tischlerei Varga in der Maxingstraße, ein anderes Mal wurde er am Dach des Postamts gesichtet. Die Bewohner rund um Schönbrunn wurden über Rundfunk und Zeitungen aufgefordert, zugeflogene exotische Vögel dem Tiergarten zurückzubringen oder die Tiergartenleitung zu verständigen. Manche Tiere, die flüchten konnten, wie zum Beispiel Steinböcke, aber auch ein Känguru, sind nach dem ersten Schreck von selbst zurückgekommen und haben wieder ihren alten Platz eingenommen, auch wenn ihre Anlage zerstört war. Auch die Gloriette, auf der jener Kondor drei Tage lang gesessen war, wurde durch Bomben getroffen. Ebenso das Schloss Schönbrunn, wo die große Galerie mit dem Deckengemälde von Guglielmo ostseitig beschädigt und die linke Freitreppe weggerissen wurde. Eine große Bombe blieb im Gewölbe der Großen Galerie stecken, ohne zu explodieren. Dennoch spürte man den Einschlag im Luftschutzraum wie ein Erdbeben.
Das Schönbrunner Schlosstheater erlitt leichte Beschädigungen, doch blieben gerade die wundervollen Schauräume wie durch ein Wunder unbeschädigt.

Der Tod fiel vom Himmel: Nach dem Angriff lebten von 3500 Tieren nur mehr 1500. Auch das Nashorn starb im Bombenhagel

Einen schweren Treffer bekam das Palmenhaus, das vollständig ausbrannte, zirka 45.000 Glasscheiben sind dabei zu Bruch gegangen. Eingestürzte Häuser, umgefallene Gitter, leere Volieren prägten jetzt das Bild des Schönbrunner Tiergartens. Und dennoch benötigten die restlichen Tiere noch immer täglich zweihundertvierzig Kilogramm Fleisch und achthundert Kilogramm Heu – aber woher nehmen? Karl Schopper: *»Die Futtermittel waren fast gänzlich aufgebraucht, das Heudepot halb leer, und Obst und Gemüse gab es nicht oder kaum.«*

Am 9. April 1945 kamen über den Glorietteberg die ersten russischen Soldaten in den Tiergarten; für Schönbrunn war der Krieg zu Ende.

Die Rote Armee spendet Futter für die Tiere und eine entführte Kuh rettet kranke Affen

Der Zweite Weltkrieg war zu Ende: Über fünfundfünfzig Millionen Menschen hatte er weltweit das Leben gekostet. Und während am 27. April 1945 von den Russen die provisorische österreichische Staatsregierung mit Staatskanzler Renner an der Spitze anerkannt und vor dem Parlament die »Wiederherstellung der Republik Österreich« proklamiert wurde, hatte man im Tiergarten Schönbrunn große Sorgen. Karl Schopper: *»In Schönbrunn waren nur noch acht Männer und drei Frauen, die für die verbliebenen Tiere sorgen mussten, und es gab kaum noch Futter.«*

Zu diesen Sorgen kam noch ein neues Problem. Schopper: *»Die Russen holten damals jeden zum Arbeitsdienst. Eine Sondergenehmigung musste deshalb für mich und meine Schönbrunner Kollegen besorgt werden, denn wenn man uns zum Arbeitsdienst eingezogen hätte, wären die Tiere alle eingegangen.«* Gemeinsam mit Karl Rebernigg, dem Besitzer des gleichnamigen Zirkus, der während der letzten Kriegstage seine Waggons im Tiergarten eingestellt hatte und der gut Russisch sprach, gingen die restlichen Tierwärter zum sowjetischen Militärkommandanten, der seine Kommandantur im Haus des Polizeikommissariats Hietzing auf der Hietzinger Hauptstraße aufgeschlagen hatte. Und sie redeten, *»wie wenn's um das eigene Leben ging«*.

Die entschlossene »Delegation der Tierliebe« machte auf den sowjetischen Kommandanten General Dmitri Schepilow solchen Eindruck, dass er sich noch fast vierzig Jahre später genau daran erinnern konnte: *»Es gibt wirklich kuriose*

Dinge«, erzählte er Hugo Portisch und seinem Kameramann Sepp Riff, die ihn für die legendäre ORF-Serie »Österreich II« besuchten:

> *Da kam eine sehr aufgeregte Gruppe von Österreichern zu mir, die sofort vorgelassen werden wollte. Die Leute erklärten, sie seien das Personal des bekannten Wiener Tiergartens. Die Tiere brüllten vor Hunger und sie demolieren ihre Käfige, weil es kein Futter gebe. Ich ließ mich überzeugen, die Tiere im Tiergarten eine Zeit lang auf Armeekosten zu setzen, bis das Leben in Schönbrunn wieder richtig organisiert war. So gab ich dem General im Hinterland, General Dubrowskij, die Anweisung, für die Bewohner des Wiener Tiergartens Armeerationen auszugeben.*

Außerdem wurden Genehmigungen in Deutsch und Russisch erteilt, wonach die »Schönbrunner« für keine andere Arbeit außer für die Aufrechterhaltung des Betriebes im Zoo herangezogen werden dürfen. Bis Juli 1945 wurden die Tiere von Schönbrunn also von der Roten Armee gefüttert. Damit waren die Probleme aber noch nicht beseitigt, denn die sowjetischen Soldaten gaben nicht nur, sie nahmen auch, was sie wollten. Tag und Nacht wurde geplündert. Karl Schopper: *»Der General sagte uns: Sie können in der Lobau Heu holen. Also nichts wie los. Bis zur Hietzinger Brücke sind wir gekommen, dann war das Fuhrwerk weg, die Pferde waren weg, und der Kutscher war auch weg. Also wieder zur Kommandantura.«* Beim zweiten Anlauf hat es dann geklappt. Fleisch für die Raubtiere gab es auch: Elf Kamele einer usbekischen Nachschub-Einheit, die bis ins Waldviertel gekommen waren, wurden dem Tiergarten überge-

Die russischen Soldaten ließen sich mit den Tieren fotografieren. Gleichzeitig beschlagnahmten sie die Kühe aus Sisis Stall. Doch die Tierpfleger wussten sich zu helfen

ben. Man wollte den Tieren den langen Weg zurück ersparen. Dann wurden plötzlich die Affen krank: Durch Vitaminmangel bekamen fast alle Durchfall, fielen wie Steine von den Haltestangen und lagen zitternd auf dem Boden. Sie brauchten dringend Obst und Milch. Doch woher nehmen? Diesmal gab es keine Hilfe von den Russen, und die Kühe im Stall der Kaiserin Elisabeth hatten sie auch beschlagnahmt. Doch die Schönbrunner Tierpfleger wussten Rat und hatten Mut: Sie entführten eine der Kühe und versteckten sie im Tiergarten. Aus Milch und Reis machten sie einen Brei, dem sie Erde beimischten. Schopper: *»Mit dem Gatsch fütterten wir die Affen. Eine Woche später waren sie wieder gesund. Milch und Reis gab Kraft, die Erde stopfte.«*

Am 19. Juli 1945 bekam Schönbrunn einen neuen Leiter: Der Tierarzt Julius Brachetka wurde der vierzehnte Direktor in der Geschichte des Tiergartens Schönbrunn und mit neunundzwanzig Jahren der jüngste, der dieses Amt ausübte. Die Zeit, in der er antrat, war dafür die schwerste, die der Zoo durchzumachen hatte. Überall Verwüstungen – und der Hungerwinter 1945/46 stand noch bevor.

Mit großem Einsatz, viel Mut und grenzenloser Fantasie brachten Brachetka und seine Mannschaft den Tiergarten durch die schwere Zeit. Der Tierbestand wurde in den ersten Hungerjahren der Nachkriegszeit nicht nur gehalten, sondern auch noch wesentlich vergrößert. Bei der Beseitigung der Schuttberge, die der Bombenangriff verursacht hatte, machte Julius Brachetka eine bedeutende historische Entdeckung: Unter den Trümmern des Nilpferdhauses fanden sich Akten über den Tiergarten aus der Zeit vor dem Ersten Weltkrieg. Sie erwiesen der Geschichtsforschung einen unschätzbaren Dienst – handelte es sich doch um Unterlagen über die Zeit, in der die Menagerie ihre größte Entfaltung in der Monarchie erreicht hatte. Die Geschichte des Tiergartens ließ Brachetka nicht mehr los und er forschte weiter. Im Stadtarchiv fand er den ältesten Nachweis für einen Tiergarten in Wien aus 1452 und in der Graphischen Sammlung Albertina den verloren geglaubten Plan für die Menagerie aus 1751. Schließlich schrieb er 1947 ein Buch über Schönbrunn, das erste, das seit fast hundert Jahren zu diesem Thema erschienen war:

> *Schönbrunn ist trotz aller Einbußen noch immer ein gesegnetes Stück Erde, bei dessen Anblick einem das Herz weit werden muss. Am schönsten aber ist es frühmorgens oder noch mehr am Abend, wenn die Schatten die Kastanienbäume wie eine dunkle Wand erscheinen lassen und der Pavillon im Strahl der scheidenden Sonne aufleuchtet. Wenn das abendliche kraftvolle*

Gebrüll der Löwen ertönt, in das sich das Geheul der Wölfe, Schakale und Dingos zu einem mächtigen Abendkonzert der Natur vereint, dann könnte man fast glauben, die Welt wäre schön.

Seit damals sind viele Jahre vergangen und nach der siebenjährigen Aufbauzeit mit Brachetka stand dem Wiener Zoo noch ein wechselvolles Schicksal bevor. Doch heute ist der Tiergarten Schönbrunn schöner denn je und zählt zu den zehn besten Zoos der Welt. Trotz modernster neuer Anlagen für die Tiere ist es gelungen, auch die einzigartigen historischen Bauten zu erhalten. Im Jahre 1997 wurde der Tiergarten Schönbrunn auch deshalb – gemeinsam mit dem Schloss und dem Park von Schönbrunn – in die Welterbeliste der UNESCO aufgenommen.

Geheimagenten und Wasserzauber

Nach den Bombenangriffen in Schönbrunn übersiedelte die »KZ-Mauthausen-Aussenstelle-Schönbrunn« nach Leonstein in Oberösterreich, wo in einem Sensenwerk eine neue Arbeitsstelle eingerichtet wurde. Nach der Übersiedlung gab es keinen Angriff mehr auf Schönbrunn. Bevor jedoch der Wasserzauberer Schauberger und seine Truppe mit der Arbeit beginnen konnten, war der Krieg vorbei und die US-Armee übernahm die Truppe. Die KZ-Häftlinge, die Viktor Schauberger schriftlich bestätigten, dass sie während der ganzen Zeit gut behandelt worden waren, fuhren wieder in ihre Heimat. Schauberger selbst erhielt Schutz-Bewachung, weil sich inzwischen auch die Russen für seine Arbeiten interessierten. In seine Wiener Wohnung waren sie schon eingedrungen und hatten zahlreiche Unterlagen mitgenommen. Im Grunde musste er wieder von vorne beginnen. Da meldeten sich plötzlich geheimnisvolle Investoren aus den USA. Schauberger wurde nach Amerika gelockt. Ihm wurde versprochen, hier ungestört arbeiten zu können und Geld wäre auch jede Menge vorhanden. Sollte ihm die Beobachtung der pfeilschnellen Forelle doch Glück gebracht haben und seine Forschungen nun die verdiente Anerkennung erhalten? Schauberger und sein Sohn wurden nach Texas geflogen, ebenso seine Aufzeichnungen und Modelle. Dann plötzlich eine Wendung: Sie konnten keine Verbindung mehr mit der Außenwelt aufnehmen und sogar die Post wurde zensiert. Aus dem geplanten »kurzen Ausflug« entwickelte sich ein goldenes Gefängnis, mit unbeschränkter Haftdauer. *»Eine so große*

Sache verlangt Opfer. Sie werden die nächsten Jahre in einem Wüstengebiet von Arizona verbringen«, wurde ihm gesagt. Schauberger protestierte.

Um wieder nach Hause zu können, musste er seine Unterlagen übergeben und schriftlich garantieren, über alles Vorgefallene still zu schweigen. Auch sein Sohn musste garantieren, zu schweigen, weil er sonst auch in Österreich nicht mehr sicher sein werde. Schauberger ist über das Vorgefallene total erregt und empört. Fünf Tage nach seiner Rückkehr stirbt Viktor Schauberger. Den größten Teil seines Wissens nimmt er mit ins Grab. Der US-Geheimdienst hat ganze Arbeit geleistet. Die alternative Technik ist in amerikanischen Händen und auch die Atom-Lobby kann sich freuen, weil eine mögliche Konkurrenz ausgeschaltet wurde. »Energie aus dem Nichts« bleibt vom Markt. Ewig wird sich das nicht halten, denn Schaubergers Leitspruch: *»Die Natur beobachten um sie zu imitieren«*, ist mittlerweile allgemein in die Wissenschaft eingedrungen und wird auf vielen Ebenen praktiziert. So ist durchaus damit zu rechnen, dass Schaubergers geniale Erkenntnisse neu analysiert und weitergedacht werden, bis sie schließlich ihren Durchbruch finden.

»Richtig hinschauen, mit Muße, offenen Augen und mit freiem Geist – das war eine Kunst, die Viktor Schauberger beherrschte wie kaum jemand sonst. Und so offenbarte sich ihm die Natur und das Wasser zeigte ihm seine Geheimnisse«, sagt sein Enkel Jörg Schauberger, der in Bad Ischl das Erbe seines Großvaters bewahrt und in Vorträgen, Ausstellungen und Publikationen am Leben erhält. Bemerkenswert ist, dass bald nachdem Viktor Schauberger aus den USA zurückkam, häufig Sichtungen von fliegenden Untertassen gemeldet wurden. Stets wurden die Beobachtungen von offiziellen Stellen als Täuschungen erklärt oder auf natürliche Ursachen zurückgeführt. Was aber ist, wenn diese geheimen Erfindungen in den USA weiterbetrieben und erfolgreich in die Tat umgesetzt wurden?

Rechte Seite: Tierische Show in Schönbrunn: Mähnenrobbe »Comandante« überwindet die Schwerkraft und fängt einen Fisch in der Luft (oben); Sibirischer Tiger schwimmt mit erhobenem Kopf: Mund und Nase bleiben frei von Wasser (unten)

Das Wunder der weißen Pferde und die Pioniere zum Schutz der Tiere

Hollywood in der Hofreitschule – Walt Disney und die Lipizzaner

Die Straßen um die Wiener Hofburg waren für den Autoverkehr gesperrt. Der Josefsplatz und die Stallburggasse bis zum Michaelerplatz mit Lastautos und riesigen Wohnwagen verparkt, die hinter der Windschutzscheibe eine kleine Tafel mit der Aufschrift »Disney Production« trugen. In die Stallburg und die Winterreitschule der Lipizzaner führten dicke Kabel, die von einem Lastwagen ausgingen, der ein kräftiges Brummen verursachte. Hier stand der Generator, mit dem die Filmleute aus Amerika den Strom für die riesigen Scheinwerfer erzeugten. Damit setzten sie die schönste Reithalle der Welt und die historischen Stallungen in effektvolles Licht. Über die ganze Breite der Reitbahn war ein fahrbares Gerüst aufgebaut, das bis zur Decke reichte und auf mehreren Stockwerken Platz für Kameras und Scheinwerfer bot. Die ganze Anlage stand auf Schienen, die je nach Bedarf durch den ganzen Saal verlängert werden konnten. Dadurch war es möglich, die Auftritte der Reiter aus allen Höhen und von allen Seiten besonders effektvoll aufzunehmen. Der berühmte Saal, einst vom Barockbaumeister Fischer von Erlach für Kaiser Karl VI. erbaut, war mit rot-weiß-roten Blumengestecken und rot-weiß-roten Fahnen geschmückt. Ein eindrucksvolles Bekenntnis zum freien Österreich. Für die Filmaufnahmen wurden die Reiter neu eingekleidet: Anstatt ihrer traditioneller brauner Uniformen trugen sie nun zu den weißen Hosen rote Uniformjacken mit goldenen Einfassungen: »Im Kino wirkt das besser.« Walt

Linke Seite: Oberst Alois Podhajsky, der legendäre Leiter der Spanischen Hofreitschule, und sieben Lipizzaner. Er trägt seine traditionelle Dienstuniform, dekoriert mit den höchsten Orden des dänischen und niederländischen Königshauses. Das Bild wurde 1952 von Siegfried Stoizner gemalt und befindet sich im Kunsthistorischen Museum Wien

Disney, der geniale Filmkünstler aus Hollywood, hatte an alles gedacht. Er war persönlich zu den Dreharbeiten nach Wien gekommen und wohnte wie seine Stars im Hotel Sacher. Verfilmt wurde eine Geschichte, die das Leben im Jahre 1945 geschrieben hatte und über die von Alois Podhajsky, dem Leiter der Spanischen Hofreitschule, in seinem spannenden Buch »Ein Leben für die Lipizzaner« berichtet wurde: die Flucht der weißen Hengste aus Wien und die Rettung der Pferde des Gestüts Piber am Ende des Zweiten Weltkriegs. Es war der wohl dramatischste Abschnitt in der jahrhundertelangen Geschichte der ältesten Reitschule der Welt. Als das Buch geschrieben wurde, kam der Hoffotograf der englischen Königin Elisabeth II., Anthony Armstrong Jones, aus London nach Wien, um Oberst Podhajsky zu fotografieren. Später heiratete er Prinzessin Margarethe, wurde Mitglied des englischen Königshauses und erhielt den Titel »Earl of Snowdon«.

Die Ehe ist längst geschieden, Hoffotograf seiner Ex-Schwiegermutter ist er geblieben und auch den Titel Lord Snowdon durfte er behalten. Im Film von Walt Disney spielte Robert Taylor die Rolle des legendären Oberst Podhajsky. Seine Gattin wurde von Lilli Palmer verkörpert. In weiteren Rollen sah man Curd Jürgens als General und den jungen Fritz Wepper als Bereiter Hans. Regie führte Arthur Hiller, der einige Jahre später Kult-Status mit dem Oscar-gekrönten Film »Love Story« erreichen sollte.

Walt Disney, der Erfinder der Mickey Mouse, hatte zuvor mit »Bambi« einen gewaltigen Erfolg. Dieser klassische Zeichentrickfilm aus dem Jahr 1942 zeigt das Leben eines jungen Hirschen von seiner Geburt an über seine Jugendjahre aus der Sicht der Tiere. Die Vorlage lieferte das Buch des Wieners Felix Salten. Der Film wurde, mitten im Krieg, zu einem ungeheuer starken Appell zur Gewaltlosigkeit. Bis heute rangiert »Bambi« neben »Vom Winde verweht« auf der Liste der erfolgreichsten Filme. Disney bezeichnete ihn als seinen persönlichen Lieblingsfilm. Mit seinen zahllosen Zeichentrick-, Natur- und Spielfilmen bekam Disney insgesamt sechsundzwanzig Oskars und zahllose Nominierungen. Dazu kamen die Disneyland-Themenparks, sodass er zu den prägendsten Personen des 20. Jahrhunderts wurde. Insgesamt erhielt Disney mehr als achthundert verschiedene Preise und Auszeichnungen und ist somit eine der am häufigsten ausgezeichneten Persönlichkeiten in der Geschichte. Das Leitmotiv des 1966 verstorbenen Walt Disney war, Sachverhalte für Kinder nicht zu verharmlosen, sei es im richtigen Leben oder im Film:

Das Leben besteht aus Licht- und Schattenseiten. Und wir wären unehrlich, unaufrichtig und verniedlichend, wenn wir so tun, als gäbe es diese Schattenseiten nicht. Viele Dinge sind gut und diese sind die stärksten Dinge, aber es gibt auch böse Dinge, und wir tun unseren Kindern keinen Gefallen, wenn wir sie vor der Realität abschirmen. Das wichtigste ist, unsere Kinder zu lehren, dass das Gute immer über das Böse triumphieren kann. Und genau das ist es, was ich mit meinen Filmen versuche.

Ein Leitmotiv, dem sich die Disney-Studios auch heute noch verpflichtet fühlen. Mit »Die Wüste lebt« oder »Wunder der Prärie«, hat er ganze Generationen für das Leben der Tiere begeistert und die Latte für die Qualität von Naturfilmen deutlich höher gelegt. Gleichzeitig wurde er zum Wegbereiter des Umweltschutzes. Disney hatte, nachdem er die Sissi-Filme gesehen hatte, seine Liebe zu Film-Themen aus Österreich entdeckt. Als erstes drehte er einen Film über Ludwig van Beethoven mit Karlheinz Böhm in der Rolle des Komponisten, dann einen über Johann Strauß, mit Senta Berger als Frau des Walzerkönigs, das Drehbuch schrieb Fritz Eckhard. Die größte Disney-Produktion in Österreich wurde allerdings »Die Flucht der weißen Hengste«. Alois Podhajsky doublete Robert Taylor in den Reitszenen. Er spielte sich also selbst in allen Szenen, in denen der Film-Podhajsky am Pferd saß. *»Gefühlvolle Familienunterhaltung im bekannten Stil der Disney-Studios«*, beurteilten die Kritiker den Film, als er im Jahr 1963 in die Kinos kam. Gedreht wurde in Englisch und der Originaltitel war »Miracle of the White Stallions«, zu Deutsch: »Das Wunder der weißen Hengste«. Und ein Wunder war es tatsächlich, das hier, achtzehn Jahre zuvor, in der Spanischen Hofreitschule, seinen Anfang nahm.

Bomben, Panzer, Lipizzaner

Mit sorgenvollem Blick stand Oberst Alois Podhajsky, der Leiter der Spanischen Hofreitschule, am Fenster seines Büros im ersten Stock der Wiener Hofburg und schaute auf den Michaelerplatz. Der schreckliche Krieg dauerte nun schon sechs Jahre und die Kampfhandlungen schienen sich immer mehr der Stadt Wien zu nähern. Fast nur Militärfahrzeuge waren unterwegs. Auch das Fahrzeug, das sich nun der Reitschule näherte, gehörte zur deutschen Armee. Wenige Minuten später stand ihm der Befehlshaber des Wehrkreises XVII, General der Infanterie Schubert, gegenüber. Er war gekommen um ihm persönlich mitzuteilen, dass der Reichsstatthalter von Wien, Baldur von Schirach, in seiner Eigenschaft als Reichsverteidigungs-Kommissar darüber Klage geführt hatte, dass die wertvollen Pferde zu wenig geschützt und deshalb in den Lainzer Tiergarten zu bringen seien.

Darauf Podhajsky: »*Ich kann es nicht glauben, dass die Alliierten, die bisher Rom und Paris von Luftangriffen ausgenommen haben, nicht auch die gleiche Achtung der Kulturstadt an der Donau entgegen bringen werden.*«

Auch der General war der Meinung, dass Wien wohl nicht bombardiert werde, meinte aber, dass nach Erhalt des Briefes doch etwas zu tun sei. Eine schwere Entscheidung stand an. Podhajsky entschloss sich zu einem Kompromiss: Die jungen Pferde kamen ganzjährig nach Lainz und die Schulhengste blieben über den Winter in der Stallburg. Dadurch konnten die Vorführungen weiter stattfinden, die gerade in jenen Kriegstagen immer mehr Besucher anzogen. Podhajsky: »*Die Menschen suchten Vergessen von den Sorgen des Alltags und ließen sich durch die Darbietungen der edlen Lipizzaner für Stunden in eine Traumwelt entführen.*«

Der erste schwere Luftangriff auf die innere Stadt im September 1944 zerstörte aber die Illusion, Wien könnte verschont bleiben. Nun war es traurige Gewissheit: Auch die alte Kaiserstadt sollte die brutalen Methoden des modernen Krieges erfahren. In der nächsten Zeit heulten immer öfter die Sirenen, die Luftangriffe ankündigten oder Entwarnung gaben, wenn die Bomber ihre tödliche Last abgeladen hatten und am Horizont verschwunden waren. Podhajsky:

> *Interessant war das Verhalten der Pferde bei den Luftangriffen. Bald erkannten sie das Alarmsignal und kamen von selbst zum Eingang ihrer Box, um das Aufzäumen zu erleichtern, und ließen sich dann im Laufschritt in die Winterreitschule führen, wo der Pferdegang ihr Luftschutzraum war. Ruhig blieben sie dort stehen, selbst wenn der Alarm oder die Angriffe stundenlang dauerten. So auch am 10. September 1944, als rings um die Reitschule – auf dem Michaelerplatz und in der Stallburggasse – Bomben fielen, Fenster zertrümmerten und Türen herausgerissen wurden. Bei den schweren Detonationen machten sie sich ganz klein, wie Menschen, die eine von oben kommende Gefahr fürchten. Es war mir damals, als hätten die klugen Schulhengste einen besonderen Ausdruck in ihren Gesichtern, als wollten sie sagen: Wie unbegreiflich sind doch die Menschen.*

Einreiten zur Schulquadrille in die Winterreitschule der Wiener Hofburg, der schönsten Reithalle der Welt

Jetzt galt es, möglichst schnell die Stadt zu verlassen. Auch Lainz fiel aus, denn, so Podhajsky: »*Amerikanische Bomber haben unbegreiflicherweise auch einmal Bomben im Lainzer Tiergarten abgeworfen und beinahe die dortigen Stallungen getroffen.*«

Doch jetzt meinte das Wehrkreiskommando, die Pferde müssten in der Stadt bleiben, um die Bevölkerung nicht zu beunruhigen, die in der Abreise der Tiere ein Anzeichen für ein Misslingen des angekündigten »Endsieges« vermuten könnten. Aus Stimmungsgründen sollte deshalb die Spanische Hofreitschule in Wien bleiben. Über den Ausgang des Krieges hatte jedoch kaum jemand den geringsten Zweifel. Trotz der ständigen Ankündigungen von bevorstehenden militärischen Operationen, die eine völlige Änderung der Kriegslage bringen würden. Selbst Wunderwaffen wurden angekündigt. Für den Leiter der Spanischen Hofreitschule begann jetzt ein Kampf um die Genehmigung zur Evakuierung der wertvollen Pferde. Außerdem musste ein passendes Quartier gesucht werden, das aber bald in St. Martin in Oberösterreich gefunden wurde. Als die Genehmigung weiter ausblieb, versuchte es Podhajsky »ganz oben«, beim schwer abgeschirmten Gauleiter Baldur von Schirach, direkt in dessen Villa in Pötzleinsdorf. Schließlich wurde er vorgelassen. Nach einer längeren Diskussion bekam er die notwendigen Formulare mit den Worten: »*Es fällt mir nicht leicht, Ihnen die Zustimmung zur Evakuierung zu geben, denn für mich war die Spanische Hofreitschule immer Wien und mit dem Verlassen der Lipizzaner geht ein Stück Wien von uns.*«

Jetzt waren die notwendigen Papiere da und ein Quartier wartete in Oberösterreich. Was noch fehlte, waren Waggons, mit denen die Pferde transportiert werden konnten. Die Reichsbahn war aber total überlastet und hatte keine Waggons frei. Und die Zeit drängte. Aus Budapest kam die schreckliche Nachricht, dass die dortige Spanische Reitschule, die man 1933 nach dem Vorbild der Wiener Hofreitschule gegründet hatte, in die Hände der Roten Armee gefallen war: Das Personal verschwand in der Kriegsgefangenschaft und vierzehn Lipizzaner-Hengste, die sich beim Einspannen widersetzten, wurden auf der Stelle erschossen. Die Budapester Spanische Reitschule hatte zu existieren aufgehört. Dann gab es endlich Waggons, aber durch die ständigen Bombenangriffe waren die Bahnhöfe zerstört. Nur auf Umwegen konnten die Pferde die Stadt verlassen. Um Mitternacht endlich rollte der lange Zug aus Wien hinaus. Am frühen Morgen wurde das knapp zwanzig Kilometer entfernte Tulln erreicht und die Waggons auf ein Nebengleis abgestellt, weil dem dortigen Fahrdienstleiter ein Formular mit der Transportnummer fehlte. Warten, streiten, hin und her. Am nächsten Morgen fuhr der Zug dann aber doch. Ohne Transportnummer ging es weiter auf die Westbahn nach Amstetten. Dort neuerlicher Stillstand, weil alle Gleise mit Militärtransporten belegt waren. Als der Zug endlich in Linz einfuhr, heulten die Luftschutzsirenen. Der Zug hielt plötzlich an, die Lokomotive wurde abgekoppelt und fuhr davon. Alle Personen verließen im Laufschritt den Bahnkörper und liefen in einen Luftschutzkeller. Die Waggons mit den Lipizzanern standen schutzlos auf den Gleisen. Podhajsky:

Ich konnte mich nicht dazu entschließen meine Lieblinge zu verlassen und blieb mit meiner Frau im Waggon zurück. So wurden wir Zeugen eines schwer auf uns niedergehenden zweistündigen Bombardements. Die Erschütterung durch die Bombeneinschläge war so groß, dass wir zeitweilig das Gefühl hatten, vom Luftdruck in die Höhe gehoben und aus den Schienen geschleudert zu werden. Der Boden ächzte und zitterte förmlich unter der Wucht der Explosionen, aber auch wir und die Pferde zitterten am ganzen Leib.

Zum Glück wurden die Waggons nicht getroffen. Der Angriff war einer von insgesamt zweiundzwanzig Bombardements, die auf Linz niedergingen und hauptsächlich den Hermann-Göring-Werken galten, wo für Hitlers Krieg der Stahl zum Bau von Bomben und Kanonen hergestellt wurde. Ein gewaltiges Geschäft. 1944 musste sogar ein vierter Hochofen eröffnet werden. Den Namen hatten diese Werke nach Hermann Göring, dem Oberbefehlshaber der deutschen Luftwaffe, Gründer der Gestapo und Bauherr der ersten Konzentrationslager. Nach Kriegsende wurde er beim Nürnberger Prozess zum Tode verurteilt. Der Hinrichtung entzog er sich durch Selbstmord. Seine Stahl-Werke übernahm die Republik Österreich und machte daraus die VOEST. Nachdem die Waffen schwiegen, wurde aufgelistet: Linz hatte nach Wien die meisten Gebäudeschäden erlitten, an dritter Stelle lag Graz. Die meistzerstörte Stadt Österreichs war mit achtundachtzig Prozent Gebäudeschäden Wiener Neustadt. Insgesamt wurden über 120.000 Tonnen Spreng- und Brandbomben auf Österreich abgeworfen. 35.000 Tote und etwa 57.000 Verwundete waren allein durch die Luftangriffe zu beklagen. Eine Horrorbilanz.

Zurück zum Inferno von Linz und den einsam am Gleis stehenden Waggons mit den Lipizzanern. Nachdem die Bomber abgedreht hatten und die Luftschutzsirenen ihr Signal zur Entwarnung heulten, kam die Lokomotive, die den Zug im Bombenhagel stehen gelassen hatte, wieder zurück und die Fahrt ging weiter. Vor einem Tieffliegerangriff konnte der Zug gerade noch auf eine Nebenstrecke ausweichen und sich in einem Tal verstecken. Aber vor Wels wurde wieder auf freier Strecke gehalten, weil gerade ein schwerer amerikanischer Luftangriff auf die Stadt niederging. Podhajsky: *»Nach viertägiger Fahrt auf der kurzen Strecke von kaum 300 Kilometern trafen wir am 10. März 1945 wohlbehalten in St. Martin im Innkreis ein, dem ersten Exil der Spanischen Hofreitschule seit ihrer Gründung.«*

Das Quartier war im Schloss der Grafen Arco-Valley. Das lag direkt neben der Kirche, umgeben von einem großen Park. In St. Martin gibt es auch zwei Katastralgemeinden mit den denkwürdigen Namen Diesseits und Jenseits. Für die Spanische Hofreitschule im Exil galt es nun, an das Diesseits zu denken und das Leben neu zu organisieren. Boxen für die Pferde einzurichten und das Futter einzuteilen. Auch musste an die Beschäftigung der Pferde gedacht werden. Da die

Reitbahn des Schlosses für die zahlreichen Pferde zu klein war, wurde der größere Teil der Hengste durch Ausritte in die Umgebung bewegt. Podhajsky: »*Eine dringende Notwendigkeit waren Vorbereitungen zum sofortigen Verschwinden lassen unserer Wehrmachtsuniformen, bei der Ankunft gegnerischer Truppen.*«

Es wurde deshalb für alle Reiter und Pferdepfleger Zivilkleidung organisiert. Im anderen Fall hätte eine Festnahme als Kriegsgefangener gedroht, da die Hofreitschule während der Kriegsjahre der Wehrmacht unterstellt war. Als dann die ersten Amerikaner eintrafen, verwandelten sich die Soldaten blitzschnell in Zivilisten. Podhajsky: »*Das funktionierte so großartig, dass die ersten Streifen der amerikanischen Militärpolizei keine Wehrmachtsangehörigen mehr vorfanden und sich auf die Frage beschränkten ›Hier nix SS?‹, was wir mit ruhigem Gewissen verneinen konnten.*«

Hingegen trieben die Amerikaner alle Uniformierten, die sie irgendwo antrafen, rücksichtslos auf einer freien Wiese zusammen, wo sie dann tagelang unter strenger Bewachung ohne Verpflegung schutzlos jeder Witterung ausgesetzt, auf den Abtransport in ein Kriegsgefangenenlager warten mussten. Podhajsky: »*Ein typisches Beispiel, dass der Sieger immer wieder glaubt, ein begangenes Unrecht durch neues Unrecht vergelten zu müssen.*«

Für den Leiter der Hofreitschule blieb die große Sorge, was mit den Pferden aus Piber geschieht. Sie waren von der Deutschen Verwaltung 1942 nach Hostau in der Tschechoslowakei verlegt worden. Gemeinsam mit Pferden aus Ungarn, Italien und Jugoslawien waren sie dort auf einem Gut untergebracht. Sollten die Stuten und Jungtiere verloren gehen, wäre es das Ende der Spanischen Hofreitschule, aber auch das Ende für die Lipizzanerzucht und somit das Ende einer der ältesten Kulturpferderassen Europas. In den nächsten Tagen rollten ununterbrochen Militärfahrzeuge durch St. Martin. In den späten Nachmittagsstunden des 3. Mai verließen einige Autos die endlose Kolonne und näherten sich dem Schloss. Es waren der Generalstabschef des XX. Korps, Brigadegeneral Collier und einige Offiziere, die hier für den Stab dieses Korps Quartiere suchten. Dann überschlugen sich die Ereignisse. Aus dem Stall kam die Nachricht, dass hier ein amerikanischer Major sei, der sich nach Podhajsky und »Nero« erkundigte. Es folgte eine freudige Begrüßung, denn der Major war bei der Olympiade 1936 in Berlin gewesen und hatte miterlebt, wie Podhajsky auf dem Lipizzaner-

Rechte Seite: Hohe Schule: Bei der Levade steht der Hengst mit dem ganzen Gewicht auf der Hinterhand, bei stark gebeugten Hanken (Hüft-, Knie- und Sprunggelenk)

hengst »Nero« eine Bronzemedaille im Dressurreiten errang. Jetzt schlug Brigadegeneral Collier vor, in St. Martin eine Begrüßungs-Gala der Spanischen Hofreitschule für General Patton zu veranstalten, der in den nächsten Tagen erwartet
wurde. General George S. Patton hatte bei den Olympischen Spielen 1912 in
Stockholm im modernen Fünfkampf den fünften Platz belegt. Außerdem war er
ein großer Pferdeliebhaber. Im Zweiten Weltkrieg hat er sich höchste militärische
Ehren erworben. Er galt als Rebell in Uniform, der an Reinkarnation glaubte und
dem nachgesagt wurde, in seinem Handeln oft rücksichtslos und brutal vorzuge-
hen. 1970 wurde sein Leben sogar verfilmt. George C. Scott spielte die Titelrolle.
Francis Ford Coppola schrieb das Drehbuch. Doch das war noch in weiter Ferne,
als am 7. Mai 1945 die historische Vorführung der Spanischen Reitschule stattfand. Alles war aufs beste vorbereitet und die Reitbahn reizvoll geschmückt. Podhajsky: »*Der Wettergott schenkte uns seine besondere Gnade und hüllte St. Martin
in strahlenden Sonnenschein.*«

Gegen elf Uhr betraten die hohen Gäste, die mit dem Flugzeug von Frankfurt
gekommen waren, den Hof. Auch ihr Erscheinen war feierlich geprägt. Von Mili-
tärpolizisten flankiert, wurden Standarten der 4. Armee und des XX. Korps getragen. Dahinter folgte General Patton mit dem Staatssekretär im Kriegsministerium
Patterson, dahinter vier Generäle und fünf Oberste. Die Herren waren bester
Stimmung, denn in den Morgenstunden desselben Tages hatte Deutschland
bedingungslos kapituliert. Der Krieg war vorbei. Um zwei Uhr einundvierzig
hatte im Hauptquartier des General Eisenhower in Reims der Generaloberst
Alfred Jodl, Chef des deutschen Wehrmachtführungsstabes, mit Genehmigung
des neuen Reichspräsidenten, Großadmiral Karl Dönitz, die Dokumente unterschrieben. Die Öffentlichkeit wusste noch nichts davon. Zunächst wurden die
Staatsoberhäupter der Alliierten verständigt. Außerdem verlangte die Sowjet-
union eine Wiederholung der Zeremonie in Berlin, welche in der nächsten Nacht
erfolgte.

Am Nachmittag berichteten die Radiosender und am nächsten Tag die Zeitungen.
»Stars and Stripes«, die US-Armee-Zeitung brachte eine Sonderausgabe mit einer
riesigen VICTORY Schlagzeile.

Die Reiter der Hofreitschule waren vor ihrem großen Auftritt also noch völlig
ahnungslos über das Ende des fürchterlichen Krieges. Zum Glück, denn die
Freude hätte sie überwältigt. So aber konnten sie sich ganz auf ihren wichtigen
Auftritt konzentrieren. Podhajsky in seinen Erinnerungen: »*General Patton,*

groß und schlank, eine imposante Erscheinung, die die Persönlichkeit des berühmten Armeeführers deutlich spüren ließ.«

Als die Vorführung begann, befielen Podhajsky Zweifel, ob seine Gäste die Kunst von Pferd und Reiter zu würdigen wissen würden. In seinen 1960 veröffentlichten Erinnerungen schrieb er:

> Wir sollten eine traditionsgebundene Kunst, gleich dem Ballett nicht auf Sensationen aufgebaut, sondern im musikalischen Gleichklang der Bewegung gipfelnd, diesen fremden Männern aus fernen Ländern, die noch gestern unsere Feinde waren, so überzeugend vor Augen führen, dass sie unsere Arbeit, die zum vollen Verstehen doch gewisse Fachkenntnisse erfordert, auch als Kunst empfinden und werten können. Letzten Endes hing ja davon die Existenz der Spanischen Hofreitschule in den nächsten Wochen und Monaten ab.

Die Piaffe am langen Zügel vorgeführt: Auf der roten Satteldecke leuchtet der goldene Doppeladler

Doch seine Sorge war unbegründet: General Patton folgte zunächst zwar etwas teilnahmslos, fast gelangweilt, den Bewegungen in der kleinen Reitbahn, doch dann konnte man beobachten, wie sich das Interesse immer mehr steigerte. Jede Figur wurde genau beobachtet. Besonders die Quadrille zog die Anwesenden ganz in ihren Bann. General Patton, der selbst Reiter war, zeigte seine Begeisterung mit starkem Applaus. »*In den Gesichtern spiegelte sich die Freude an dem Gesehenen*«, erinnerte sich Podhajsky und wusste, dass jene Minuten in St. Martin einer der bedeutendsten Augenblicke seines Lebens waren: In einem kleinen Dorf in Oberösterreich standen sich in entscheidender Stunde zwei Männer gegenüber, die einst beide um den olympischen Lorbeer für ihre Länder gekämpft hatten. Obwohl sie sich in ungleicher Position begegnen, der eine als siegreicher Feldherr in einem mit viel Erbitterung geführten Krieg, der andere als Angehöriger einer unterlegenen Nation, stand über diesem Zusammentreffen das Fluidum olympischen Geistes und dieses Empfinden ließ ihn freier sprechen. Podhajskys Schicksalsrede:

Sehr geehrter Herr Staatssekretär, hochgeschätzter Herr General!

Ich danke für die große Ehre, die Sie der Spanischen Hofreitschule und mir durch ihr Erscheinen erwiesen haben. Die Spanische Hofreitschule, dieses ureigenste österreichische Kulturinstitut, ist heute die älteste Reitschule der Welt, die im Laufe der Jahrhunderte Kriege und Revolutionen überleben konnte und auch die bewegten letzten Jahre glücklich überstanden hat. Die große amerikanische Nation, die ausgezogen ist, um europäische Kultur vor dem Untergang zu bewahren, wird gewiß auch dieser alten Schule, die mit ihren Reitern und Pferden gleichsam ein Stück lebendiges Barock darstellt, ihr Interesse entgegenbringen, weshalb ich glaube, keine Fehlbitte zu tun, wenn ich Sie, Herr General, um ihren besonderen Schutz und ihre Hilfe bitte. Um Schutz für die Spanische Hofreitschule und um Hilfe zur Auffindung und Rückführung des Lipizzanergestütes, das sich heute in größter Gefahr im Territorium der Tschechoslowakei befindet.

General Patton war durch den unerwarteten Appell etwas aus dem Konzept gebracht, führte zunächst eine kurze Unterredung mit dem Staatssekretär und verkündete dann, dass er die Spanische Hofreitschule »*unter den besonderen*

Schutz der amerikanischen Armee stelle, um sie dem neuerstandenen Österreich zurückzugeben«. Danach verlangte General Patton nach einer Karte, um den kleinen Ort Hostau in der Tschechoslowakei zu suchen, wo sich seit 1942 der österreichische Stamm der Lipizzanerzucht aus Piber befand. Beim anschließenden Lunch im Schloss soll General Patton nur von der Spanischen Hofreitschule und der grandiosen Vorführung gesprochen haben. Gleichzeitig gab er Anweisung, das Lipizzanergestüt ungeachtet der Demarkationslinie auf jeden Fall sicherzustellen und die Tiere in die amerikanische Zone nach Bayern zu bringen, bevor sie der Roten Armee in die Hände fielen. Am 15. Mai 1945 war es dann so weit. Die Lipizzaner sollten aus der Tschechoslowakei geholt werden. Ein geheimnisvolles Datum, denn es sollte auf den Tag genau zehn Jahre dauern, bis am 15. Mai 1955 der Österreichische Staatsvertrag unterschrieben wurde. Auch im Gut Hostau sah man seit langem die Gefahr. Gestütsleiter Hubert Rudolfsky wollte deshalb schon im April die Pferde nach Bayern evakuieren. Stabsveterinär Rudolf Lessing gelang es, unbemerkt durch die Linien zu kommen und mit den Amerikanern Kontakt aufzunehmen. Das war sehr gefährlich, denn in der Nähe gab es noch eine kampfbereite SS-Einheit. Hätte man ihn erwischt, wäre er als Kollaborateur verhaftet und vor das Kriegsgericht gestellt oder gleich erschossen worden. Bei den amerikanischen Truppen traf Lessing auf einen Colonel Reed, der ihm aufmerksam zuhörte, aber nicht eingreifen konnte, weil bei der Konferenz in Jalta die Aufteilung Europas längst beschlossen und die Tschechoslowakei den Russen zugesprochen war. Die Rote Armee war zu diesem Zeitpunkt noch etwa sechzig Kilometer entfernt.

Es muss Spekulation bleiben, was nach der Kontaktaufnahme im April bei den Amerikanern alles geschah. Mit Sicherheit wurde dem Stab von General Patton Meldung gemacht, mit dem Kriegsministerium Kontakt aufgenommen und der Geheimdienst informiert. Immerhin waren die Lipizzaner das Symbol eines freien Österreichs und in diesem Krieg hatten Symbole eine ganz besondere Bedeutung. Das würde auch erklären, warum der Staatssekretär Patterson und General Patton am 7. Mai nach St. Martin kamen, um sich die Lipizzaner persönlich anzusehen: Vermutlich wollten sie vor Ort entscheiden, ob sich ein Bruch der Vereinbarungen von Jalta tatsächlich lohnte. Nach der grandiosen Vorführung und dem überzeugenden Appell des Reitschulchefs Oberst Podhajskys war klar: Die Lipizzaner waren eine militärische Rettungsaktion wert, unabhängig von möglichen diplomatischen Folgen. Sie waren die lebenden Kronjuwelen Österreichs. Eines Landes, das von der Landkarte verschwunden war und nun wieder zu neuem Leben erwachte. Also startete die Aktion »Rettung der weißen Pferde«: Mit dem Flugzeug des Brigadegenerals flog Podhajsky zum Gestüt Hostau, um die inzwischen von amerikanischen Truppen geborgenen, mehreren hundert Pferde zu sichten. Gelandet wurde auf einer winzigen Wiese im Park. Podhajskys Hinweis, im Gestüt Hostau befänden sich auch Lipizzaner aus Jugoslawien und Italien, wurden mit der Bemerkung erledigt: *Für General Patton seien Lipizzaner und Österreich gleichbedeutend.«*

Die Pferde wurden im Schutz von fünf Panzern und dem Kommando eines Captains teils zu Fuß und teilweise auf Lastwägen in Marsch gesetzt. Zunächst über die Grenze nach Bayern mitten durch den Böhmerwald. Oberst Podhajsky berichtete darüber:

> *Kurz vor der deutsch-tschechischen Grenze überholten Kraftwagen mit einer alliierten Kommission die Kolonne und forderten den Führer auf, sofort anzuhalten, bis die Besitzverhältnisse des Gestüts geklärt seien. Der Captain erwiderte, dass ihn diese Frage nicht interessiere. Er halte sich an seine Order und werde jeden Widerstand dagegen brechen. Dabei wies er auf seine im Gelände verteilten fünf US-Panzer und setzte den Marsch fort, ohne die weiteren Proteste anzuhören.*

An der neuen Grenzstelle wollten die Tschechen den Schranken nicht öffnen und die Kolonne zurücksenden. Einer der US-Panzer fuhr vor, senkte sein Rohr und zielte auf das Grenzhäuschen. Der Captain sagte: *»Ich zähl jetzt bis drei«*, doch dazu kam es gar nicht. In Windeseile ging der Grenzbalken nach oben. So gelangte das Lipizzanergestüt wohlbehalten in das ruhig gelegene Schwarzenberg in Bayern. Die Lipizzaner waren gerettet. Doch nun gab es neue Interessenten, die das Lipizzanergestüt nach Amerika bringen wollten, weil *»Österreich sei nicht in der Lage, diese Zucht weiter zu betreiben«*. Doch Podhajsky erinnerte an die Worte des General Patton, *»die Pferde unter den besonderen Schutz der amerikanischen Armee zu stellen, um sie dem neuerstandenen Österreich zurückzugeben«*.

Als klar war, dass Österreich in vier Zonen aufgeteilt wird und die Russen Niederösterreich bekommen sollten, war auch der Weg nach Wien nicht möglich. Denn dieser ging durch die sowjetische Zone und die Russen hatten das Husarenstück des General Patton nicht vergessen, mit dem er ihnen die besten Pferde der Welt vor der Nase weggeschnappt hatte. Somit war klar: Sobald die Pferde die Demarkationslinie der russischen Zone überschritten, würden sie beschlagnahmt werden. Ebenso drohte Oberst Podhajsky die Verhaftung, weil er Mitglied der Wehrmacht war und die Flucht der weißen Pferde aus der Russenzone ausgelöst hatte. Die Hengste wurden deshalb auf Lastwagen nach St. Martin gebracht. Oberösterreich unter der Donau, in der US-Zone, blieb deshalb weiter das Exil der weißen Hengste. Nur die Stuten und Jungpferde aus Piber konnten heimkehren, denn Piber lag in der englischen Zone. Im April 1947 zogen die weißen Pferde unter dem Jubel der Bevölkerung wieder in Piber ein. Oberst Podhajsky organisierte inzwischen Auslands-Gastspielreisen für die Lipizzaner. In aller Welt warb nun das weiße Ballett für unsere schöne Heimat und erlebte dabei einen Siegeszug ohnegleichen. Als dann Österreich seinen Staatsvertrag erhielt, begannen in Wien die Vorbereitungen zur Rückkehr der weißen Pferde. Auch die riesigen Luster der Winterreitschule waren wieder da. Weder Deutsche noch Besatzungstruppen hatten sie abmontiert, sondern Oberst Podhajsky hat sie 1945 einmauern lassen. *Die Nachricht von der Rückkehr der Hofreitschule rief eine wahre Sensation in der Öffentlichkeit hervor. Presse, Rundfunk und Wochenschauen schufen der Schule eine Publizität, wie wir sie in diesem Ausmaße bisher nur im Ausland erlebt hatten*«, schrieb Podhajsky, der sich aufrichtig freute, *die Spanische Reitschule in solcher Weise im österreichischen Volk verwurzelt zu sehen, denn damit hatte ich eines meiner Hauptziele seit meiner Betrauung mit der Leitung dieses Institutes erreicht.*«

Hohe Schule in der Spanischen Hofreitschule: Die Courbette, ein Sprung mit gewaltigem Kraftaufwand. Ein Meisterstück für Hengst und Reiter

Verschweißte Kanaldeckel, die CIA im Stall und Wladimir Putin küsst die weißen Pferde

Die Herren, die in die Büroräume der Spanischen Hofreitschule kamen, waren hier bestens bekannt und wurden freudig begrüßt. Sie waren schon öfters im Haus gewesen. Immer dann, wenn ein fremdes Staatsoberhaupt die Vorführung der weißen Pferde besuchen will, erscheinen vorher die Beamten vom BVT, dem österreichischen Bundesamt für Verfassungsschutz und Terrorismusbekämpfung, ehemals Staatspolizei, um zu kontrollieren, ob der Staatsgast bei seinem Besuch auch völlig sicher ist. Meist kommen auch Sicherheitsbeamte aus dem Land des Staatsgastes mit. So war es auch im Juni 2006. Doch die Herren, die mit den österreichischen Beamten erschienen, wirkten seltsam nervös und traten sehr bestimmt auf. Sie sprachen wenig und wenn, dann Deutsch mit amerikanischem Akzent. Sie waren elegant gekleidet und trugen große modische Sonnenbrillen. Ihre Maßanzüge waren ausgebeult und verbargen kaum den Halfter mit der Pistole darin. In ihren Ohren steckten kleine braune Metallknöpfe, von denen weiße geringelte Drähte in ihren Sakkos verschwanden. Bei Bedarf murmelten sie in ihren Kragen, in dem ein Mikro verborgen war. Die Herren waren von der Central Intelligence Agency, dem amerikanischen »Zentralen Nachrichtendienst«, dem Auslandsnachrichtendienst der Vereinigten Staaten. Ihre Aufgabe war es, die Hofburg und den Weg dorthin abzusichern, denn: Ihr oberster Chef war im Anflug. George W. Bush, der 43. Präsident der Vereinigten Staaten war auf Europareise und wollte am 20. Juni 2006 in Wien den österreichischen Bundespräsidenten Heinz Fischer und den damaligen EU-Ratspräsidenten Bundeskanzler Wolfgang Schüssel treffen.

Da die Spanische Reitschule direkt im Hochsicherheitstrakt lag, durften am Mittwoch nur Mitarbeiter mit Ausweis und Akkreditierung über die Polizei die Räume betreten. Erstmals seit Menschengedenken musste auch die tägliche Morgenarbeit der Lipizzaner ausfallen. Auch Führungen konnten an diesem Tag nicht stattfinden. Für die Hofreitschule bedeutete dieser unfreiwillige Schließtag einen Verlust der Tageseinnahmen. Als dann Präsident Bush tatsächlich in die Hofburg kam, waren die Straßen menschenleer. Alle Zufahrtswege waren abgesperrt, auf den Dächern standen Scharfschützen, über der Innenstadt kreisten Hubschrauber. Auch im Inneren der Häuser, deren Fenster auf die Straße gerichtet waren, die der Konvoi des Präsidenten nahm, waren Beamte in den Wohnungen und Büros postiert. Im Kundenzentrum der Hofreitschule gab es keinen Betrieb und im Pferdestall wie in jedem Büroraum stand ein Sicherheitsbeamter, mit ausgebeultem Sakko, Knopf im Ohr und geringeltem Draht in den Anzug. Sogar in der Kanalanlage unter der Straße waren Polizisten mit der Kanalbrigade unterwegs. Auf der Straße hatte man aus Sicherheitsgründen bereits am Vortag die Kanaldeckel zugeschweißt. Das große Tor zur Stallburg, aus dem täglich die weißen Hengste zur Morgenarbeit geführt werden, war versperrt und ebenfalls von Sicherheitsbeamten bewacht: Die berühmte Winterreitschule blieb an diesem Tag pferde- und menschenleer. Die Lipizzaner warteten im Stall auf ihre Pfleger, die sie für gewöhnlich zur Morgenarbeit abholen. Unruhig schnaubten sie in ihren Boxen. Ihr Blick schien zu sagen: »*Was ist los? Habt ihr auf uns vergessen?*«

Der Staatsbesuch war nur kurz. So schnell wie Präsident George W. Bush gekommen war, verschwand er auch wieder. Für die weißen Hengste und ihre Kunst, die einst von der amerikanischen Armee vor den Russen gerettet wurde, hatte er keine Zeit.

Fast auf den Tag genau elf Monate später, am 23. Mai 2007, war alles ganz anders. Diesmal verzichteten die Lipizzaner freiwillig auf die Morgenarbeit: Der russische Präsident Wladimir Putin hatte sich angesagt. Um zwölf Uhr fünfzig landete seine Maschine am Flughafen Schwechat und zur Begrüßung waren Österreichs

In der Stallburg in Wien, wo die Stars der »Hohen Schule« wohnen. Die prachtvollen Stallungen der Spanischen Hofreitschule begeistern große und kleine Pferdefreunde

Außenministerin Ursula Plassnik und der russische Botschafter in Österreich erschienen. Nächste Station war eine offizielle Begrüßung durch Bundespräsident Heinz Fischer im inneren Burghof mit militärischem Zeremoniell. Für die Polizei bedeutete der Besuch Putins, wie auch jener von George W. Bush, Alarmstufe eins. Die Innenstadt war zur Festung geworden. Tausende Beamte waren im Einsatz. Außerdem wurde Putin von mehreren eigenen Leibwächtern bewacht. Hinter den Absperrgittern befanden sich tausende Wiener und Touristen, die den mächtigen Gast sehen wollten. Größere Verkehrsbehinderungen gab es trotz Platz- und Parkverbot in der Innenstadt kaum. Als die Wagen des Staatsgastes und seiner Delegation mit aufgeblendeten Scheinwerfern langsam durch die Hof-

Unten und rechte Seite: Russlands Staatspräsident und Pferdefachmann Wladimir Putin war begeistert von den weißen Hengsten. Österreichs Bundespräsident Heinz Fischer: »Unsere Lipizzaner wurden sogar nach Moskau eingeladen.«

burg fuhren, übertrug das Fernsehen die Ankunft live. Nach herzlichen Begrü-
ßungen schritten beide Präsidenten die Ehrenkompanie des Garderegiments des
Österreichischen Bundesheeres ab, das hier Aufstellung genommen hatte. Dann
zogen sich die beiden Präsidenten zu ihrem Gespräch in die Präsidentschafts-
kanzlei zurück und die Damen besuchten die Nationalbibliothek, wo ihnen die
Leiterin Johanna Rachinger im einzigartigen Prunksaal wertvolle Handschriften
aus Russland zeigte. Inzwischen gaben die beiden Staatspräsidenten eine Presse-
konferenz. Putin, der ausgezeichnet Deutsch spricht, versprach, die Wirtschafts-
beziehungen zwischen seinem Land und Österreich weiter auszubauen und
nannte das Gespräch mit Fischer »gehaltvoll«. Dieser wiederum sprach von
einem »wichtigen und wertvollen Besuch, mit einem ehrlichen und fairen
Gespräch«.
Inzwischen scharrten im Stall der Hofreitschule bereits die weißen Hengste

mit den Hufen und schnaubten erwar-
tungsvoll durch ihre Nüstern. Gleich
sollte ihr großer Sonderauftritt beginnen.

Um fünfzehn Uhr zwanzig war es dann
so weit: Putin und Fischer saßen mit
ihren Gattinnen und den Delegations-
mitgliedern in der Ehrenloge. Zur
Musik von Johann Strauß Vater und
Sohn zeigten die Lipizzaner und ihre
Bereiter den Pas de deux, die Arbeit an
der Hand und am langen Zügel, die
Schulen über der Erde und eine Schulquadrille. Der bestens gelaunte Reit-
sportfan Wladimir Putin war begeistert
und spendete reichlich Applaus. »Perfekt, wunderbar«, lobte er die Sonder-
vorführung der Spanischen Hofreitschule. Besonders die Kapriole – eine
Sprungfigur, bei der das Pferd mit allen
vier Beinen in der Luft ist – begeisterte
den Kremlherrn. Am Schluss betrat er

die Reitbahn und begrüßte die Reiter, die samt Pferden im Halbkreis Aufstellung genommen hatten, einzeln. Bei dem Hengst, der die Kapriole ausgeführt hatte, blieb er stehen, schaute dem Pferd lange in die Augen, umarmte dann spontan seinen Hals und küsste ihn auf die Wange. Es war eine Szene, die im Fernsehen zu sehen war und um die Welt ging. Ein Bild der Freude, das Hoffnung macht: Einer der mächtigsten Männer der Welt, Herr über ein Riesenreich, umarmt das Symbol des Friedens und der Freiheit Österreichs.

Piber – Die Kinderstube der Lipizzaner

Ein herrlicher Frühlingstag begann. Die Uhr am Turm der Pfarrkirche von Piber schlug gerade die neunte Stunde, als Obergestütsmeister Leo Weiss mit der ersten Besuchergruppe durch den Innenhof spazierte. Es waren Schulkinder, die mit dem Autobus in die Lipizzanerwelt gekommen waren, um die weißen Pferde in ihrer Heimat zu besuchen. Als Erstes begegneten sie dem Hengst Pluto Presciana, der majestätisch seine Runden zog und sich von den Kindern ausgiebig bewundern ließ. Sogar auf seine weichen Nüstern durften sie greifen. Plötzlich ein Aufschrei: *»Hierher, schaut da hinein.«* Der kleine Willy, der immer besonders neugierig ist, war ganz aufgeregt. Er hatte durch das große Fenster in das Stallgebäude geschaut und es als Erster gesehen: Da lag ein kleines, kohlrabenschwarzes Pferd neben seiner strahlend weißen Mutter. *»Das Fohlen ist vor vier Stunden geboren worden«*, sagte Herr Weiss. *»Aber es ist ja schwarz«*, riefen die Kinder, *»wie will es denn da ein Lipizzaner werden, die sind doch alle weiß?«*
»Das hat schon seine Ordnung«, erwiderte der Obergestütsmeister geduldig, *»Lipizzaner kommen schwarz auf die Welt und wandeln ihre Farbe bei jedem Fellwechsel, bis sie schließlich weiß sind.«*
Durch zwei große Sichtfenster können die Besucher die neugeborenen Fohlen mit ihren Müttern beobachten. Gleich daneben, im großen Laufstall sind die Fohlen schon ein wenig älter und spazieren mit ihren Mamas durch die Halle, beschnüffeln die Besucher oder liegen friedlich im Heu. *»In Piber kann man die Lipizzaner hautnah erleben«*, sagt deshalb auch die Geschäftsführerin Elisabeth Gürtler. *»Hier ist es möglich durch Sehen, Spüren, Riechen und Hören die Pferde mit allen Sinnen zu erleben.«*
Barbara Sommersacher, Sprecherin der Spanischen Hofreitschule und des

Bundesgestüts Piber erklärt: »*Über eine Million Euro wurden in Infrastruktur und Marketing der ›Lipizzanerwelt Piber‹, dem Kompetenzzentrum der ›weißen Pferde‹ investiert. Das große Ziel ist es, den Besuchern mehr über Tradition, Arbeit und Philosophie dieser ältesten ›hohen Schule der Reitkunst‹ zu vermitteln.*« Gleichzeitig soll der »Mythos« der berühmten weißen Hengste bewahrt bleiben. Ein Anliegen, für das jeder Pferdefreund dankbar ist. Und Elisabeth Gürtler ergänzt: »*Die edlen Hengste der Spanischen Hofreitschule, das ›weiße Ballett‹, sind Teil des imperialen Erbes und lebendes Symbol Österreichs. In der Beliebtheit rangieren die Lipizzaner gleich nach dem Stephansdom, mit Riesenrad, Schloss und Tiergarten Schönbrunn.*«

Die Spanische Hofreitschule in Wien ist die älteste Reitschule der Welt. Die dort gepflegte Ausbildung ist nicht nur die älteste Dressurform, sie gilt auch als die beste der Welt und blickt mittlerweile auf eine rund vierhundertdreißig Jahre lange Tradition zurück. Sie basiert auf der klassischen Reitkunst, wie sie im 4. Jahrhundert vor Christus vom griechischen Feldherrn Xenophon beschrieben und in der Renaissance wiederentdeckt wurde. Diese Ausbildung stellt die höchste Stufe der Pferdedressur dar. Dabei geht es um die Vervollkommnung der Anlagen des Pferdes bis zu dem Grad, ab dem man es als Kunstwerk bezeichnen kann. Gleichzeitig geht es um den Reiter, der mit seinem Pferd in völligem Einklang steht. Beide zusammen erscheinen als vollkommene Kavaliere. Um dieses elegante Ziel zu erreichen, muss jahrelang mit Respekt, Geduld und Disziplin geübt werden. Das war in Zeiten, da sich die Tiere in der Reiterschlacht und bei der Parade bewähren mussten, so wichtig wie die Übung im Turnier für den Ritter. Die

Lipizzaner werden, wie alle Schimmel, schwarz geboren und erst im Laufe der Jahre weiß

Begegnung in Piber: Obergestütsmeister Leo Weiss führt eine Stute mit Fohlen

Spanische Hofreitschule ist das einzige Institut der Welt, in der diese hohe Schule der klassischen Reitkunst bis heute bewahrt und gepflegt wird. In Vorführungen in der Winterreitschule in Wien wird diese Kunst gezeigt. Das Spanische in ihrem Namen leitet die Hofreitschule von den Pferden der iberischen Halbinsel her, die durch Kaiser Maximilian II. nach Wien kamen und schon von den Römern in Vindobona eingesetzt wurden. Sie sind die älteste Kulturpferderasse Europas. Ab dem Jahr 1735 wurden ausschließlich Pferde ausgebildet, die aus dem k.u.k. Hofgestüt Lipica in Slowenien, in der Nähe von Triest, stammten, wodurch sich der Name erklärt. Nach dem Ende der Monarchie kamen die Lipizzaner zunächst nach Laxenburg, doch der Schlosspark eignete sich nicht zur Pferdezucht, weil der Boden zu weich ist.

Ab 1920 fanden die Lipizzaner ihre neue Heimat in Piber, einem kleinen Ort etwa fünfundvierzig Kilometer westlich von Graz, inmitten einer idyllischen Hügellandschaft. Das herrliche Klima und die großartige Bodenbeschaffenheit bieten hier die perfekte Umgebung für die Aufzucht der Pferde, die sich in ihrer neuen Heimat auch sofort wohl fühlten. Bis heute entwickeln sie hier auch eine außergewöhnliche Fruchtbarkeit. Einen entscheidenden Anteil daran soll die Barbaraquelle haben, die als richtige Wunderquelle gilt. Ihr Wasser wird mitten in Piber aus dem Berg geholt und versorgt die weißen Pferden und die Therme Köflach. Es kommt aus 1.039 Meter Tiefe und ist ein anerkanntes Heilwasser. »*Das Bundesgestüt Piber ist der Vatikan der klassischen Reitkunst, die Hofreitschule in Wien die Sixtinische Kapelle der Lipizzaner*«, sagt Max Dobretsberger, der Gestütsleiter von Piber und Österreichs Pferdezuchtexperte Nummer eins. »*Bei uns werden die Standards bestimmt. Hier wird auch das Ursprungszuchtbuch geführt. Mittlerweile gibt es auch eine Zucht-Cooperation mit dem Gestüt in Lipica.*«

Aus dreihundertzweiundsiebzig Lipizzanern besteht die Spanische Hofreitschule im Jahre 2011. Davon kann man zweiundsiebzig Hengste in der Winterreitschule in Wien bei Ausbildung und Vorführungen bewundern. Zweihundertsiebzig Pferde, Mütter und Junghengste, leben in Piber in der Steiermark und jährlich kommen dreißig Fohlen dazu. Dreißig junge Hengste befinden sich im Ausbildungszentrum am Heldenberg in Niederösterreich.

Die Schulkinder haben mittlerweile einen Rundgang durch das Gestüt unternommen: Im Kinderkino, wo man auf Sätteln sitzt, sahen sie zauberhafte Pferdefilme. Im Praxisbereich lernten sie richtig aufsatteln und Pferdemähnen flechten. Am Kutschen-Fahrsimulator durfte jeder einmal die Pferdestärken durch die steirische Landschaft am Monitor steuern. Beim Blick hinter die Kulissen konnten sie die tägliche Arbeit der Reit- und Fahrabteilungen beobachten.

Auf den saftigen Wiesen in der bezaubernden Landschaft um Piber in der Steiermark verbringen die Stars der Spanischen Hofreitschule ihre Jugend

Besonders aufregend war es natürlich beim Hufschmied. Dem kann man nicht nur zusehen, wie er den Pferden die Hufe mit neuen Hufeisen beschlägt, er erklärt auch seine Arbeit ganz genau. Später spazierten die Kinder hinaus vor das Dorf, wo die Lipizzaner-Mütter mit ihren Fohlen auf der Weide grasen. Sofort kamen die Tiere heran und beschnupperten die Kinder. Die waren begeistert: »*Noch nie haben wir etwas Weicheres und Zarteres als die Pferdeüstern eines Fohlen gestreichelt.*«

Gestütsleiter Dobretsberger: »*Unsere Pferde wissen: Der Mensch ist ein Freund für's Leben.*«

Mit Respekt, Geduld und Disziplin wird das Vertrauen der Tiere aufgebaut und so die gegenseitige Wertschätzung erreicht, die nötig ist, um später als vollkommener Kavalier zu bestehen.

Deshalb können sich die Besucher der Lipizzanerwelt in Piber auch über besonders liebenswerte und sanfte Pferde freuen, denen sich auch Kinder unbesorgt nähern können. »*Schon an ihren ersten Lebenstagen werden sie an den*

Oben: Im Innenhof des Gestüts werden die Gäste bereits von Lipizzanern begrüßt
Mitte: Durch ein Fenster kann man die neugeborenen Fohlen mit ihrer Mutter beobachten. Wenn man Glück hat, auch die Geburt
Unten: Gestütsleiter Max Dobretsberger nennt die magische Zahl: »333 Tage dauert die Tragzeit bis zur Geburt eines Lipizzaners.« Also etwa elf Monate

engen Kontakt zum Menschen gewöhnt«, so Dobretsberger, *»denn: Was Häns-*
chen nicht lernt, lernt Hans nimmermehr. Das ist bei den Tieren genauso wie bei
Menschen.«

Gleichzeitig wird jedes Pferd von seinem ersten Lebenstag an genau beobachtet
und seine gesamte Entwicklung protokolliert. Die Ausbildung eines Lipizzaners
dauert lange und nimmt besondere Rücksicht auf die physische Leistungsfähigkeit der Pferde, sowohl in Piber als auch später in Wien. Während andere Reit-
pferde oft mit fünfzehn oder sechzehn Jahren am Ende ihrer Leistungsfähigkeit
angelangt sind, gibt es in der Spanischen Hofreitschule Vorführhengste, die noch
im Alter von siebenundzwanzig Jahren völlig fit sind, wie der 1979 geborene
Siglavy Mantua I, einer der ganz großen Stars des »weißen Balletts«, der seine verdiente Pferdepension im Bundesgestüt Piber genießt. Dobretsberger: *»Eine wich-*
tige Aufgabe der Spanischen Hofreitschule und des Bundesgestüts Piber besteht
daher auch speziell darin, dieses Wissen um die seit mehr als zweitausend Jahren
erfolgreich praktizierte klassische Pferde- und Reitausbildung weiterzugeben und
in ihrer originalen Form zu erhalten. Dazu hilft uns auch der Tourismus.«
Erwin Klissenbauer, zuständig für die Finanzen der weißen Pferde:

> *Viele Besucher nützen auch die Gelegenheit, um die Patenschaft für ein*
> *Pferd zu übernehmen.*

Pferdefreunde können also beruhigt sein: Österreichs wichtiges imperiales Kul-
turerbe ist in guten Händen und der Nachwuchs für die vollkommenen Kavaliere
des »weißen Balletts« galoppiert schon freudig über die grünen Weiden von Piber.

Weiße Hengste am Heldenberg
und ein Ritter mit rotem Mantel in der Gruft

»Er hat Schulden wie ein Stabsoffizier«, war eine oft gebrauchte Redewendung in
der österreichischen Monarchie. Tatsächlich hatten die Offiziere oft riesige Schulden angehäuft. Ursache war der gehobene Lebensstandard, dem sie sich verpflichtet fühlten und der zu geringe Sold, der ihnen zur Verfügung stand um sich das
alles leisten zu können. Einer, der darüber Bescheid wusste, war der Armeelieferant Josef Gottfried Pargfrieder. Er kannte sogar die roten Zahlen am Konto des
obersten Heerführers Österreichs, Feldmarschall Josef Wenzel Radetzkys, mit

dem er ebenso befreundet war wie mit dem Feldmarschall Maximilian Freiherr von Wimpffen. Pargfrieder war bei den Herren sehr beliebt, da er ihre hohen Schulden zahlte und dafür nur verlangte, dass sie sich im Gegenzug auf seinem Heldenberg bestatten ließen, einer Gedenkstätte, die er in Kleinwetzdorf in Niederösterreich errichtete. Pargfrieder hatte den Traum, hier ein Ehrendenkmal zu errichten, wie es die Monarchie noch nie gesehen hatte. Gleichzeitig wollte er großen Feldherren einen würdevollen Platz für ihre letzte Ruhe bieten.

Pargfrieder, 1787 geboren, war der uneheliche Sohn einer Förstersfrau im herrschaftlichen Jagdgut Marchegg. Sein Vater ist unbekannt. Er selbst behauptete, es sei Kaiser Joseph II. gewesen – bewiesen ist dies aber nicht. Möglich ist es aber durchaus, denn die Donauauen, in denen das Jagdgut liegt, waren der Schauplatz großer Jagdvergnügen der Habsburger und des österreichischen Hochadels. Nur drei Jahre nach seiner Geburt starb Pargfrieders Mutter. Ungeliebt von der Verwandtschaft musste der kleine Josef sehr früh für sich selbst sorgen. Bei seinem Onkel erlernte er den Tuchhandel und war darin so tüchtig, dass er schon ganz jung mit eigenen Geschäften beginnen konnte. Bald war er Lieferant der österreichisch-ungarischen Armee und versorgte diese mit Lebensmitteln, Schuhen und Stoffen, wodurch er zu großem Reichtum gelangte. Zeitweise lebte er in Ungarn, wo er eine Fabrik besaß. Im Jahre 1832 kaufte er Schloss Wetzdorf im Weinviertel, das er renovieren ließ, gleichzeitig wurde er zum Wohltäter der Bevölkerung von Groß- und Kleinwetzdorf, die er bei der Bezahlung von Arztkosten, Medikamenten und Schulgeldern großzügig unterstützte. 1848, während in Wien die Bürger revoltierten und sogar den Kriegsminister lynchten; Kaiser Ferdinand I., der Gütige, mit dem ganzen Hof nach Olmütz und Fürst Metternich nach London flohen, begann Pargfrieder in seinem Schlosspark mit der Errichtung des Gedenk- und Gedächtnisortes Heldenberg. Ein Ehrenmal für die Soldaten, Offiziere und Feldherren der österreichischen Armee: im Zentrum der Anlage die Gruft des Feldmarschalls Radetzky, zu dessen Ehren Franz Grillparzer dichtete: »In deinem Lager ist Österreich«, und Johann Strauß Vater den »Radetzkymarsch« komponierte.

Radetzky brachte es auf zweiundsiebzig Dienstjahre und wurde erst im Alter von neunzig Jahren in den Ruhestand versetzt. Er war der Rekordhalter in der österreichischen Armee: Er diente unter fünf Kaisern, machte siebzehn Feldzüge mit und erhielt hundertsechsundvierzig in- und ausländische Orden. Dennoch war er sein ganzes Leben lang in finanzieller Bedrängnis. Da waren die Zahlungen des

Johann Gottfried Pargfrieder eine willkommene Erleichterung. Im Jahre 1858 starb Radetzky. Kaiser Franz Joseph hätte ihn gerne in der Kapuzinergruft bestatten lassen, doch Pargfrieder hatte die älteren Rechte: Am 19. Jänner 1858 fand die Beisetzung in Anwesenheit des Kaisers Franz Joseph I. am Heldenberg statt. Im selben Jahr schenkte Pargfrieder die Gedenkstätte dem Kaiser.

Er wurde in den österreichischen Ritterstand erhoben und mit dem Ritterkreuz des Franz-Joseph-Ordens ausgezeichnet. Er selbst wollte auch am Heldenberg die letzte Ruhe finden und zwar direkt hinter dem großen Radetzy. Es wurde die ungewöhnlichste Bestattung Österreichs und verlief genau so, wie es Pargfrieder anordnete. *»Nach meinem Tode soll mein Leichnam gehörig einbalsamiert und in dem Sarge, welcher durch den Tischlermeister Rokosch bereits verfertigt, hineingelegt werden …«*, beginnen die Anweisungen für seine Bestattung. Pargfrieder hatte jedes Detail genau geplant und schriftlich hinterlegt, sogar die Bezahlung der einzelnen Dienstleistungen sind genau aufgelistet: hundert Gulden für den Pfarrer von Großwetzdorf, der ihn nach vierundzwanzig Stunden in seiner Schlosskapelle einsegnen solle. Um zehn Uhr nachts ließ er sich, ohne jedes Aufsehen, ohne Trauergäste, ohne Glockengeläute und ohne Pfarrer von seinem Meiereiwagen in die Gruft am Heldenberg bringen. Dort wurde er auf einem zinkenen Sessel sitzend bestatten. Bekleidet war er mit einem rotgeblümten seidenen Schlafrock und einem Käppchen am Kopf. Verdeckt wurde sein Leichnam von einer zinkenen Ritterrüstung mit einem erhobenen zinkenen Schwert durch die hohle Ritterhand. Die Erlaubnis zu seiner Bestattung hatte er vom Kaiser bei der Abtretung des Heldenberges erhalten. Vor seinem Ableben hatte er noch alle Schuldscheine vernichten lassen, sodass die Erben kein Geld mehr eintreiben konnten. Sein Vermögen erbte seine Tochter Josephine, die Heinrich von Drasche-Wartinberg, den Besitzer der Ziegeleien vom Wienerberg, heiratete.

In den siebziger Jahren des 20. Jahrhunderts erschien eine historische Kommission des österreichischen Verteidigungsministeriums, zu dessen Wirkungsbereich der Heldenberg gehört, und untersuchte auch die Gruft. Die Wissenschafter fanden Pargfrieder wie in seinen Anweisungen beschrieben, mit rotgeblümtem Umhang, in seiner Gruft sitzend. Vor ihm der schwarze Ritter mit dem Schwert in der Hand. Der fleißige und reich gewordene Armeelieferant Josef Gottfried Ritter von Pargfrieder hat sich mit dem Heldenberg und seiner ritterlichen Bestattung einen großen Traum erfüllt und ein Ehrendenkmal errichtet, wie es in der Monarchie einzigartig war und bis heute geblieben ist. Einen Traum hat aber

selbst er nicht zu träumen gewagt: Statt toter Feldherren kamen 2005 lebende Lipizzaner auf den Heldenberg zur Sommerfrische. Den Soldaten, derer hier am Heldenberg gedacht wurde, waren die Lipizzaner vertraute Freunde. Feldmarschall Radetzky zum Beispiel ritt stets auf einem Lipizzaner, der seine Ausbildung in der Hofreitschule erhalten hatte. Manch einem der hier geehrten Helden rettete ein Pferd das Leben, weil es im Schlachtgetümmel die Hohe Schule einsetzte. Der Aufenthalt der Lipizzaner am Heldenberg begeisterte Einheimische und Touristen. Auch Niederösterreichs Landeshauptmann Erwin Pröll, ein echter Weinviertler aus Radlbrunn, freute sich über die weißen Hengste. Er wollte die Pferde länger in seiner Heimat halten als zwei Monate im Sommer. Er schaltete schnell und half mit. Nun ist es Wirklichkeit: Eine eigene Lipizzaner-Truppe wird aufgebaut und ganzjährig in Heldenberg ausgebildet. Dreißig junge Hengste waren es bereits 2011. Ritter Pargfrieders Traum fand auf wunderbare Weise eine großartige Fortsetzung.

Linke Seite und unten: Einmal im Jahr gastiert das Gestüt Piber in Wien. Als Ersatz für ihre Weide hat Frau Direktor Elisabeth Gürtler für die jungen Pferde sogar einen Rasen in der Stallburg auslegen lassen

Lotte und Hans Hass – Im Königreich der Fische

Wien 1947. Der schreckliche Krieg war schon zwei Jahre vorüber. Die Wunden, die er ins Stadtbild geschlagen hat, waren nicht zu übersehen. Aber der Wiederaufbau hatte schon begonnen. Überall sah man Soldaten der Besatzungsmächte. Acht Jahre sollten sie noch bleiben. Es gab auch noch kein Fernsehen. Es gab kein öffentliches Aquarium. Der Tiergarten Schönbrunn war noch von Bomben zerstört. Aber es gab Kinos und da sah man Hans Hass. Den feschen Wiener, der in der ganzen Welt herumfuhr und Filme darüber drehte, wie er in warmen Meeren zu den Fischen hinuntertauchte, um ihr Leben zu erforschen. Er war das große Idol der österreichischen Jugend. Winnetou und Old Shatterhand in einer Person und statt in der Prärie am Meeresgrund. Er wagte es, als erster Wissenschafter frei tauchend mit Unterwasserkamera und Tauchgerät in die unbekannten Tiefen der Ozeane vorzustoßen. Durch seine Forschungen sind ganz neue Möglichkeiten eröffnet worden. Unbeschreiblich der Eindruck, den die Nahaufnahmen von bisher nie gesehenen Fischen auf der großen Kinoleinwand erzeugten. Selbst wenn die Aufnahmen, wie bei den ersten Filmen, nur schwarzweiß waren. *»Wohin ich auch vordrang, lag grenzenloses Neuland vor mir«*, berichtete Hans Hass, *»jeder Abgrund, den ich mir eroberte, lockte mich zu einem nächsten weiter.«* Unfassbar, wie er sich den Haifischen näherte, als wären es friedliche Lämmer.

Seine Filme ließen von Freiheit träumen, von der Weite des Meeres, von Urlaub. Alles Dinge, die man im Nachkriegswien seit Jahren vermisste. Und dann war da eine hübsche neunzehn Jahre alte Wienerin, die wollte auch in die Ferne fahren, in warmen Meeren tauchen, Fische filmen und fotografieren. Am besten mit dem berühmten Hans Hass gemeinsam. Schließlich bewarb sie sich erfolgreich als Sekretärin in seinem Büro in Wien. Als Nächstes trainierte sie das Tauchen, zunächst im Dianabad, dann in der alten Donau und in den Ziegelteichen am Stadtrand von Wien. Als die nächste Expedition, diesmal ins Rote Meer, geplant war, wollte sie natürlich mitfahren. Doch ihr Chef war dagegen. Er war generell gegen die Teilnahme einer Frau an seinen Expeditionen. Vielleicht vertraute er dem alten Seefahrer-Aberglauben: »Frauen an Bord bringen Unglück.«

Bei der Wiener Sascha-Film sah man das aber ganz anders. Die erfolgreiche Produktionsfirma bestand darauf, dass eine hübsche weibliche Hauptdarstellerin den Film attraktiver machen würde. Die Wahl fiel auf Lotte Baierl, die junge Sekretärin von Hans Hass. Sie sollte dem Unternehmen Glück bringen, möglichst viele

Besucher ins Kino locken und damit gleich den alten Seefahrer-Aberglauben beenden. Und die Rechnung ging auf. Die Expedition ins Rote Meer war zwar mühsam, aber höchst erfolgreich. Erstmals gelang es, Mantas und Walhaie zu filmen. Der Film wurde ein Riesenerfolg. Weitere sollten folgen. Im selben Jahr heiratete Hans Hass seine Lotte. Vor der Kamera erwies sie sich als Naturtalent. Gleichzeitig wurde sie zur ersten Unterwasserfotografin der Welt. Die internationalen Medien rissen sich um sie. In ihrem schicken Badeanzug zierte sie bald die Titelbilder der größten Magazine. Sie war das *»Mädchen auf dem Meeresgrund«* und der Spiegel titelte: *»Keine Grotte ohne Lotte.«*

Die Kinofilme »Abenteuer im Roten Meer – Was Menschenaugen noch nie sahen« oder der erste Unterwasser-Farbfilm von Hans und Lotte Hass

Lotte und Hans Hass: die Forscher am Meeresgrund

»Unternehmen Xarifa – 20 Männer und eine Frau segeln ins große Abenteuer« erhielten nicht nur internationale Preise und waren Meilensteine der Filmkunst, sie revoltierten auch das Bewusstsein der Menschen um ihre Verantwortung für die Natur. Einunddreißig Bücher, vierundzwanzig Fernsehfilme, sechs Kinofilme und zahllose Vorträge entstanden nach den Reisen. Besonderes Anliegen für Hass ist die »Ehrenrettung« für den Hai, der in der öffentlichen Meinung zur mörderischen Bestie verkommen war. Die beiden Unterwasserpioniere und Meeresforscher Hans und Lotte Hass wurden zur Legende: *»Als ich zu tauchen begann, hatte daran noch niemand Interesse. Das Meer war kalt und dunkel. Man hatte Angst vor Haien. Jetzt gibt es mindestens dreißig Millionen Taucher, um diese wunderbare Welt unter Wasser zu genießen«,* sagte Hans Hass im Jahre 2011 zu einem »Seitenblicke«-Reporter. Als Hass zu tauchen begann, baute er sich seine

Kameras und diverse Geräte selbst oder ließ sie nach seinen Vorstellungen von einem Wiener Kunstschlosser bauen. Heute gibt es dafür eine riesige, weltweit agierende Industrie. Auch die Fahrten zu den Meeren, wo man wunderbar tauchen kann, werden mittlerweile professionell vermarktet und über Reisebüros verkauft. Lotte Hass' Biografie »Ein Mädchen auf dem Meeresgrund« wurde zum Bestseller und 2010 von ORF und ZDF verfilmt. Die beiden Tauchpioniere Hans und Lotte Hass werden von Yvonne Catterfeld und Benjamin Sadler gespielt.

Otto König – Von der Forschungsstation ins Fernsehstudio

»Nie wieder fernsehen«, sagte Otto König am Ostermontag des Jahres 1956. Das österreichische Fernsehen war gerade neun Monate alt und er hatte vor den Feiertagen den jungen Lehrer Helmut Zilk getroffen, der in der Hegelgasse in Wien unterrichtete und Fernsehen, quasi in der Mittagspause, nebenbei machte. König, der schon seit 1945 Volkshochschulkurse abhielt, kannte den um dreizehn Jahre jüngeren Zilk schon seit Jahren. Beide waren davon überzeugt, dass wissenschaftliche Arbeit populäre Darstellungen braucht und sahen sich als Volksbildner. Otto König:

> *Ich sagte Zilk zu, an seiner ersten Fernseh-Jugendsendung im damaligen Studio in der Wiener Singrienergasse teilzunehmen. So fand ich mich plötzlich mit Nebenrollenfunktion in einem »Klein-Hollywood«. Wir probten am Karfreitag, am Samstag, am Ostersonntag, und sendeten am Montag, Ostern war dahin.*

Also schwor er sich: *»Nie wieder fernsehen«*, und wollte den Abschied nehmen. Doch er hatte *»die Rechnung ohne den Wirt«*, in der Person des damaligen Fernsehdirektors Gerhard Freund, gemacht. Der hatte gehört, dass Otto König in seiner Forschungsstation Wilhelminenberg versuchsweise einen tierkundlichen Volksbildungsfilm gedreht hatte. Den wollte er senden. Da seine Biologische Station Wilhelminenberg nahezu chronisch an Geldmangel litt, willigte König ein. Er kürzte den Film auf die Hälfte und kommentierte »live«. Otto König: *»Dann gebar Direktor Freund die folgenschwere Idee, auch den zweiten Teil auf das damals noch recht spärliche Publikum herniederflimmern zu lassen.«* Zusätzlich sollten auch noch Königs Frau Lilli und ein zahmes Murmeltier von der Biologi-

schen Station am Wilhelminenberg auf-
treten. »Wunder der Tierwelt« hieß die
Sendung und wurde ein Riesenerfolg.
Jeden Monat gab es eine Folge. Es war
die einzige Sendung, die regelmäßig
über Tier- und Naturschutz berichtete.
Der Name der Sendereihe blieb zunächst gleich und änderte sich dann in
»Rendezvous mit Tier und Mensch«.
Sie lief bis 1992 und wurde mit sechsunddreißig Jahren Laufzeit und rund
zwölf Folgen pro Jahr die älteste gleich-
bleibende Fernsehsendung im deutsch-
sprachigen Raum. Gemeinsam mit seiner Frau Lilli hatte Otto König im
Jahre 1945 gleich nach seiner Rückkehr
aus dem Krieg die Biologische Station
Wilhelminenberg gegründet: In sieben
verlassenen Wehrmachtsbaracken in

Otto König: der Pionier des Natur-Fernsehens

der Nähe des Schlosses Wilhelminenberg entstand die Zentralstelle der Verglei-
chenden Verhaltensforschung in Österreich. Impulsgeber war Konrad Lorenz,
dessen Vorträge Otto König schon 1936 gehört hatte. Er traf Lorenz auch immer
wieder auf gemeinsamen Heimfahrten mit der Bahn aus Wien. Otto König war
aus Klosterneuburg und Konrad Lorenz wohnte in Altenberg, gleich eine Station
weiter. Bei einem dieser Treffen am Bahnsteig erzählte Professor Lorenz laut-
stark: *»Ich habe drei total perverse Weiber daheim!«* An den überraschten
Gesichtern der Umstehenden erkannte er sofort, dass niemand auch nur die
geringste Ahnung hatte, dass von Graugänsen die Rede war, dem großen For-
schungsprojekt des späteren Nobel-Preisträgers. Konrad Lorenz sagte aber auch:
*»Ich könnte ein ganzes Institut beschäftigen, so viele Probleme gibt es in der Ver-
haltensforschung.«* Otto König, der eigentlich Tierfotograf werden wollte, nahm
sich damals vor, ein solches Institut zu gründen. Es gelang erfolgreicher, als er es
sich vorstellen konnte: Die Biologische Station Wilhelminenberg wurde weit über
die Grenzen Österreichs hinaus bekannt. Ebenso seine vielen Bücher, die er
geschrieben hat und die vielen fotografischen und kinematografischen Arbeiten.

Besondere Verdienste hat sich Otto König um die Vogelschutzgebiete des Neu-
siedler Sees gemacht, über den eine Brücke geplant war.

Am 5. Dezember 1992 starb Otto König. Sein Institut aber lebt weiter, es wird
jetzt von der Veterinärmedizinischen Universität Wien geführt. Die »Wilhelminenberger Kluft«, in der er und seine Mitarbeiter im Fernsehen immer auftraten,
hat auch Mode gemacht: Sie wurde stilbildend für die Arbeitskleidung der Tierpfleger in den europäischen Zoos. Eine der Mitarbeiterinnen Otto Königs war
Dagmar Schratter, die Direktorin des Tiergartens Schönbrunn, die sich erinnert:
*»Die Dienstkleidung der Wilhelminenberger wurde aus der Pfadfinderbewegung
kreiert.«*

Eine schöne Verbindung, denn die vom britischen General Baden-Powell 1907
gegründete Pfadfinderbewegung hat Regeln, wie sie moderner nicht sein könnten. So gilt es etwa, *»die Menschen und die Natur zu schützen«* und *»Ein Pfad-
finder ist Freund zu den Tieren«.*

Auch das Ziel der internationalen Bewegung ist hoch aktuell: *»Förderung der
Entwicklung junger Menschen, damit diese in der Gesellschaft Verantwortung
übernehmen können«*, die mit der Pfadfindermethode »Learning by Doing«
erreicht werden soll.

Konrad Lorenz –
Der Nobelpreisträger, der mit den Tieren sprach

Unter den mächtigen Bäumen am Donauufer bei Altenberg, oberhalb von Klosterneuburg, spazierte ein Herr flussabwärts. Er schien etwas zu suchen. Doch
nicht die Burg Greifenstein aus dem 11. Jahrhundert interessierte ihn. Es musste
etwas anderes sein. Plötzlich stieß er einen seltsamen Ruf aus. Später sollte er
darüber berichten:

> *Wenn ich auf einem Spaziergang in den Donauauen den sonoren Ruf des
> Raben höre und auf meinen antwortenden Ruf der große Vogel hoch droben
> am Himmel die Flügel einzieht, in sausendem Falle herniederstürzt, mit
> kurzem Aufbrausen abbremst und in schwereloser Zartheit auf meiner
> Schulter landet, so wiegt dies sämtliche zerrissene Bücher und sämtliche leer-
> gefressenen Enteneier auf, die der Rabe auf dem Gewissen hat.*

Der Wanderer am Donaustrand war Konrad Lorenz, Österreichs prominentester Wissenschafter. In Altenberg wurde er geboren und hier ist er auch aufgewachsen. Schon als Kind beschäftigte er sich mit Tieren, entdeckte früh das Geheimnis der Prägung bei Entenküken. Das bedeutet vereinfacht dargestellt, dass Küken, wenn sie aus dem Ei schlüpfen, das Lebewesen als Mutter ansehen, dem sie zuerst begegnen. Zeitweilig war Lorenz selbst die Entenmutter und spazierte mit seinen »Kindern« über die Wiese oder ging sogar mit ihnen schwimmen. Die Prägung funktioniert aber nicht nur bei Enten, sondern auch bei anderen Tieren, wie der kleine Vorfall mit dem Raben beweist, den er in seinem Buch »Er redet mit

Margarete und Konrad Lorenz: die Erforscher des Menschen

dem Vieh, den Vögeln und den Fischen« beschrieb. Konrad Lorenz legte mit seinen Arbeiten den Grundstein für die vergleichende Verhaltensforschung. Er schrieb:

> *Das Ziel unserer Forschung ist nicht Tierseelenkunde, sondern ein tiefes Verständnis des Menschen. Und weiter: Der Weg zum Verständnis des Menschen führt genau ebenso über das Verständnis des Tieres, wie ohne Zweifel der Weg zur Entstehung des Menschen über das Tier geführt hat.*

Für seine Anhänger ist Lorenz der »*Darwin des 20. Jahrhunderts*« und der »Spiegel« bezeichnete ihn als den »*Einstein der Tierseele*«. Die deutsche Max-Planck-Gesellschaft holte Lorenz nach Deutschland und richtete ihm eine »Forschungsstelle für Vergleichende Verhaltensforschung« ein. Die Liste seiner prominenten Schüler ist lang, deshalb nur die drei bekanntesten: Humanethologe Irenäus Eibl-Eibesfeldt, Wildbiologe Antal Festetics und Otto König.

Im Jahre 1973 klingelte das Telefon im Haus des Wissenschafters in Altenberg. Frau Lorenz hebt ab: »*Ja bitte?*«

Auf der anderen Seite meldet sich eine Stimme mit schwedischem Akzent: *»Bitte Herrn Professor Konrad Lorenz.«*

»Der schläft, er darf nicht geweckt werden; er hat Grippe und liegt im Bett.«

Frau Margarethe Lorenz legt auf. Der Anrufer meldet sich noch einmal: *»Ich rufe aus Stockholm an. Bitte Herrn Professor Konrad Lorenz.«*

Darauf Frau Lorenz: *»Ich habe Ihnen ja bereits gesagt, Herr Lorenz ist nicht zu sprechen.«*

Der Anrufer will sich nicht abweisen lassen. *»Aber ich ruf aus Stockholm an.«*

Und Frau Lorenz will ihren Mann nicht wecken. Legt auf. Noch einmal versucht es der Schwede. Frau Lorenz hebt wieder ab: *»Also bitte, hören Sie doch. Warum wollen Sie denn nicht verstehen? Wenn wir schon aus Stockholm anrufen, das ist doch nichts Alltägliches.«*

Aber an Frau Margarethe Lorenz scheitert jeder Versuch. Dann ist einige Zeit Stille. Der Schwede dürfte aufgegeben haben. Frau Lorenz ist erleichtert. Ihr Konrad kann ruhig schlafen. Plötzlich kommt der Nachbar gelaufen. *»Frau Lorenz, Frau Lorenz, im Radio sagen sie es schon durch: Ihr Mann hat den Nobelpreis bekommen und die Schweden rufen bei mir an, weil sie ihn nicht erreichen können.«*

Als kurz darauf wieder das Telefon klingelt, gab es keine Probleme mehr. Konrad Lorenz wurde geholt und konnte die Information entgegennehmen: In diesem Jahr erhielt Lorenz, gemeinsam mit dem gebürtigen Österreicher Karl von Fritsch und dem Niederländer Nikolaas Tinbergen den Nobelpreis für Medizin und *»in Anbetracht der Tragweite ethologischer Erkenntnisse auch für die Psychiatrie und Psychosomatik«*.

Für Konrad Lorenz, der in diesem Jahr seinen siebzigsten Geburtstag feierte, die schönste Überraschung. In den folgenden Jahren warnte er wiederholt vor den Gefahren der Umweltzerstörung und wurde 1978 zur Galionsfigur für die erfolgreiche Volksabstimmung gegen die Inbetriebnahme des Kernkraftwerks Zwentendorf. Dadurch konnte Österreich aus der Atomenergie aussteigen, ohne eingestiegen zu sein. Derzeit ist das Kraftwerk im Besitz der EVN, die daraus ein Solarkraftwerk baute und ein Photovoltaik-Forschungszentrum errichtete. 1981 musste Konrad Lorenz vom Garten seines Hauses in Altenberg aus zusehen, wie auf der anderen Seite der Donau der Auwald umgelegt wurde. Dort, wo er als Kind schon gespielt hat, von wo er Tiere mit nach Hause gebracht hatte und wo ihm seine Raben nachflogen. Wo er wichtige Erkenntnisse für seine Wissenschaft fand, wurden jetzt die Bäume gefällt und ein neues Flussbett für die Donau gegraben, um das Kraftwerk Greifenstein zu bauen. Doch dieser Auwald hatte keine Lobby. Seine Schönheit war nur Kennern bekannt. Ein Naturjuwel Österreichs wurde vernichtet. Proteste aus der Bevölkerung blieben aus. Die Ökologiebewegung musste sich erst organisieren und stritt zumeist untereinander und das zweitgrößte Wasserkraftwerk an der Donau konnte direkt unter den Augen des Nobelpreisträgers ungestört errichtet werden. 1985, beim geplanten Bau des Wasserkraftwerks im Landschaftsschutzgebiet Hainburg aber wars dann zuviel: Das Volk stand auf, die Au wurde spektakulär besetzt und mit dem »Konrad-Lorenz-Volksbegehren« bekam die Regierung ihre Rechnung serviert. Die Grün-Bewegung war nicht mehr aufzuhalten. Der Weg ins Parlament war offen. *»Es ist alles sehr schwierig«*, sagte der damalige Bundeskanzler Fred Sinowatz.

Im selben Jahr begannen auch, seitens der Politik, erste zaghafte Versuche zur Rettung des arg heruntergekommenen Tiergarten Schönbrunn. Konrad Lorenz damals: *»Der Wiener Zoo ist eine Schande.«* Doch die Reparatur des Tiergartens sollte noch dauern und Konrad Lorenz nicht mehr erleben. Er starb am 27. Februar 1989.

Das Vermächtnis der Geierwally

Mit einem gezähmten Geier auf der Schulter und einem kräftigen Holzknüppel gegen unliebsame Freier in der Hand, so zieht die fesche »Geierwally« aus Tirol über die Kinoleinwand, bis sie schließlich die große Liebe findet. Schon sechs Mal wurde die aufregende Geschichte nach dem berühmten Roman von Wilhelmine von Hillern verfilmt: 1921 spielte Henny Porten, 1940 Heidemarie Hatheyer und 1956 Barbara Rütting die Titelrolle. 1967 war Sissy Löwinger die Geierwally, 1988 in einer Parodie Veronica Ferres und für das Fernsehen wurde Christine Neubauer vor die Kamera geholt. 1892 komponierte Alfredo Catalani »La Wally« für die Opernbühne. Auch ein steirisches Musical mit einer Mischung aus Volksmusik, Jazz und Pop zeigt die Geschichte der Geierwally. Viele Millionen Menschen in aller Welt kennen das Schicksal des Tiroler Mädchens, aber nur wenige wissen, dass es die »Geierwally« wirklich gegeben hat. Was sie erlebt hat, war zwar ein wenig anders als in Film und Buch, aber mindestens ebenso aufregend und romantisch. In Wirklichkeit hieß sie Anna Stainer-Knittel und wurde am 28. Juli

Die Geierwally: Adler-Retterin und gefeierte Natur-Malerin, Vorbild für Heimatroman, Oper und Film

1841 als Tochter des Büchsenmachers Anton Knittel in Untergiblen bei Elbigenalp im Lechtal in Tirol geboren. Zwei Brüder ihres Vaters waren Bildhauer in Deutschland, und die Familie ist verwandt mit dem Maler Joseph Anton Koch. Bald schon überraschte auch die junge Anna durch ihre künstlerische Begabung. Stundenlang saß sie an ihrem Zeichenbrett und malte ihre schöne Tiroler Heimat. Daneben half sie fleißig in der elterlichen Landwirtschaft. Siebzehn Jahre war sie gerade alt, als sie ihr unvergessliches Abenteuer erlebte, das sie als »Geierwally« berühmt machen sollte. In der schroffen Saxenwand des Alberschon entdeckte ihr Vater das Nest eines abgeschossenen Steinadlers, dessen lebendes Junge zum Tode verurteilt war, würde es nicht rasch geborgen. Jedoch kein Bursche fand den Mut, sich über die überhängende Felswand abzuseilen. Nur Anna war bereit, den Adler zu retten. In der Lederhose ihres großen Bruders steckend, schwebte sie fest verschnürt am Seil frei zwischen Himmel und Erde entlang der Felswand hinunter zum Adlernest, unter ihr die schauerliche, wüste Schlucht. Im Nest angekommen, verstaute sie den jungen Adler in ihrem Weidsack. *»Er sträubte sich zuerst schüchtern. Ich kniete nieder und liebkoste ihn«*, schrieb sie später in ihren Erinnerungen. Während sie noch ihren Namen und die Jahreszahl auf die Felswand schrieb, stieß sie einige Juchzer aus, *»damit die oben wenigstens hören, dass mir die Angst die Kehle nicht zuschnürte«*.

Die Nachricht von der kühnen Tat verbreitete sich wie ein Lauffeuer, und mit ihrem Eingeständnis wurde sie schließlich das Vorbild für den Erfolgsroman. Da man damals in den Bergen alle Greifvögel einfach Geier nannte, entstand der Buchtitel »Geierwally«, obwohl die Annerl eigentlich einen Adler gerettet hatte. Einige Jahre später, am 11. Juni 1863, wiederholte sie ihr Abenteuer und rettete einen zweiten Vogel. Da war sie aber bereits der erste weibliche Zögling in der Kunstakademie in München, um sich als Porträtmalerin ausbilden zu lassen. In der damaligen Zeit sicher auch ein wagemutiges Unterfangen. Nach erfolgreichen Lehrjahren kehrte sie in ihre Heimat zurück und wurde bald eine berühmte Kunstmalerin. Ihr erstes Selbstbildnis in Lechtaler Tracht erwarb 1863 das Museum Ferdinandeum in Innsbruck. Auch im Tiroler Landesmuseum hängen markante Bildnisse der Künstlerin. Auf Anregung ihres Gatten, Engelberg Stainer, der sich von ihr einen »nie verblühenden Blumenstrauß« wünschte, begann sie die herrlichen Alpenblumen ihrer geliebten Bergheimat zu malen. Auf der Wiener Weltausstellung 1873 wurde

Helmut Pechlaner: Taubenzüchter und Bartgeier-Ansiedler, Naturschützer und Zoodirektor, Manager für schwierige Projekte

eines ihrer Bilder für 50 Sterling verkauft. Damals ein sehr hoher Geldbetrag. »Sie weiß jeder Blume eine Seele zu geben und über jeden Berg den Hauch der Heimat der Hochwelt zu legen«, schrieb der Dichter Anton Renk, der sie noch selbst beobachtet hat, wie sie in die Berge zog, um Edelrauten, Edelweiß, Speik, Eisglöcklein, Tausendschön, Berglilien, Alpenrosen, Almrausch, Bergastern, Steinröslein und viele andere Blumen zu malen.

Am 12. Februar 1915 starb Anna Stainer-Knittel. Aber in der Familie der »Geierwally« ist die Liebe zu den mächtigen Königen der Lüfte erhalten geblieben. Ihr Urenkel Helmut Pechlaner wurde Direktor des Alpenzoos Innsbruck, wo er sich mit seinen Mitarbeitern sofort der Aufzucht von Bartgeiern widmete. Aber auch Steinadler, Schmutz- und Gänsegeier brüteten jährlich in Innsbruck unter der Obhut des Urenkels der »Geierwally«. Pechlaner war sicher: *»Mit diesen Zucht-paaren kann die Wiederansiedlung der wertvollen Vögel in unseren Alpentälern gelingen, wo sie seit mehr als achtzig Jahren ausgestorben waren.«*

Die Rettung der gefährdeten Greifvögel – für seine Großmutter ein wagemutiges Abenteuer in der Felswand – ist für Helmut Pechlaner und seine Mitarbeiter geduldige und ausdauernde Forschungsarbeit. Das Ziel aber ist das gleiche: der Natur die wunderschönen, majestätischen »Könige der Lüfte« am Leben zu erhalten und wieder in die Freiheit zu entlassen.

Nachdem Helmut Pechlaner in Wien Tiergartendirektor wurde, beteiligte sich auch Schönbrunn an dem Wiederansiedlungsprojekt.

Das Goldene Tal der Alpen: Geier in der Luft, Ziegen auf der Wiese, Steinböcke in den Felsen und das Gold im Berg

»Das Kalb ist heraußen – die Kuh noch drinnen im Berg und wir holen sie heraus«, sagte der Herr aus den Vereinigten Staaten zum Bürgermeister von Rauris. 72,6 Millionen Euro wollte die St. Joe Erzbaugesellschaft aus USA im Jahre 1984 investieren und dazu fünfhundert gut bezahlte Arbeitsplätze schaffen. Aber Otto Kaiserer ließ sich nicht beeindrucken. Er kannte das Sprichwort der Knappen-zunft mit »der Kuh im Berg« nur zu gut. Es besagt, dass bisher nur etwa ein Fünf-tel des reinen Goldes von den Bergleuten abgebaut wurde und Rauris deshalb noch achtzig Prozent unter den Füßen hat – das sind etwa hundertzwanzig Ton-nen reines Gold. So wie das Angebot klang, sollte hier demnächst das Schlaraffen-land eröffnet werden. Aber wo lag der Haken? Bürgermeister Kaiserer war miss-trauisch. Er kannte die Dörfer in Südamerika, wo mit Quecksilber nach Boden-schätzen geschürft wurde. Die Folgen: vergiftete Flüsse und Böden, Seuchen, Epidemien, Elend, Slums und verbrannte Wälder. Und in Rauris sollte eine noch giftigere Variante angewendet werden. Mit Natriumcyanid soll das Gold aus dem Erzgestein richtig herausgeschwefelt werden. Außerdem müssten zur Goldge-winnung täglich zweihundert bis achthundert Tonnen Gestein abgebaut werden. Das zu erwartende Ergebnis: Die Landschaft wurde zerstört, die Bäche und Böden vergiftet. Vor etwa viertausend Jahren wurde das Tauerngold entdeckt.

Kelten und Römer nützten es bereits und Ende des 14. Jahrhunderts wurden erstmals Goldgulden aus Tauerngold geschlagen. Rauris war damals wegen seines Goldreichtums allgemein bekannt. Der Sage nach sollten im Berg sogar freundliche Bergmandl oder »Nergl« wohnen, die den Knappen gute Ratschläge gaben und sie zu goldreichen Gängen führten. Sie bekamen dafür am Barbaratag von den Knappen ein neues »Grubengwandl« und Speis und Trank. Dennoch wurde der Abbau unwirtschaftlich und 1930 verließ der letzte Knappe den Hohen Goldberg in Rauris. Mit den Methoden der Amerikaner könnte wieder wirtschaftlich abgebaut werden. Der Preis dafür: zerstörte Landschaft, vergiftete Umwelt, gefährdete Gesundheit.

Bürgermeister Kaiserer zögerte keine Minute und lehnte das Angebot ab. Der Amerikaner versuchte ihn umzustimmen und meinte, es sei alles nicht so gefährlich, wie gesagt werde. Pressekonferenzen gab es auch, bei denen das Projekt mit Engelszungen angepriesen wurde. Aber Kaiserer blieb hart und auch die Bürgermeister der anderen Orte konnte er überzeugen. Ihm schwebte ein anderes Rauris vor. Seit drei Jahren war der Ort Teil des Nationalparks Hohe Tauern und so sollte es bleiben.

Das Krumltal war für die Wiederansiedlung der Bartgeier ausgewählt worden. Alpenzoo-Chef Helmut Pechlaner wird hier auch den Alpensteinbock wieder heimisch machen. Die Tauernscheckenziegen haben hier die Nazi-Zeit überlebt. Rauris und das Krumltal müssen vor der Gier nach Gold beschützt werden. Goldschürfen für Touristen soll sein, aber nur als originelles Erlebnis in kleinen Mengen. Und so geschah es. Das Tauerngold blieb in den Bergen. Die Bartgeier haben sich eingelebt und dem Tal Glück gebracht. Sie wurden eine Attraktion, die viele Gäste anlockt. Die Tauernscheckenziegen bilden wieder große Herden und das Goldwaschen ist auch möglich. Touristen können sich darin unter Anleitung üben. Einzigartig in Europa: Das Geld, das man für die Zerstörung der Landschaft bekommen hätte, wird nun mit einer gesunden Umwelt verdient. Tief drinnen im Berg sitzen die Bergmandl und sind den Menschen dankbar, weil sie ihnen nicht die Heimat zerstört haben. An manchen Tagen kann man sie beobachten, wie sie im Tal tanzen und singen. Das erzählt eine neue Sage. Auf jeden Fall ist das Krumltal das »Goldene Tal der Alpen«, wo verfolgte Tiere wie die Tauernscheckenziegen überleben konnten, ausgestorbene Tiere wie die Bartgeier und die Steinböcke wieder angesiedelt werden und trotzdem das Gold im Berg geblieben ist.

Kunst von glücklichen Tieren

Wenn die Elefanten schlafen gehen und Freddy Quinn am Löwen singt …

»Oh, mein Papa war eine große Kinstler, hoch auf die Seil, wie war er herrlich anzuschau'n, eh la hopp, eh la hopp, eh la hopp!«, singt Freddy Quinn auf einem Löwen sitzend.

Mit dem berühmten Zirkuslied begeisterte der Multistar die Besucher der »Artisten, Tiere, Attraktionen«-Schau in der Wiener Stadthalle. Eine enorm erfolgreiche Veranstaltung, die in den siebziger Jahren zu den Highlights von Wien gehörte und jährlich im Februar Zirkusluft in die Halle brachte. Radja, der Zirkuslöwe, der Freddy Quinn auf seinem Rücken sitzen ließ, konnte aber auch gefährlich werden: Als er für Fotoaufnahmen mit dem Sänger und Schauspieler auf der Manegenschaukel posieren sollte, wollte er lieber »spielen« und »zwickte« Freddy Quinn ins rechte Knie. Nach kurzer Schrecksekunde trennte der Dompteur die beiden. »Heute noch zieren vier kleine Narben mein Knie«, sagt Freddy Quinn, der dem Löwen seine »Spielchen« nicht nachtrug und schon am nächsten Tag mit Radja wieder in der Manege auftrat.

»Als Nächstes präsentieren wir Ihnen die Elefantenherde des Zirkus Knie aus der Schweiz«, sagte Moderator und Fernsehliebling Peter Rapp in sein Funkmikrofon und verschwand auf die Galerie. Sicher ist sicher. »Von hier hab ich den besseren Überblick«, erklärte er nachher. Tatsächlich boten die etwa sechzehn indischen Elefanten des Louis Knie ein eindrucksvolles Erlebnis in der großen Stadthallen-Show. Bevor die grauen Riesen in die Manege kamen, liefen sie mehrere Aufwärmrunden im Vorraum der Stadthalle. In völliger Ordnung, einer hinter dem anderen. Der erste wurde vom indischen Mahut, dem Elefantenpfleger, geführt. Die anderen hielten sich mit ihrem Rüssel am Schwanz des vorderen Elefanten an. Alles geschah völlig lautlos.

Linke Seite: Nonja, die vielgeliebte, hochbegabte Orang-Utan-Dame

Gleichzeitig konnte man beobachten, wie aufgeregt die Tiere vor ihrem Auftritt waren, so, als hätten sie Lampenfieber. Bei einer Nummer musste ein Elefant seinen Vorderkörper heben und mit den Füßen auf eine Wippe springen, auf der eine junge Artistin stand, die durch die Wucht in die Höhe flog, einen Salto drehte und am Rücken eines anderen Elefanten landete. Applaus, Applaus. Das Publikum war begeistert.

Vor seinem Auftritt war der Elefant, der diese Nummer vorführte – eigentlich bestand die ganze Herde aus Elefanten-Damen – so konzentriert, dass er aufgeregt mit seinem dicken Hintern hin und her wackelte. Man hatte den Eindruck, der Elefant visiere sein Ziel an, damit ja alles ordentlich über die Bühne, Pardon, über die Manege ging. Es klappte immer. Die Elefanten der Familie Knie waren eine Herde, die die Liebe ausstrahlten, die ihnen von ihren Besitzern und Pflegern entgegengebracht wurde. Das Publikum war begeistert. Nach ihrem Auftritt verließen die Elefanten die Manege genauso, wie sie gekommen waren: in völliger Ordnung und Disziplin. Auf sie wartete jetzt ihre Abendmahlzeit: Heu und Äpfel. Der Zirkus-Moderator, Fernsehliebling Peter Rapp, konnte wieder vom Rang herunterkommen und die Manege gehörte nun den Clowns.

Im Wiener Tiergarten Schönbrunn waren zu dieser Zeit die Probleme nicht mehr zu übersehen, in denen der Wiener Zoo steckte. Ständig gab es neue Vorwürfe über veraltete Anlagen und mangelnde Pflege der Tiere. Das Ministerium hatte sogar eine Gruppe von Beratern beauftragt, Lösungen zu erarbeiten. Der bekannteste Vorschlag für die Lösung des Elefantenproblems war, die Elefanten zu erschießen.

»Herr Knie, warum klappt es bei Ihnen und in Schönbrunn empören sich die Besucher«, fragte ich den Schweizer Zirkuskönig. Darauf er: »Bei uns sind die Tiere nicht nur geliebte Freunde und Partner in der Manege, sondern auch wertvolle Betriebsobjekte. So ein Elefant hat den Wert eines Rolls Royce, dem würde man ja auch die beste Pflege geben, wenn man sein Besitzer wäre«, antwortete Louis Knie. Deshalb wurden die Elefanten im Zirkus auch bestens gepflegt, während sich in Schönbrunn niemand ernsthaft dafür verantwortlich fühlte. Der Tiergarten Schönbrunn steckte im »Käfig der Bürokratie gefangen«, wie es der legendäre Wiener Bürgermeister Helmut Zilk definierte. Er hatte damit völlig recht, denn die ganze Anlage war aus der Sicht des zuständigen Ministeriums lediglich die »Nebenstelle einer Außenstelle«.

Zuständig war damals das Bautenministerium, das im Lauf der Jahre mehrfach den Namen änderte. Für die Beamten war der Tiergarten Schönbrunn eine Ansammlung von historischen Bauwerken, in denen zufällig Tiere lebten, die Arbeit und Kosten verursachten. Es gab auch offiziell keinen Direktor des Tiergartens, sondern einen zoologischen Berater des Schlosshauptmanns von Schönbrunn. Für alles, was benötigt wurde und fehlte oder nicht klappte, konnte man die Ausrede verwenden: »*Wurde bereits gemeldet, aber wir sind vom Ministerium abhängig.*« Das System funktionierte auch umgekehrt. Auch kleinste Anschaffungen, wie etwa fehlende Glühlampen, wanderten über den Amtsweg. Auf der Strecke blieben die Tiere. Ging man damals durch den Tiergarten Schönbrunn, so konnte man vor den Käfigen bedauernde Kommentare der Besucher über die Tiere hören, wie: »*Jö, der ist aber arm*«, »*Schau, die sind ja noch ärmer.*« Für das dringend zu lösende Problem, den Tiergarten zu reformieren, sowohl bei den Anlagen, aber auch bei der

Freddy Quinn: Star in der Manege, im Theater und am Schlagerhimmel

Pflege der Tiere schien keine Lösung in Sicht. Von der Erkenntnis, dass ein attraktiver und tiergerechter Zoo auch eine internationale Attraktion ist, war man noch Lichtjahre entfernt. In der Wiener Stadthalle war inzwischen die Elefantenfütterung vorbei und Louis Knie lud mich zum Stallrundgang. Das Licht war gedämpft und alle Elefanten lagen am Boden und schliefen. Nur einer stand und war munter. »*Das ist der Wächter*«, sagte Herr Knie, »*die Tiere wechseln sich ab. Nur so können sie entspannt schlafen. Deshalb muss eine Herde auch immer aus mehreren Tieren bestehen. Einen einzelnen Elefant halten ist Tierquälerei.*«

Höchst einleuchtend, denn als Einzelgänger können die Tiere nicht ruhig schlafen und würden immer nervöser werden. Schlafmangel schädigt die Gesundheit, macht krank und kann im Extremfall sogar zum vorzeitigen Tod führen.

Tierliebe siegt über Bürokratie

Elefantendame Mädi war ins Haus gegangen und plötzlich zusammengebrochen. Mit erhobenem Kopf lag sie auf dem Boden und atmete schwer. Jumbo stand besorgt daneben und streichelte die Gefährtin mit dem Rüssel. Seit dreißig Jahren lebten sie schon gemeinsam im Zoo. Mädi hatte Kreislaufprobleme. Deshalb hatte ihr der Tierarzt am Vortag auch Blut für eine Untersuchung abgenommen und in der Früh eine Infusion gegeben; am Abend bekam sie eine zweite. Doch jetzt musste Mädi wieder aufstehen. Jumbo versuchte sie hochzudrücken und stemmte ihren Kopf gegen den Körper der Freundin. Auch Mädi bemühte sich, auf die Beine zu kommen, aber es gelang ihr nicht. Bleibt ein Elefant liegen, versagt der Stoffwechsel und der Kreislauf bricht zusammen. In der freien Natur hilft in einem solchen Fall die ganze Herde mit, um das gestürzte Tier wieder aufzurichten. Hier in Schönbrunn gab es nur die Elefantendame Jumbo und sie allein hatte keine Chance. Man hätte die Feuerwehr rufen müssen, um Mädi wieder auf die Beine zu stellen. Mit Luftschläuchen, die untergeschoben und dann mit Druckluft aufgeblasen werden, können auf diese Weise ganze Autobusse gehoben werden. Aber die Feuerwehr wurde nicht geholt und am nächsten Tag, am 1. Juli 1989 um sechs Uhr fünfundvierzig früh starb Mädi. Und Jumbo stand daneben und weinte bitterlich. *»Wie Sturzbäche rannen die Tränen aus ihren Augen. Es war ein Bild des Jammers, so etwas haben wir noch nie gesehen«*, sagten die Tierpfleger, die dabei waren. Jumbo hat dann aus Trauer auch tagelang nichts gegessen. Nun war sie also allein im Tiergarten Schönbrunn und wanderte traurig auf der weiten Sandfläche umher. Als der damals für den Tiergarten zuständige Minister Schüssel von der einsamen Jumbo erfuhr, entschied er sofort: *»Weltweite Suche nach einer idealen Partnerin. Jumbo darf nicht einsam bleiben.«* Auch die Zeitungen berichteten darüber, allen voran die Kronen-Zeitung. Inzwischen konnte sich Jumbo über einen gigantischen Besucherandrang freuen: Alle wollten der »Einsiedlerin« von Schönbrunn Gesellschaft leisten. Fernsehstar Alfons Haider kam fast täglich und brachte stets Äpfel für Jumbo mit. Tierexperten schlugen inzwischen vor, lieber zwei kleine Elefanten als Partner zu besorgen, um die Eingewöhnung zu erleichtern. Jumbo könnte die Aufgabe einer Tante übernehmen, ein bei Herden in der Wildnis durchaus üblicher Vorgang. Doch der Zoochef wollte lieber einen erwachsenen Elefanten und erklärte, bereits verschiedene Angebote zu haben.

Das Ende von Jumbos Einsiedlerdasein schien also absehbar. Doch dann wurde es still um die Partnersuche für Jumbo. Die verschiedenen Angebote erwiesen sich als veraltet oder falsch; es schien nicht möglich zu sein, einen Elefanten für Wien zu besorgen. Umso empörter reagierte die Öffentlichkeit, als – fast vier Monate nach Mädis Tot – bekannt wurde, Jumbo solle an den Berliner Zoo abgegeben werden. Obwohl der Direktor dort zugab: »Wenn Jumbo abgegeben werden muss, werden wir sie natürlich aufnehmen. Aber so ein Wechsel kann für einen zweiunddreißig Jahre alten Elefanten das Todesurteil sein.«

Doch nicht nur Jumbo sollte aus Schönbrunn verschwinden. Insgesamt sechsunddreißig Tierarten wurden Interessenten angeboten. Auch Darik und Pascha, die beiden alten Löwen, befanden sich auf der »Ausverkaufsliste«. Minister Wolfgang Schüssel sprach ein Machtwort: »Es wird keinen Ausverkauf von Tieren geben! Und außerdem soll der Zoo möglichst bald in eine eigene Gesellschaft umgewandelt werden.« Schüssel war fest entschlossen, die Reform des ältesten Zoos der Welt durchzuziehen: »Ich kann von den Leuten vor Ort erwarten, dass sie ihre Hausaufgaben machen und nicht ständig nach Ausreden suchen, warum etwas nicht funktionieren soll. Von diesem Bürokratiedschungel habe ich endgültig genug. Wir brauchen einen Radikalschnitt.« Bereits vorher hatte der Minister zweihundert Millionen Schilling für den Ausbau des Tiergartens bereitgestellt und außerdem eine betriebswirtschaftliche Durchleuchtung des Zoobetriebes angeordnet. Aber kein Expertenbericht über Mängel in Verwaltung und Tierbetreuung konnte die Missstände im Tiergarten Schönbrunn deutlicher darstellen, als das Schicksal der einsamen Jumbo, für die man nicht und nicht einen Partner finden konnte. Die Wie-

Einsame Jumbo in Schönbrunn: Flugzeugreifen als einziger Spielgefährte

ner rührte das Schicksal des einsamen Elefanten. Kinder schickten Zeichnungen für Jumbo nach Schönbrunn und baten den Zoodirektor, doch endlich eine Freundin für den Elefanten zu besorgen. Die Kaufleute der Neubaugasse im siebten Wiener Gemeindebezirk stellten in ihren Geschäften lustige Elefantensparbüchsen auf und bei Straßenfesten liefen Kinder als kleine Elefanten verkleidet mit Sammelbüchsen umher. Doch Jumbo half das wenig; sie stand weiter allein im Zoo. Die Tage und Wochen gingen dahin. Zehn Monate lang geschah gar nichts. Dann plötzlich kam die Meldung: Im Zoo von Halle in der ehemaligen DDR gibt es eine passende Artgenossin. Kiwu, eine achtzehnjährige Afrikanische Elefantendame lebte hier mit zwei Indischen Elefanten auf sehr beengtem Raum zusammen und würde gerne nach Wien umziehen. Es müsste nur jemand kommen und den Transport organisieren. Doch niemand kam. Halles Zoodirektor ließ ausrichten: *»Zur Ansicht kann ich den Elefanten nicht nach Wien schicken. Es wird sich schon wer herbemühen müssen.«*

Doch in Wien gab es immer neue Probleme: Ein Tor des Elefantenhauses war eingerostet, der Sand im Auslauf muss erneuert werden. Warum war dies nicht schon längst geschehen? Es dauert drei Monate bis Kiwu in Halle besichtigt wurde. Als es dann Anfang Juli endlich so weit war, gab es eine neue Verzögerung: *»Wir wollen mit der Überführung des Elefanten warten, bis die größte Hitze vorbei ist.«*

Klingt vernünftig, wenn da nicht ein einsamer Elefant stünde. Ganz Österreich verfolgte mittlerweile voll Empörung das Schicksal der armen Jumbo in Schönbrunn und immer mehr Tierfreunde erkannten, dass es mit dem Zoo so nicht weitergehen konnte. Auch die Politiker aller Parteien wollten rasch helfen und beschlossen das »Jumbo«-Gesetz: In der letzten Sitzung vor der Sommerpause einigten sich im parlamentarischen Bautenausschuss ÖVP, SPÖ und FPÖ darauf, den Zoo aus der Bundesverwaltung auszugliedern und in eine GmbH umzuwandeln: Der Tiergarten Schönbrunn war aus dem *»Käfig der Bürokratie«* befreit. Der Posten eines neuen Leiters des Tiergartens wurde international ausgeschrieben. Einen Elefanten, der mehr als ein Jahr alleine bleiben musste, sollte es nie wieder geben. Kein einziges Tier in Schönbrunn sollte jemals wieder leiden müssen. Der älteste Zoo der Welt sollte der modernste und schönste werden. Die »Einsiedlerin von Schönbrunn« stand inzwischen weiter allein im Zoo und wurde immer nervöser; seit dem Tod ihrer Gefährtin schlief sie schlecht. Im August verletzte sie sich und bekam einen Bluterguss am Bauch. Vermutlich ist sie in der Nacht durch ein Geräusch erschreckt worden und hat sich dabei gestoßen. Wie es geschah, weiß niemand, denn Überwachungskameras gab es natürlich keine. Zum Glück musste Jumbo nicht operiert werden, die Behandlung mit Medikamenten war erfolgreich.

Inzwischen verzögerte sich der Transport aus Halle weiter. Die vom Tiergarten beauftragte Speditionsfirma besaß keine Transportkiste für einen Elefanten. Ein Problem, das rasch behoben wurde. Nach einem Bericht in der Kronen-Zeitung über die fehlende Kiste meldete sich Sigmund Krämer, Vorstandsdirektor des Wiener Hafens, und sagte: *»Das Schicksal eines Elefanten darf doch bitte nicht von einer Kiste abhängen. Wenn dies das Problem ist, kann es der Schönbrunner Tiergarten als gelöst betrachten. Der Wiener Hafen wird für die Kiste sorgen und sie dem Zoo kostenlos zur Verfügung stellen.«*

Am 24. September 1991 war es dann so weit: Kiwu kam in Wien an und tausende Wiener fuhren nach Schönbrunn, um sie zu begrüßen. Als der riesige Kran die Kiste mit der neuen Gefährtin ins Gehege hob, war Jumbo aufgeregt wie nie zuvor und trompetete mit ihrem Rüssel so laut, dass man es im ganzen Tierpark hören konnte. Vorerst blieben die beiden Riesinnen allerdings durch Gitterstäbe getrennt. Die Elefantendamen mussten sich erst aneinander gewöhnen und Zeit finden, um sich gründlich zu beriechen und zu berüsseln. Kiwu musste außerdem erst ihre neue Umgebung gründlich studieren. Doch dann war es so weit: Ohne trennende Gitter spazierten Jumbo und Kiwu erstmals gemeinsam ins Freigehege und jeder konnte sehen, wie sehr sich die beiden Tiere freuten. Jumbo holte für die neue Gefährtin sogar Blätter aus dem Graben des Elefantengeheges und ließ zu, dass ihr Kiwu Laub aus dem Maul stibitzte. Die Zeit der Einsamkeit war vorbei. Jumbo und Kiwu waren ein Herz und ein Rüssel. Nachdem Jumbos Einsamkeit ein Ende hatte, wurde am Freitag, dem 13. Dezember 1991 um zwölf Uhr dreizehn im Büro von Minister Schüssel der neue Gesellschaftsvertrag für die »Schönbrunner Tiergarten GmbH« unterschrieben und Helmut Pechlaner, der erfolgreiche Leiter des berühmten Innsbrucker Alpenzoos, offiziell zum neuen Direktor im Tiergarten Schönbrunn bestellt: Der älteste Zoo der Welt hatte wieder Zukunft. Die größte Verjüngungskur seiner Geschichte konnte beginnen. In den nächsten Jahren entwickelte sich der Tiergarten vom Sorgenkind der Republik zum Vorzeigezoo mit Besucherzahlen, die der kaiserliche Zoo vorher nie erreicht hatte. Mehrfach wurde der Tiergarten Schönbrunn als bester Zoo Europas ausgezeichnet.

Nonja Superstar –
Die große alte Dame von Schönbrunn

»Die Größe einer Nation und deren moralischen Fortschritt erkennt man an ihrem Umgang mit Tieren.« Mahatma Gandhis berühmter Leitspruch kann besonders gut in einem Zoo überprüft werden. Denn ein *»Zoo ist die Visitenkarte einer Stadt oder eines Landes«* und ein verlässliches Messinstrument nicht nur für die Tierliebe, sondern auch für die Wissenschaft, Schulbildung, Kreativität und Lebensqualität der Menschen, die den Zoo besuchen. Was in einem Zoo mit den Tieren passiert und wie sich die Anlage präsentiert, geht alle an, denn ein Zoo ist das Spiegelbild der Seele und der Bildung seiner Besucher. Forschungen bringen neue Erkenntnisse, Zoos machen eine Entwicklung durch. Was vor fünfundzwanzig Jahren richtig war, kann heute bereits überholt sein. Bernhard Grzimek, Deutschlands größter Tierschützer der Nation, schrieb: *»Tiergärten bringen den Menschen immer wieder in Erinnerung, dass es außer ihnen noch andere Geschöpfe auf der Erde gibt, die auch ein Recht auf ihr Dasein haben.«*
Kaum ein Tier in Österreich bestätigt diese Aussagen besser als die Orang-Utan-Dame Nonja im Tiergarten Schönbrunn. Heute genießt sie ihren Ruhm, den sie sich in den neunziger Jahren als Malerin erworben hat und lässt sich gerne bewundern und fotografieren. Sie kokettiert mit den Besuchern oder liegt geduldig Modell für die Zoomalerin Margit König. Damals, in ihrer aktiven Zeit, als Nonja noch selbst gemalt hat, konnte der Tiergarten Schönbrunn mit dem Verkauf ihrer Bilder sogar einen Großteil des neuen Affenhauses finanzieren.
»Wir holen Signorina Nonja und ihre Begleitung mit dem Privat-Jet ab, nach der Sendung kann sie sofort wieder nach Wien zurückfliegen«, versprach die Dame von der italienischen Fernsehstation RAI-Uno. Groß war die Enttäuschung, als sie erfahren musste, dass Nonja Utan, die hoch talentierte Künstlerin aus der Familie *Pongo pygmaeus* nur daheim im Tiergarten Schönbrunn empfängt. In Rom sollte die freundliche Orang-Utan-Dame mit ihren Bildern in einer großen Talkshow vorgestellt werden, doch daraus wurde nichts. Tiergartendirektor Helmut Pechlaner wollte seinen Schützling weder dem Stress einer Reise noch der Hektik eines Fernsehstudios aussetzen. Dafür aber kamen im Laufe der Jahre über zweihundert Fernseh-, Radio- und Printjournalisten aus aller Welt, um die Künstlerin in ihrem Atelier in Schönbrunn zu besuchen und über ihre Malerei zu berichten. Das französische Magazin »Le Figaro« widmete ihr eine sechzehn-

seitige Reportage. Ein in Japan berühmter Künstler malte mit ihr vor laufenden Fernsehkameras gemeinsam ein Bild. Das britische »The European«-Magazin veranstaltete einen Wettbewerb, bei dem die Leser raten mussten, welches von drei Bildern von Georg Baselitz, Willem de Kooning oder Nonja gemalt worden war. Als ersten Preis gab es ein Werk von Nonja. Ein Artikel erschien sogar in »The News« in Aruba, einer winzigen mittelamerikanischen Insel, und in Kanada eroberten Nonjas Malereien sogar die Titelseiten der Tageszeitungen. In mehreren Ausstellungen in der CA-Galerie in Wien wurden ihre Gemälde vorgestellt und schon bei der Vernissage verkauft – zum Stückpreis zwischen zweihundertvierundfünfzig und dreiundzwanzigtausendvierunddreißig Euro. Dazu gab es noch viele Ausstellungs-Kritiken, in denen Nonjas Werke als *interessant,*

Nonja malt, die Kinder staunen: 250 Gemälde schuf die tierische Künstlerin

abwechslungsreich, ausgeklügelt und scheinbar wissend gegenüber abstrakten Tendenzen« bezeichnet wurden.

Niki Lauda und seine erste Frau Marlene besuchten Nonja in Schönbrunn und steigerten für ein Nonja-Bild bei »Licht ins Dunkel« mit. Kinderbuch-Autor Thomas Brezina, ein Nonja-Sammler der ersten Stunde, dürfte die meisten Bilder besitzen. Zwei der schönsten Nonja-Bilder wurden im November 1996 anlässlich einer Wohltätigkeitsgala im Regent Beverly Wilshire Hotel in Los Angeles zugunsten des Orang-Utan-Schutzes versteigert. Nonjas Werke zierten die erste Kreditkarte des Wiener Cab-Charge-Taxi-Unternehmens und ein Weinetikett des Weinguts Mad in Oggau im Burgenland. Der ORF dekoriert mit ihren Entwürfen ein Studio für Talkshows und während Österreichs EU-Präsidentschaft erhielten die Teilnehmer eine von Nonja gestaltete Krawatte.

Kein Zweifel, Nonja, die freundliche Orang-Utan-Dame aus Schönbrunn, hat Karriere als Malerin gemacht. *»Jedenfalls«*, so der damalige Tiergartendirektor Helmut Pechlaner, *»hat Nonja mit ihren Bildern den Umbau des Affenhauses, ihres Ateliers, maßgeblich mitfinanziert.«*

Die Eröffnung der neuen Freianlage war deshalb auch ein großes gesellschaftliches Ereignis. Der Platz davor war überfüllt mit Menschen; zahllose Freunde der sympathischen Affendame waren gekommen, um mitzuerleben, wie die berühmte Orang-Utan-Dame ihr »Atelier Nonja« bezieht.

Als sie schließlich am Arm ihrer beiden Pfleger durch die Tür schritt, kannte der Jubel keine Grenzen. Das Gedränge der Fotografen und Kameraleute bekam Dimensionen wie bei einem Staatsempfang. Durch die riesigen Glasscheiben konnten die Besucher alles genau beobachten. Nonja nahm den Trubel gelassen zur Kenntnis und stellte sich souverän wie ein echter Star dem öffentlichen Interesse. Die offizielle Eröffnung des »Atelier Nonja« erfolgte durch Wilfried Seipel, dem damaligen Generaldirektor des Kunsthistorischen Museums Wien, der selbst einen echten Nonja in seinem Büro hängen hat. Seipel sagte in einem ORF-Interview, dass ihn die Bilder der Orang-Utan-Dame an Nolde erinnerten und er ihre Bilder in einer eigenen Schau in seinem Museum präsentieren wolle. Unter den zahlreichen prominenten Gästen waren neben Behördenvertretern auch so bekannte »Nonja«-Fans wie Schauspieler Alfons Haider, der Nonja vor laufender Fernsehkamera küsste, Olympialegende Karl Schranz, ORF-Seniorenclub-Sekretär Willi Kralik, Starkarikaturist Erich Sokol, Grünen-Abgeordnete Madeleine Petrovic und viele mehr.

Nonja – Ein Kind aus Schönbrunn

Am 21. März 1976 wurde Nonja im Tiergarten Schönbrunn geboren. Ihre Eltern hießen Josephine und Napoleon. Josephine war eine fürsorgliche Mutter, hatte aber zur Aufzucht des Babys zu wenig Milch. Sie erlaubte aber, dass Nonja von ihren Pflegern mit der Milchflasche gefüttert wurde, während sie sich um die Erziehung kümmerte. So entstand ein freundliches Verhältnis mit Menschen, ohne dass Nonja ihre natürlichen Instinkte verlor. Um die intelligente Nonja ausreichend zu unterhalten, wurde sie schon in früher Jugend spielerisch mit Papier und Bleistift vertraut gemacht. Im Herbst 1990 zeichnete Nonja mehrere Bilder für eine Ausstellung als Rahmenprogramm einer medizinischen Tagung in Hannover. Da ihr Malen und Zeichnen großen Spaß bereitete, wurden die Malstunden als festes Spiel- und Beschäftigungsprogramm beibehalten. Nonja malte auf Papierbögen oder Leinwänden mit Malwerkzeugen, die auch für Kleinkinder geeignet sind: Kinderfilzstifte, Kreide oder flüssige, ungiftige Lebensmittelfarben, weil Nonja manchmal auch den Farbtiegel austrank. Waren die Bilder aus Nonjas Sicht fertig, malte sie nicht mehr weiter oder gab das Bild zurück. Dann schlichtete sie die Malutensilien in eine dafür vorgesehene Schachtel und spülte die Farbtiegel unter fließendem Wasser aus. Hatte sie Farbe verschüttet, so wischte sie den Fußboden mit einem Tuch auf. Nur einer in Schönbrunn war über Nonjas Aktivitäten als Malerin nicht erfreut: ihr Gatte, Orang-Utan-Mann Vladimir. Er hält nichts von ihrer Kunst. Als man ihm einmal Malutensilien gab, zerriss er das Papier und zerbrach die Buntstifte. Er war eifersüchtig und mochte seine Nonja immer bei sich haben. Wenn Nonja malte, musste sie aber von Vladimir getrennt werden. Das ärgerte den gewaltigen Orang-Utan-Herrn sehr und er äußerte seinen Unmut unüberhörbar.

Mittlerweile hat Vladimir keinen Grund mehr zur Beschwerde. Nach sieben Jahren erfolgreichen Schaffens hat Nonja längst den Pinsel aus der

Keine Scheu vor Kameraleuten: Nonja gibt ein Interview fürs TV

Hand gelegt und sich aus der »Kunstwelt« zurückgezogen. Ihre Werke aber wurden aufbewahrt und reproduziert. Einige davon gibt es als Drucke, Weinetiketten, Scheckkarten und sogar als Seidentücher, die sich großer Beliebtheit erfreuen. Ob es das endgültige Ende ihrer Karriere ist oder nur eine Schaffenspause, kann man nicht genau sagen. Alles ist möglich. Ihre Fans hoffen, dass sie ihre künstlerische Laufbahn mit einem Spätwerk krönen wird und noch einige schöne Bilder malt. Einen kleinen Vorgeschmack auf zukünftige Möglichkeiten gab Nonja im Jahre 2009, als ihr eine Samsung-Digitalkamera geschenkt wurde, mit der sie sensationelle Porträts schoss, die automatisch auf Facebook und Flickr hochgeladen wurden. In kürzester Zeit erknipste sich Nonja eine immer größer werdende Fan-Gemeinde. Die Werbeagentur, die dieses Projekt organisiert hatte, gewann damit einen Kreativ-Preis. Bravo, Nonja.

Geheimkommando Turopolje-Schweine

Das Jahr 1777 war ein besonderes Jahr für Österreich und seine Kaiserin. Die dreifache Sieben in der Jahreszahl wurde überall als magisch und die ganze Zahl als symbolische Botschaft empfunden:
Die Zahl Sieben gilt als göttlich und ist selbst eine Zahl mit sieben Siegeln und wie das sieben Mal versiegelte Buch ein Symbol für etwas völlig Unverständliches. Die Numerologie bietet exakte Verzeichnisse für die symbolhafte Bedeutung der Zahlen. Da steht die Zahl 777 für göttliche Vollkommenheit und Gerechtigkeit. 3 mal 7 = 21, das symbolisiert Perfektion und Vollkommenheit. Gleichzeitig ergibt 2+1 die Zahl Drei und die hat viele Bedeutungen, vor allem aber steht sie für das Geistige. Nimmt man die Zahl 1777 und bildet daraus die Ziffernsumme, erhält man die Zahl Zweiundzwanzig. Die Ziffernsumme daraus ist wiederum Vier, die Zahl der Erde, unserer irdischen Wirklichkeit und der sichtbaren Welt. Die Botschaft könnte also lauten, dass nun die Zeit gekommen sei, um auf die Verbindung zwischen Himmel und Erde ganz besonders zu achten. Genau das tat man in Schönbrunn im Jahre 1777: Am Ende der linken Hauptallee, die vom Schloss wegführt, entstand ein Obelisk mit goldenem Adler, der von vier goldenen Schildkröten getragen wird. Sie symbolisieren die Stabilität der Herrschaft des Hauses Habsburg.
Der Obelisk selbst steht für die Verbindung zum Geistigen. Der goldene Adler

Unter serbischen Granatenfeuern geschmuggelte Ferkel retteten den Fortbestand der Turopolje-Schweine aus Kroatien

auf der Sonnenkugel gilt als einziges Lebewesen, das sich ohne Schaden der Sonne nähern kann und symbolisiert den Herrscher, der zwischen Himmel und Erde vermittelt. An ihrem sechzigsten Geburtstag, dem 3. Mai 1777, eröffnete Maria Theresia die neue Universitäts-Bibliothek im alten Jesuitenkolleg mit Büchern der aufgelassenen Jesuitenklöster in Niederösterreich. Ein Ereignis der besonderen Art. Hatten doch Maria Theresia und ihr Sohn und Mitregent Josef II. im Rahmen ihrer Universitätsreform den Jesuitenorden vier Jahre zuvor auflösen lassen und die Klöster aufgehoben. Die noch 1765, zu Lebzeiten ihres Gatten Franz I. Stephan gegründete Veterinär-Schule, heute Veterinärmedizinische Universität, die erste im deutschen Sprachraum, übersiedelte 1777 in den 3. Bezirk wo sie bis 1992 blieb. Das sind zweihundertfünfzehn Jahre. Verdichtet ist 2+1+5= 8, die Zahl der Erneuerung. Tatsächlich übersiedelte die Veterinärmedizinische Universität ins neue Haus.

Und dann setzte Maria Theresia ihre Unterschrift unter ein Dokument, das eine Entwicklung vorwegnahm, deren Bedeutung auch zweihundertfünfundzwanzig Jahre später noch beispielhaft ist: Das Patent zur Anerkennung einer geschützten Schweinerasse, für den Bedarf an Magerschwein mit wenig Fett: das Turopolje-Schwein. Es war eine Kreuzung heimischer Rassen mit der schwarzen englischen Berkshire Rasse. Hundertdreißig Jahre lang durfte keine fremde Schweinerasse in das Zuchtgebiet Turopolje in Kroatien gebracht werden. Ab 1911 wurde das in Herden durch Wiesen und Wälder laufende Turopolje-Schwein als selbstständige Rasse angesehen und zum Markenzeichen für Kroatien.

Karl Schardax mit seinem Zuchteber: »Mit nur sechs Tieren konnte eine intakte Population aufgebaut werden. Heute gibt es 324 Zuchttiere in Österreich.«

1994 war ein Jahr fürchterlicher Ereignisse in Jugoslawien. Der Krieg dauerte jetzt schon drei Jahre und das Fernsehen berichtete täglich über neue Gräueltaten. Besonders schlimm war es an den Wochenenden, denn da kamen die Jungen, die während der Woche in Wien arbeiteten, nach Hause um bei den Kämpfen in der Heimat auszuhelfen. Treffpunkt war der Autobusbahnhof beim Südbahnhof, wo jeden Freitagnachmittag, die »Wochenend-Kämpfer« mit Sonderautobussen ins Kampfgebiet fuhren. Am Montag waren sie dann wieder zurück. Ein Ende des Konflikts schien nicht in Sicht. Eines Tages klingelte im Tiergarten Schönbrunn das Telefon. Ein Hilferuf an Zoodirektor Pechlaner: Die große Herde der Turopolje-Schweine, deren Tiere seit über zweihundert Jahren frei durch die Landschaft laufen, ist zwischen die Fronten gekommen. Die Salamifabrik, für die sie bestimmt waren, ist zerstört und von der Herde lebten nur mehr zwanzig Tiere. Der alte Schweinehirt hatte sie ins Haus gesperrt und saß nun bei seinen letzten Schweinderln, während draußen die Kanonen donnerten und die Granaten einschlugen. An Futter hatte er nur mehr für jedes Schwein zwei Maiskolben täglich. Die Wiesen und Wälder waren übersät mit Einschusslöchern und den Resten explodierter Geschoße. Wenn nicht ein Wunder geschehe, werde Maria Theresias Patent-Schwein in wenigen Tagen Geschichte sein. Ein Notruf erreichte auch das österreichische Außenamt und stieß nicht auf taube Ohren.

Doch so einfach war das nicht. Der Amtsweg war völlig verschüttet. Zwischen Jugoslawien und Österreich gab es eine EU-Sperre, eine Nato-Sperre und einen ganzen Wald von Paragraphen. Schweine aus dem isolierten Jugoslawien nach

Österreich zu holen schien unmöglich. Maria Theresia hätte in so einem Fall ihren »Kurier der Kaiserin« gerufen und einen Auftrag gegeben. Aber das gab es in diesem Jahrhundert nur im Fernsehen und auch hier war die erfolgreiche Serie mit Klausjürgen Wussow in der Titelrolle längst aus dem Programm genommen. Während also das Schicksal der Turopolje-Schweine besiegelt schien, kam Bewegung in die Sache und es zeigte sich, wie wertvoll die internationale Vernetzung der Zoos ist, die um die ganze Welt besteht und selbst zu Kriegszeiten funktioniert. Von Schönbrunn aus wurde eine Hilfsaktion in drei Stationen organisiert: Zuerst wurden so viele Schweine wie möglich aus dem Kampfgebiet in den Zoo Zagreb gebracht. Junge, geschlechtsreife Schweine kamen über die Grenze nach Ungarn in den Zoo von Budapest. Von Ungarn aus wurden die Jungtiere nach Österreich in den Tiergarten Schönbrunn gebracht. Als Helmut Pechlaner den ersten Ferkeltransport nach Österreich brachte, freuten sich die Zöllner, die den Zoodirektor bereits aus dem Fernsehen kannten und wollten statt langen Formularen lieber ein Autogramm von ihm. Sobald es Junge gab, wurden sie auf Zoos und Züchter in Deutschland und Österreich verteilt. Maria Theresias Patent-Schwein sollte nicht aussterben.

Tatsächlich entwickelte sich mitten im Krieg ein richtiger Schweine-Tourismus: In mehreren Fahrten wurden die Transporte abgewickelt. Immer an Werktagen, wenn die Wochenend-Krieger weg waren. *»Geschossen ist aber genug geworden«*, erinnerte sich Sepp Göls, der die Tiere in Schönbrunn betreute. Für die Fahrt von Ungarn nach Österreich gabs dann bereits ordnungsgemäße Einfuhrpapiere. Am Tirolerhaus im Tiergarten Schönbrunn, der *»Rettungsinsel für vom Aussterben bedrohte Haustierrassen«*, gab es nun mehrfach Nachwuchs und die Ferkel wurden an Züchter verteilt. Über sechzig Betriebe gibt es bereits im Jahre 2011 allein in Österreich. Zwei Eber und zwei Sauen kamen in den Alpenzoo in Innsbruck, wo sie sich wohlfühlen und jährlich Nachwuchs produzieren. Das Turopolje-Schwein hat es inzwischen sogar bis in den Norden Deutschlands geschafft. *»Die Tiere sind das ganze Jahr im Freien, gefressen wird so ziemlich alles, was der Boden hergibt, plus Getreide und Erdäpfel«*, freut sich ein Waldviertler Bio-Bauer, der sich auf die Zucht dieser Tiere spezialisiert hat. Pechlaners Vorgabe, den Tiergarten Schönbrunn auch zur Rettung von gefährdeten Haustierrassen einzusetzen, wurde somit erfüllt. Das Turopolje-Schwein wurde letztlich genau dort gerettet, wo es zweihundertsiebzehn Jahre zuvor von Kaiserin Maria Theresia amtlich bestätigt worden war.

Ameisenbär und Pandabär bekommen Babys und Besuch aus dem Zirkus

Elefantengeburt – Ruck, zuck!

Wir schreiben 2001, fast vierhundertfünfzig Jahre sind vergangen, seit der erste Elefant in Wien einmarschiert ist und fünfundneunzig Jahre, seit im Tiergarten Schönbrunn das erste Elefantenbaby geboren wurde. Jedesmal war die Bevölkerung in heller Aufregung. Elefanten haben ihre eigene Ausstrahlung und die Wiener lieben sie ganz besonders. Sogar auf den Verkehrswegweisern zum Tiergarten sind Elefanten abgebildet. Sie gehören zu Wien, wie die Lipizzaner, der Stephansdom, das Riesenrad, die Sachertorte und der Walzer.

Nun sollte wieder ein Elefantenbaby geboren werden. Sabi, die jüngste Elefantendame, erwartete ihr erstes Kind. Es gab sogar schon ein Ultraschallbild. Die Aufregung war groß. Was soll vorbereitet werden? Wie kann man eine problemlose Geburt sichern? Wie wird die Elefantenmutter reagieren? Ein Elefantenexperte nach dem anderen kam und machte seine Vorschläge. Sogar vom Anketten der Elefantenmutter war die Rede, damit sie das Baby nicht irrtümlich oder in Panik erdrückt. Die werdende Elefantenmutter Sabi stand ruhig daneben und es schien, als würde sie jedes Wort genau verstehen. Auf jeden Fall sollte die werdende Mutter ab sofort rund um die Uhr beobachtet werden. Außerdem wurde eine Videokamera montiert, damit man später die Geburt des kleinen Elefanten wissenschaftlich auswerten und auch im Fernsehen zeigen konnte.

Dann kam der 25. April. Der Pfleger, der aufpassen sollte, war zur Stelle und beobachtete das Tier ganz genau. Die werdende Mutter stand friedlich in der Box und mümmelte Heu. Dann schien es, *jetzt ist's soweit*. Sofort rannte der Pfleger los, um die Kollegen, die Tierärzte und den Kurator zu alarmieren. Dann drückte er auf den Knopf, mit dem man

Linke Seite: Panda-Baby Fu Long und Mama Yang Yang, die Sensation von Schönbrunn

die Kamera einschalten konnte und ging zurück zur werdenden Elefantenmama. Doch es war schon alles vorbei: Während er Alarm geschlagen hatte, war das Elefantenbaby ruck-zuck auf die Welt gekommen. Ohne Probleme, ohne Anketten, ohne Ärzte, Biologen und wer sonst noch alles hätte dabei sein können. Auch auf der Aufnahme der Videokamera war von der Geburt nichts zu sehen. Nur eine glückliche Elefantenmama, die ihr Neugeborenes liebevoll mit dem Rüssel streichelte. Ein Bild des Friedens.

Eine Ameisenbärin mit Baby am Rücken und ein winziges Pandababy im Maul der Mama

Richtige Zoo-Fans sind Stammgäste und besuchen Ihre Tiere sooft wie möglich. Manche kommen fast täglich. Sie wissen alles über ihre Lieblinge und einige führen sogar Tagebuch. Diese Tierfreunde wissen auch, wann sich Nachwuchs einstellen könnte und besprechen ihre Vermutungen mit den Pflegern, den Tierärzten und wenn es sich ergibt auch mit der Frau Direktor. Im August 2007 fragten die Tierfreunde: »*Was ist denn mit der Ilse los? Bekommen wir heuer wieder einen kleinen Ameisenbär?*«, »*Können wir uns auf ein Pandababy freuen?*« Dann kamen die enttäuschenden Nachrichten, die bei Kaffee und Kuchen im Pavillon sofort besprochen wurden: »*Die Ilse wird kein Junges bekommen, möglicherweise wird man sie operieren müssen, im Ultraschall wurde etwas gesehen, das könnte eine Zyste auf der Gebärmutter sein. Und bei der Pandadame ist überhaupt nichts zu sehen!*« Schade! Da heißt es eben weiter hoffen. Nur eine der Damen sagte: »*Bei mir war das damals auch so, aber meine Zyste macht heuer schon Matura!*« Alle lachten. Ein paar Tage später eine neue Untersuchung und kurz darauf die freudige Nachricht: »*Ilse muss nicht operiert werden, sondern wird ein Baby bekommen!*« Hurra. Am 11. August war es dann so weit. Das Junge war gesund und problemlos auf die Welt gekommen. Weil es so überraschend war, erhielt es den Namen Sorpresa, das ist spanisch und heißt »Überraschung«. Im Pavillon traf sich die Runde wieder zum Kaffee und war erleichtert. »*Vielleicht war die Diagnose beim Pandabär auch nicht richtig und es gibt doch noch Nachwuchs!*« Doch daran wollte niemand wirklich glauben.
Dann aber kam der 23. August. Wie jeden Morgen setzte sich die Tierpflegerin an ihren Schreibtisch und schaltete den Bildschirm der Überwachungskamera ein.

Oben: Zwei überraschende Geburten: Ameisenbär und Pandabär
Unten: Nach den Zuchterfolgen kam der Film: Nina Proll spielte die Tiergartendirektorin von Schönbrunn im Thomas-Brezina-Film »Tiger-Team«. Die echte, Dagmar Schratter, ist von der Darstellerin
angetan: »Nina Proll bringt viel Verständnis für die Tiere mit!«

Ja, was war denn das? Da saß das Pandaweibchen Yang Yang in ihrer Wurfbox, die für eine Geburt vorbereitet war und schaute direkt in die Kamera. Ganz so, als wollte sie auf sich aufmerksam machen. Etwas zeigen. Was hatte sie denn da zwischen ihren Zähnen? Ein Stück Holz. Nein. Das ist doch? Ja, es war ein winziges Pandababy. Sofort wurde Alarm geschlagen. Die Frau Direktor verständigt.

Das Bild aus der Überwachungskamera ausgedruckt und dann knallten die Korken. Zum ersten und einzigen Mal durfte während der Arbeitszeit im Tiergarten Sekt getrunken werden. Alle Mitarbeiter, die ganze Direktion, alle stießen miteinander an und Tränen der Freude glänzten in den Augen. Gleichzeitig wurde die Nachricht an die Medien weitergegeben. Die Sensation war perfekt: Zum ersten Mal war in Europa ein auf natürlichem Weg gezeugtes Panda-Baby auf die Welt gekommen. Zeit zum Feiern blieb aber nicht, denn bald darauf brach der Mediensturm los. Fernsehen, Rundfunk, Pressefotografen, alle wollten über das unerwartete Ereignis berichten. Eine Nachricht, die um die Welt ging und alle Tierfreunde mit Freude erfüllte.

Drei Jahre später, wieder am 23. August, derselbe Tag, dasselbe Schauspiel: Yang Yang bekam ihr zweites Baby. Wien war nun endgültig Panda-Hochburg und der österreichische Weg der natürlichen Paarung hat sich bewährt.

Das Geheimnis der Pinguine

»Warum sind die Pinguine so beliebt?«, fragte die hübsche Moderatorin im Frühstücksfernsehen. *»Weil sie so gut angezogen sind«*, war die erste Antwort, dann: *»Weil sie so eine elegante Körperhaltung haben und weil sie so ordentlich wirken.«* Die verschiedensten Vermutungen waren zu hören, aber welche ist richtig? Auf jeden Fall kann sich im Tiergarten Schönbrunn die Patentante Karin Kruckenfellner im Jahr 2010 über dreißig zahlende Pinguin-Tierpaten freuen. Der erste Pinguin-Pate war der Schauspieler Gerald Pichowetz, der zur Urkundenübernahme

sogar im Frack erschien. Dann kam Ursula Demarmels, die berühmte Psychologin, die im Fernsehen Menschen in ihr früheres Leben zurückversetzt. Ursula liebt an Pinguinen *»einfach alles«*, obwohl sich die Tiere von ihr nicht in ihr früheres Leben zurückver-

Pinguin-Fan Ursula Demarmels und Schönbrunn-Paten-Tante Karin Kruckenfellner: »Wir lieben alle Tiere, aber Pinguine ganz besonders.«

Die Humboldt-Pinguine von Wien ist die erfolgreichste Zuchtgruppe Europas

setzen lassen. Die Wesen vom südlichsten Punkt der Erde blieben stumm. Obwohl sie für gewöhnlich eine kräftige Stimme haben, gaben sie einfach keine Antworten, vermutlich wollten sie ihre Vergangenheit als Geheimnis bewahren. Kein Geheimnis ist es aber, dass immer mehr Tierfreunde für die verschiedensten Tierarten Patenschaften übernehmen. Privatpersonen ebenso wie Firmen, die dann meist Werbung mit ihren Schützlingen machen. Sehr wirkungsvoll, wie man weiß. Tiere als Werbeträger haben eine spezielle Wirkung und *»räumen immer wieder Preise ab«*. Den absoluten Hit lieferten 2010 die Lipizzaner der Hofreitschule auf Plakaten und in Werbefilmen für Wiener Zucker.

Ali bekommt Besuch vom Roncalli-Flusspferd

Ein strahlend blauer Himmel leuchtete über dem Tiergarten Schönbrunn in Wien. Ein angenehmes Lüfterl sorgte für Kühlung und trieb gleichzeitig die paar weißen Wolken vor sich her, die vorwitzig in den Zoo hereinschauten. Die Hälfte des Monats September war bereits überschritten und die Blätter der Bäume fingen schon an, sich zu verfärben. Ein wunderbarer Tag für einen Schönbrunn-Besuch, weshalb auch besonders viele Tierfreunde gekommen waren. Plötzlich entstand Bewegung unter den Zoobesuchern: Vom Pavillon aus marschierte ein Flusspferd durch die Allee. Hat ein Tier das Gehege verlassen? Drohte Gefahr für die Besucher? Flusspferde sind höchst gefährliche Tiere in der Wildnis, aber auch im Zoo. Pfleger müssen besondere Sicherheitsvorschriften einhalten. In der freien Natur meiden sogar die mächtigsten Tiere eine Auseinandersetzung mit ihnen, da sie als unbesiegbar gelten. Bei näherem Hinsehen löste sich das Rätsel: Das Flusspferd, das hier zwischen den Zoobesuchern spazierte, war künstlich. Es hieß Brutus und gehörte dem Zirkus Roncalli, dessen Direktor Bernhard Paul mit Gensi, dem katalanischen Weißen Clown, nach Schönbrunn gekommen war. Bernhard Paul hat mit seinem Unternehmen Zirkus-Geschichte geschrieben und eine Revolution der poetischen Träume ausgelöst. Schon als kleiner Bub wollte er als Clown zum Zirkus: »*Meine Heimat ist dort, wo das Sägemehl der Manege duftet*«, verkündete er. 1976 war es so weit. Mit einem alten Zirkuswagen fing alles an. Heute ist Roncalli einer der berühmtesten Zirkusse der Welt. Stets gibt es neue Überraschungen. Auf Wildtiere in der Manege verzichtet Bernhard Paul. Auf künstliche Tiere nicht. Mit ihnen kann man viel machen in der Manege. Auf jeden Fall die schönen Träume der Besucher zu ungeahnten Höhenflügen leiten. In seiner Jubiläumsshow »35 Jahre Roncalli« hat er deshalb mehrere Nummern mit künstlichen Tieren eingebaut. Besonders beeindruckend sind die Eisbären. Vor ihnen braucht niemand Angst haben und das strenge österreichische Tierschutzgesetz gilt ebenfalls nicht. – Das Zirkus-Flusspferd hat inzwischen die Anlage der Schönbrunner Flusspferde erreicht. »*Zwei junge Zirkus-Mitarbeiter stecken in Brutus*«, berichtet Bernhard Paul: »*Das Flusspferd-Kostüm wurde in Spanien von Künstlern angefertigt, die auch für die Disney-Studios arbeiten.*«
Die Gäste aus dem Zirkus Roncalli waren gekommen, um das Schönbrunner Flusspferd Ali zu begrüßen. Gefeiert wurden hundert Jahre erstes Flusspferd im Tiergarten und vierzig Jahre Ali in Schönbrunn. Brutus sollte Ali begrüßen und

Kleine Feier – alles Roncalli: Dagmar Schratter, Bernhard Paul, Schönbrunner Nilpferdbulle Ali, Clown Gensi und Brutus, das künstliche Zirkus-Flusspferd

anschließend würde Direktorin Dagmar Schratter die Ehrenpatenschaft der Wiener Flusspferde an Bernhard Paul überreichen. Dagmar Schratter, die bei der Zirkus-Premiere anwesend war, sagte: »*Bernhard Paul zeigt mit seinem Roncalli, wie man auch ohne Wildtiere in der Manege eine unvergessliche Zirkusvorstellung macht.*«

Jetzt warteten alle gespannt, was Ali machen werde, wenn er den künstlichen Konkurrenten erstmals sehe. Zur Sicherheit blieben Ali und Brutus durch Panzerglasscheiben getrennt. Fernsehteams und Pressefotografen standen bereit. Auch die Zahl der Schaulustigen wurde immer größer. Die Begegnung verlief völlig ruhig. Ali war zwar interessiert: »*Wer ist denn der da?*«, schien er zu fragen. Dann schaute er etwas genauer hin, wiegte ein wenig den Kopf und drehte sich um. Er konzentrierte sich lieber auf seine Heumahlzeit und ließ sich nicht weiter stören. Die Medienvertreter aber hatten genug gesehen und wunderbare Bilder eingefangen.

Nachwort

Die Wege zur Natur sind kürzer, die Sehnsucht nach lebenden beseelten Tieren ist größer geworden

»Ein Zoo reißt Menschen aus ihrer Isolation und führt sie zur Vielfalt der Schöpfung: Zoo versteht jeder«, sagt Helmut Pechlaner, jahrelanger Direktor des Tiergartens Schönbrunn. Seine Nachfolgerin Dagmar Schratter erklärt, warum auch Tiere in Zoos gezüchtet werden sollen, die vielleicht erst nach Generationen, oder gar nicht, in die Freiheit entlassen werden können – wie zum Beispiel Eisbären, für die in Wien eine neue Anlage gebaut wird: *»Die Zoos wollen – neben der Erhaltung gesunder Populationen – ein Bewusstsein für den Artenschutz im Allgemeinen und für Eisbären im Speziellen, schaffen.«* Dagmar Schratter kann auch besorgte Tierfreunde beruhigen:

»Die Tiere bekommen ihre verlorenen Instinkte zurück, wenn sie wieder in der freien Wildnis leben, wie wir von den Przewalski-Pferden wissen, die von sich aus wieder lernten, einen Kreis zu bilden, um ihre Jungen vor Wölfen zu schützen. Diese Wildpferde galten als ausgestorben und haben fast hundert Jahre lang nur in Zoos überlebt.«

Sabine Grebner, Direktorin des Zoos Salzburg weiß: *»Nirgendwo kann den Menschen das Bewusstsein für die Erhaltungswürdigkeit der Natur besser vermittelt werden, als in einem Zoo. Das muss schon bei den Kindern beginnen.«*

Salzburg gehört mit Wien und Innsbruck zu den ältesten Zoostandorten Österreichs. Hier ist die Pflege der Tiere auch *»gelebte Tradition«*, worauf sich, in anderer Form, ganz speziell die Spanische Hofreitschule berufen kann, deren Lehre von der »Hohen Schule« bis in die Antike zurückreicht und mündlich überliefert wurde. Generaldirektorin Elisabeth Gürtler: *»Pferdefreunde aus der ganzen Welt begeistert die Perfektion des Miteinanders von Pferd und Bereiter.«* Für die Besucher einer Vorstellung sind die Lipizzaner das Symbol für den vollendeten Kavalier. Das vor vierhundertfünfzig Jahren mit der kleinen Menagerie des Kaisers begonnene »Tierreich Österreich« verfügt heute nicht nur über ein immer dichter werdendes Netzwerk zur Erforschung und Pflege der Tiere und darüber hinaus der ganzen Natur. Auch der Weg zur Natur ist kürzer geworden und, wie es Bernhard Grzimek vorausgesagt hat: *»Die Sehnsucht nach lebenden, beseelten Tieren wurde größer.«*

Es gibt heute mehr Zoos, Natur-, Nationalparks und Naturmuseen als je zuvor. Es wird mehr in den Medien über die Natur berichtet, als je zuvor und es gibt eine Jugend, die, wie es Immanuel Kant forderte, *»den Mut hat, ihren Verstand zu benützen«.*

Alles wird gut, habt' nur Mut! Der Schönbrunner Brillenbär zeigt, wie man leben soll: Gemütlich in der Hängematte die Zeit genießen

Herzlichen Dank!

Das Tierreich Österreich besteht aus vielen spannenden Geschichten, die es wert sind, nicht vergessen zu werden. Einen kleinen Einblick bietet dieses Buch.

Der Amalthea Verlag gab mir die Möglichkeit, es zu veröffentlichen. Herzlichen Dank Brigitte Sinhuber-Harenberg, Victoria Bauernberger, Carina Kerschbaumsteiner und Franz Hanns.

Die Geschichten wurden von mir durch viele Jahre gesammelt. Sie stammen aus persönlichen Beobachtungen und Gesprächen, Berichten in alten Büchern und Zeitschriften sowie Recherchen in Archiven, wobei das Internet eine unverzichtbare Hilfe war.

Für wertvolle Informationen danke ich Dagmar Schratter, Helmut Pechlaner, Harald Schwammer (Tiergarten Schönbrunn), Barbara Sommersacher und Max Dobretsberger (Spanische Hofreitschule und Piber), Sabine Grebner und Christine Beck-Graninger (Zoo Salzburg), Wolfgang Beer (Burghauptmannschaft Wien), Ruth Wallner (Rauris), Bernd Lötsch (Naturhistorisches Museum Wien), Hermann Mucke (Astronomisches Büro Wien), Florian Kluger (Kunsthistorisches Museum Wien), Peter Enne (Heeresgeschichtliches Museum Wien), Gabriele Buchas, Gabriele Lukacs, Alfred Kappl und Erich Krenslehner (Mystik- und Kraftortforschung), Karl Schardax (bio-noah.at), Jörg Schauberger (pks.or.at), Bundesdenkmalamt Wien, Nationalbibliothek Wien, Wiener Stadt- und Landesarchiv, Wien Museum, Rollettmuseum Baden, Heimatmuseum Gaaden, Bezirksmuseum Mödling, Haus der Natur, Salzburg.

Tipps zum Weiterlesen

Wer nun Lust bekommen hat, mehr über die einzelnen Themen zu erfahren, dem empfehle ich folgende Lektüre:

Geht es um das Österreichische Kaiserhaus, sollte man die Bücher von Sigrid-Maria Größing wählen. Etwa: »Tu felix Austria« oder »Die Genies im Hause Habsburg«, beide erschienen im Amalthea Verlag. Ebenso die Bücher von Brigitte Hamann, Gabriele Praschl-Bichler und Egon Caesar Conte Corti.

Die Schriften der Philosophen der Antike findet man bei Reclam. Wer mehr über die weißen Pferde erfahren will, für den gibt es das von Elisabeth Gürtler und Barbara Sternthal: »Die Lipizzaner und die Spanische Hofreitschule. Mythos und Wahrheit«, erschienen im Christian Brandstätter Verlag.

Die Geschichte des Tiergartens Schönbrunn wird in einer eigenen Buchreihe im Braumüller Verlag behandelt.

Über Napoleon in Wien gibt es das gleichnamige Buch von Robert Bouchal und Johannes Sachslehner im Pichler Verlag. Über Napoleons Sohn erschien »Der kleine Adler« von Renate; »Die Novara« und ihre Weltreise beschreiben David G. L. Weiss und Gerd Schilddorfer, beide erschienen im Amalthea Verlag.

Von Henry Dunant, dem Gründer des Roten Kreuzes, gibt es »Eine Erinnerung an Solferino«. Olof Alexanderson, der Biograph des Natur-Forschers Viktor Schauberger, schrieb »Lebendes Wasser«.

Von seinen Forschungen unter Wasser handelt das Buch »Hans Hass. Erinnerungen & Abenteuer«, erschienen bei Styria. Leider findet man die Bücher von Otto König und Konrad Lorenz derzeit nicht im Buchhandel.

Bildn

Alle Fotos stammen von Gerhard Kunze, ausgenommen: Bundesdenkmalamt Wien S. 25; »Elephant«, Hotel Brixen S. 34; Heeresgeschichtliches Museum S. 128; Kunsthistorisches Museum Wien S. 178; Christiane Kunze S. 53; Karl Schardax S. 233, 234; Jörg Schauberger S. 167 (2); Spanische Hofreitschule, Herbert Graf S. 21, 138, 187, 189, 193, 196, 197; Wien Museum S. 35, 114; Zoo Salzburg/ Christine Beck-Graninger S. 54, 62, 63, 67. Historische Aufnahmen, Pläne und Zeichnungen stammen aus dem Archiv der Schönbrunner Tiergarten GmbH. Die Übersicht über die historische Menagerie Schönbrunn stammt von Ingrid Schultus-Föger.

Besuchen Sie uns im Internet unter
www.amalthea.at

© 2011 by Amalthea Signum Verlag, Wien
Alle Rechte vorbehalten
Bildredaktion: Christiane Kunze
Schutzumschlaggestaltung: EBELING|Visuelle Kommunikation
Umschlagfoto: Lachende Zebras im Zoo Salzburg/© Gerhard Kunze
Gestaltung: Franz Hanns
Bildbearbeitung: G. Kotlubei
Gesetzt aus der 11,5/16 pt Stempel Garamond
Gedruckt in der EU

ISBN 978-3-85002-741-0